普通高等教育"十二五"规划教材

物理选矿

杨小平 编著

北 京
冶金工业出版社
2014

内 容 提 要

本书主要讲述了物理选矿的主要方法、分选原理、分选工艺与设备、操作要点及应用。首先介绍了物理选矿的基本理论，并在此基础上，系统讲述了重力选矿、磁选、电选及其他物理选矿方法。具体内容包括物理选矿的基本概念和基本工艺环节、矿物的粒度组成和密度组成、颗粒在介质中的沉降规律、粒度选矿、水力分级、跳汰选矿、重介质选矿、斜面流选矿、流态化选矿、干法选矿、磁选、电选和放射线拣选等其他选矿方法。最后介绍了重选工艺效果的评定及其应用。

本书可作为矿物加工工程专业的专业课教材，也可供非选矿专业的研究生和本科生以及从事矿物加工工作的工程技术人员阅读和参考。

图书在版编目（CIP）数据

物理选矿／杨小平编著. —北京：冶金工业出版社，
2014.5

普通高等教育"十二五"规划教材

ISBN 978-7-5024-6569-8

Ⅰ.①物…　Ⅱ.①杨…　Ⅲ.①选矿—高等学校—教材
Ⅳ.①TD9

中国版本图书馆 CIP 数据核字（2014）第 067878 号

出 版 人　谭学余
地　　　址　北京北河沿大街嵩祝院北巷 39 号，邮编 100009
电　　　话　（010）64027926　电子信箱　yjcbs@cnmip.com.cn
责任编辑　张登科　美术编辑　吕欣童　版式设计　孙跃红
责任校对　王永欣　责任印制　牛晓波
ISBN 978-7-5024-6569-8
冶金工业出版社出版发行；各地新华书店经销；北京百善印刷厂印刷
2014 年 5 月第 1 版，2014 年 5 月第 1 次印刷
787mm×1092mm　1/16；17 印张；412 千字；259 页
38.00 元
冶金工业出版社投稿电话：（010）64027932　投稿信箱：tougao@cnmip.com.cn
冶金工业出版社发行部　电话：（010）64044283　传真：（010）64027893
冶金书店　地址：北京东四西大街 46 号（100010）　电话：（010）65289081（兼传真）
（本书如有印装质量问题，本社发行部负责退换）

前　言

矿产资源是一种有限的、不可再生的、在特定的地质历史条件下形成的自然资源，是人类赖以生存和发展的不可或缺的物质基础。随着全球经济的快速发展，矿产资源储量在不断减少，特别是一些优质的资源正在枯竭。我国矿产资源虽然丰富，但这些矿产资源的特征是贫矿多、富矿少；共生、伴生矿床多，单一矿床少；中小型矿床多，大型、特大型矿床少；难采、难选、难冶矿多。

在资源约束的大背景下，许多国家都特别重视加强矿产资源的开发与综合利用。我国在《国民经济和社会发展第十二个五年规划纲要》中要求"提高矿产资源开采回采率、选矿回收率和综合利用率"。为了督促矿山企业节约与综合利用煤炭资源，2012年国土资源部制定了《煤炭资源合理开发利用"三率"指标要求》，将煤矿采区回采率、原煤入选率、煤矸石与共伴生矿产资源综合利用率三项指标作为评价煤炭企业开发利用煤炭资源效果的主要指标。由此可见，矿物的分选对于矿产资源的利用具有非常重要的意义。

矿产资源的贫化和采矿设备大型化、自动化的大力发展，导致开采的原矿质量不断下降，许多矿物开采后不能直接利用；加之用户对矿物品位和需求量的增加，更加大了矿物洗选加工的难度。同时选矿工艺也随之发生了细微变化，长期以来以跳汰选矿为主的分选工艺逐渐转为重介质选矿工艺，过去不受重视的一些物理选矿方法，比如动筛跳汰、流态化选矿和擦洗等，逐渐显示出其实效性。因此，作为矿物物理分选的理论指导书籍，也应随时代变化而更新其内容，这正是编写本书的主要目的。

编著本书的指导思想是既要系统全面地介绍物理选矿的专门知识和最新技术发展，又要简明扼要，突出重点。对共性的基础理论知识、当前热门的物理选矿方法和设备做详细介绍，而对不常用的物理选矿方法进行简单说明，剔除了过时的选矿方法和设备。本书选材的标准是最新颁布实施的国家标准、部门标准和行业标准。

本书在内容上力求兼具理论性和实用性。本书在概述物理选矿的基本概念和基本工艺环节的基础上，详细介绍了矿物的粒度组成和密度组成、颗粒在分选介质中的沉降规律，并分别对粒度选矿、水力分级、跳汰选矿、重介质选矿、斜面流选矿、流态化选矿、干法选矿、磁选和电选的原理、设备、工艺流程和应用等进行了系统的介绍，尤其详细地介绍了 TBS 等粗煤粒回收方法和设备，动筛跳汰机、浅槽分选机和螺旋分选机等设备的结构、工作原理和生产实践。

本书在编写过程中，黄波和郑水林仔细阅读了书稿并提出了许多宝贵的修改意见，同时还得到了徐志强、马力强、刘文礼、付晓恒、韦鲁宾等教授的热情指导和大力支持，在此表示衷心感谢。

由于选矿技术、工艺和设备在不断完善，加之作者水平有限，不足之处在所难免，欢迎同行专家和读者批评指正。

作　者
2014 年 3 月于北京

目　录

1 绪 论

本章提要： 本章主要介绍了物理选矿的概念、物理选矿方法以及物理选矿的基本工艺过程，并对选矿常用的工艺指标进行了解释。

1.1 物理选矿基本概念

地球上的矿物资源非常丰富，但分布不均匀。即使在同一地点、不同层位的原矿质量差异也很大。绝大多数被开采出来的矿物需要经过分选和加工后才能为人类使用。

众所周知，地球的外壳是岩石，而岩石又是由矿物组成的。矿物就是地壳中具有固定化学组分和物理性质的天然化合物或自然元素。

矿物的种类繁多，在众多矿物中，能为人类利用的矿物称为有用矿物。含有有用矿物的矿物集合体中，在当前技术经济条件下，若有用成分的含量能够富集加以利用时，这种矿物集合体称为矿石。矿石的概念是发展的，随着科学技术的不断提高和国民经济日益增长的需要，往日因为有用成分含量少而又无法加以富集的矿物，被视为废石。但随着选矿技术的发展，废石可能经过有效地处理后富集有用成分，从而又被看作矿石。

有用矿物在地壳中的分布是不均衡的。由于地质作用，有的是零星分布，有的是富集在一起形成巨大的矿石堆积。在地壳内或地表上矿石大量积聚，且具有开采价值的区域称为矿床。在矿石中，除有用矿物外，几乎总是含有目前无法富集或工业尚不能利用的一些矿物，这些矿物称为脉石。

有用矿物和无用脉石通常共生在一起，需要把这种矿石加以破碎，使它们彼此分离，然后，将有用矿物富集起来，无用的脉石抛弃，这样的工艺过程，称为选矿工程或矿物处理工艺，简称选矿。选矿选出的经富集的有用矿物，便是有价产品，称为精矿；弃之的无价产物称为尾矿。

原矿中，有用成分和无用脉石经选矿过程之所以能彼此分离，其基本依据是各种物料的物理性质（如粒度、密度、形状、硬度、颜色、光泽、磁性及电性等）、表面的物理化学性质（如颗粒表面的浸湿性等）及化学性质所存在的差异。所以，根据这些不同的性质，采用不同的加工处理方法，就可以达到分选的目的。

如以物料颗粒某种物理性质的差别作为分选依据，并采用相应的分选方法，可统称其为物理选矿。也就是说，物理选矿是利用物料的物理性质、采用物理方法，来完成对矿物原料的加工处理。物理选矿的目的是使有用矿物与脉石进行机械的分离。分选过程中毫不改变物料自身所固有的物理和化学性质，故习惯上称其为机械选矿。可见，物理选矿是机械选矿法中的一种选矿方法。

物理选矿法是人类在古代出于生活和生产的需要，开始对矿物进行加工处理时最早使用的一种方法。

1.2　物理选矿分类

物理选矿中，依据物料的某一种或两种物理性质的差异，还可分为若干不同的分选方法，主要有以下几种：

（1）重力选矿法（简称重选）。它是根据不同密度（粒度、形状）的物料在运动的分选介质（水、空气、重液、悬浮液和空气重介）中，因其受到不同的介质阻力，产生不同的运动状态而进行分选的方法。粒度和形状会影响按密度分选的精确性，因此，在分选过程中，应设法创造条件，降低矿粒的粒度和形状对分选结果的影响，突出矿粒间密度差异的主导作用。各种重选过程的共同点是：矿粒间存在密度差异；分选过程在运动介质中进行；粒群在重力、流体动力和其他机械力的综合作用下松散并按密度分层；分层好的物料，在运动介质和排料机构的作用下实现分离，获得不同质量的最终产品。

根据介质运动形式和作业目的的不同，重选包括粒度选矿、跳汰选矿、重介质选矿、斜面流选矿（溜槽选矿和摇床选矿）、流态化选矿、水力分级和擦洗等。重选法是目前最重要的物理选矿方法之一，用于处理密度差较大的物料，广泛地应用于煤炭、钨、锡、金和其他金属矿石的分选。稀有金属矿石（钍、钛、锆、铌、钽等）和非金属矿石（石棉、金刚石、高岭土等）也常使用重选。重选法也用于有色金属矿石的预先分选，去除粗粒脉石或围岩，达到初步富集后再进行浮选法处理。重选法还广泛应用于脱水、分级、浓缩、集尘等作业。

（2）磁力选矿法（简称磁选）。它是利用矿物之间的磁性差别，在不均匀磁场中，使磁性不同的物料得以分离的一种选矿方法。主要用于分选强磁性及部分弱磁性矿物。如黑色金属矿石（铁矿石、锰矿石）的分选；有色金属和稀有金属矿石的精选；从非金属矿物原料中除去含铁杂质，以及用磁选法净化生产和生活用水。

（3）电力选矿法（简称电选）。它是利用矿物在高压电场中电性的差异，使其分离的一种选矿方法。电选用途比较广泛，既可用于有色金属和稀有金属矿石的精选，也可用于黑色金属矿石（铁矿石、锰矿石、铬矿石）的精选；既可用来分选煤粉，也可用来分选金刚石、石墨、石棉、高岭土和滑石等非金属矿物。它还可以用于谷物及种子的精选和工业废料的回收。

（4）拣选。它是物理选矿方法中最古老、最简单的一种分选方法，即手选。但是机械化拣选，却是20世纪50年代以后才逐渐发展起来的。目前加以利用的矿物物理性质有表面光性、受激发光性、放射性、射线吸收特性、磁性及电性等。

（5）其他。属于物理选矿的还有利用有用矿物和脉石沿斜面运动时，根据摩擦系数的差别进行分选，称为摩擦选矿。若某些矿石的矿物成分，在弹性上有显著差别，让它们落到斜面上，则其弹回的轨迹也各异，弹性大的落点远，这样也可获得不同的产物，称为弹跳选矿。

在各种物理选矿方法中，以重选的应用范围为最广，因而也是最重要的选矿方法。尤其对于煤炭、钨、锡矿石的分选，重选占有突出的位置。磁选、电选等其他几种物理选矿方法，都各有其特定的使用范围。相对于黑色金属矿石，即铁矿石、锰矿石的分选，磁选则占有重要地位。

1.3　选矿基本工艺过程

矿石的选矿处理过程是在选矿厂中完成的。不论选矿厂的规模大小，一般都包括以下三个最基本的工艺过程：

（1）矿石分选前的准备作业。包括原矿的破碎、筛分、磨矿、分级等工序。该过程的目的是使有用矿物与脉石矿物单体解离，使各种有用矿物相互之间单体解离，此外，这一过程还为下一步的选矿分离创造适宜的条件。

（2）分选作业。借助于重选、磁选、电选、浮选和其他选矿方法将有用矿物同脉石分离，获得最终选矿产品（精矿、中矿、尾矿）。

（3）选后产品的处理作业。包括各种精矿、中矿、尾矿产品的脱水，细粒物料的沉淀浓缩、过滤、干燥和洗水澄清循环复用等。

有的选矿厂根据矿石性质和分选的需要，在分选作业前设有选矿预处理（如重介排矸或动筛跳汰排矸）以及物理、化学预处理，如赤铁矿的磁化焙烧、氧化铜矿的离析焙烧等作业。

矿石经过分选后，可得到精矿、中矿和尾矿三种产品，分选所得有用矿物含量较高、适合于冶炼加工的最终产品，称为精矿。分选过程中得到的尚需进一步处理的中间产品，称为中矿。分选后，其中有用矿物含量很低，不需进一步处理（或技术经济上不适合进一步处理）的产品，称为尾矿。选煤的主要产品是精煤，副产品有中煤、混煤、煤泥等，选后的矸石和尾煤为废弃物，亦可进一步综合利用。

1.4　选矿常用工艺指标

为了评价选矿过程，通常采用以下一些技术指标：

（1）品位。品位是指矿物中金属或有用成分的质量与该矿物质量之比，常用百分数表示。通常用 α 表示原矿品位；β 表示精矿品位；θ 表示尾矿品位。

（2）灰分。煤炭在规定条件下完全燃烧后残留物占原样的质量百分比，常用 A_d 表示。

（3）产率。产率是指矿石通过选矿处理后，产品质量与原矿质量之比，常用 γ 表示。

（4）回收率。回收率是指精矿中有用成分的质量与原矿中该有用成分的质量之比，常用 ε 表示，用来评价有用成分的回收程度。

精矿的实际回收率 ε_s 表示为：

$$\varepsilon_s = \frac{\gamma\beta}{100\alpha} \times 100\% \tag{1-1}$$

式中　ε_s——精矿回收率,%；

　　　α——原矿品位,%；

　　　β——精矿品位,%；

　　　γ——精矿产率,%。

精矿的理论回收率 ε_L 表示为：

$$\varepsilon_L = \frac{\beta(\alpha - \theta)}{\alpha(\beta - \theta)} \times 100\% \tag{1-2}$$

式中　θ——尾矿品位,%;

其余符号的意义与上式相同。

回收率还包括选矿作业回收率和选矿最终回收率,计算公式与式(1-1)相似。由于取样、计量、分析及矿浆机械流失等原因,计算出的理论回收率和实际回收率往往不一致。

(5)可燃体回收率。可燃体回收率是指精煤中的可燃体占分选入料中可燃体的百分比,常用 η 表示。

$$\eta = \frac{\gamma_j(100 - A_j)}{\gamma_y(100 - A_y)} \times 100\% \tag{1-3}$$

式中　A_y——原煤灰分,%;

　　　γ_y——原煤产率,%;

　　　A_j——精煤灰分,%;

　　　γ_j——精煤产率,%。

(6)选矿比。选矿比是指原矿质量与精矿质量的比值,常用 K 表示,是精矿产率的倒数,表示选出一吨精矿需处理几吨原矿。

(7)富矿比。富矿比是指精矿品位 β 与原矿品位 α 的比值,常用 E 表示。$E=\beta/\alpha$,表示精矿中有用成分的含量比原矿中该有用成分含量增加的倍数,即选矿过程中有用成分的富集程度。如硫化铜矿,原矿中铜品位为1%,精矿中铜品位为24%,其富矿比为 $E=\beta/\alpha=24/1=24$。

(8)重选可选性。重选可选性是指矿石(或煤炭)利用重力选矿法分选时的难易程度,有时简称为可选性。矿石的重选可选性评定与煤炭的重选可选性评定不相同。

重力选矿过程都是在某种介质中进行,矿石的重选可选性主要由待分离矿物与分选介质的密度差决定,通常可用下式计算:

$$E = \frac{\delta_2 - \rho}{\delta_1 - \rho} \times 100\% \tag{1-4}$$

式中　　E——矿石的重选可选性;

δ_1,δ_2,ρ——分别为轻矿物、重矿物和分选介质的密度,kg/m^3。

根据 E 值的大小可以将矿石的重选可选性分为极容易($E>2.5$)、容易($E=1.75\sim2.5$)、中等($E=1.5\sim1.75$)、困难($E=1.25\sim1.5$)和极困难($E<1.25$)五个等级。

从式(1-4)可知,分选介质的密度影响矿石的重选可选性。分选介质的密度 ρ 越大,E 也随之增大,说明提高 ρ,不同密度的矿物在重选过程中的运动状态差异更加显著,因而分选效果也就更好。

煤炭可选性与煤的密度组成和精煤灰分要求有关。我国煤炭可选性是根据邻近密度物含量的多少将煤炭可选性分为易选($\leqslant10.0$)、中等可选($10.1\sim20.0$)、较难选($20.1\sim30.0$)、难选($30.1\sim40.0$)和极难选(>40.0)五个等级(详见第2章)。

思　考　题

1-1　概念:矿物、矿石、废石、脉石、选矿、物理选矿、重选、磁选、电选、拣选、精矿、中矿、尾矿、品位、灰分、产率、回收率、可燃体回收率、选矿比、富矿比、重选可选性。

1-2　简述选矿的基本工艺过程。

1-3　写出矿石的重选可选性计算公式,并指出其包括哪几个等级。

2 矿物的粒度组成与密度组成

本章提要： 粒度和密度是颗粒最基本的物理性质，粒度组成和密度组成反映了粒群在粒度或密度方面的构成情况。物理选矿过程中的分选效果几乎都与粒度或密度有关，因此，研究矿物的粒度组成和密度组成具有非常重要的意义。本章重点介绍了矿物的粒度与粒度组成、矿物的密度与密度组成，并对煤炭的浮沉试验、浮沉试验结果的整理、原煤可选性曲线的绘制方法和应用等进行详细介绍。

粒度和密度是颗粒最基本的物理性质，粒度组成和密度组成反映粒群在粒度或密度方面的构成情况。粒度（或密度）组成是将粒群按大（或小）的顺序划分为若干的粒度（或密度）区间，并指明每个区间范围内物料的质量占总质量的百分比。物理选矿涉及的矿物粒度范围很大，小到微米级，大到数百毫米。物理选矿过程中的分选效果几乎都与粒度或密度有关，因此，研究矿物的粒度组成和密度组成具有非常重要的意义。

2.1 矿物的粒度与粒度组成

矿物的粒度是指单个矿物颗粒的大小，而粒度组成是各个粒度级别的质量百分比。入选的矿物是由大量的不同粒度的矿物颗粒以及颗粒间的空隙所构成的集合体。矿物粒度的大小影响分选效果，比如细粒煤在跳汰机中不易溶解，如果不预先润湿易造成打团；粒度范围越小，组成越均匀，在分选过程中，操作相对更加容易。

2.1.1 粒度

2.1.1.1 粒度的概念

粒度是颗粒在空间范围所占的线性尺寸大小，颗粒的粒度越小，质量越轻，在介质中的沉降速度慢，因此矿物的粒度是影响物理分选数量和质量的一个方面。

2.1.1.2 粒度的表示方法

粒度的表示方法很多，对于球形颗粒，其直径即为粒度或粒径。对于不规则的颗粒，其粒度可用球体、立方体或长方体相关的尺寸来表示。其中，用球体的直径表示不规则颗粒的粒度，此时颗粒的粒度称为当量直径或球当量径。用长方体的外形尺寸来表示的颗粒粒度称为几何学粒径。用颗粒的投影来表示的颗粒粒度则称为投影粒径。通常开采出来的矿物，其颗粒是非球形或不规则的。在物理选矿的理论研究中，常常将颗粒视为球形来研究它在介质中的运动规律，在此基础上，对所得结论进行修正，作为不规则颗粒的运动规律。

2.1.1.3　粒度分析方法

根据颗粒粒度的大小，选矿工程常用以下三种方法分析颗粒的粒度。

A　筛分分析法（又称为筛析法）

该方法是用筛子以筛孔尺寸为基准将物料分成筛上（大于筛孔尺寸）和筛下（小于筛孔尺寸）两部分。筛分分析法多用于测定 0.04~100mm 物料的粒度组成，粒度越小筛分越困难，因此，细粒物料必须用湿法筛分。干筛的分级粒度最小为 0.1mm，而 0.04~0.1mm 的物料必须用湿筛。

B　水力沉降分析法（又称为水析法）

该方法是利用水力沉降分析装置，根据不同粒度的颗粒在水介质中沉降速度不同而分成若干粒度级别，详见第 5 章。该方法适用于测定 1~75μm 细粒物料的粒度组成。它是在自由沉降条件下，根据不同粗细的颗粒在流水或静水中的沉降速度差异，对小于 0.1mm 的物料进行分组的一种粒度分析方法。

C　显微镜分析法

该方法是利用显微镜直接观察或采用图像分析技术测定微细颗粒的大小和形状，用于检查分选产品或校正水析结果，以及研究矿石的结构构造的方法，适用于 0.1~50μm 的物料，检测的精度与仪器的分辨率和颗粒的直径有关。使用的分析仪器有电子显微镜、激光粒度分析仪、图像分析仪等，其中激光粒度分析仪可以直接而快速地测量悬浮液中颗粒的粒度组成。

2.1.2　粒度组成测定

粒度反映的是单个颗粒的尺寸大小，实际生产过程中的物料是由无数不同粒度颗粒组成的颗粒群，粒度跨度范围很大，很难遇到粒度均一的物料。如果将粒度范围宽的颗粒群分成若干个粒度范围窄的级别，这些窄级别称为粒级。各个粒级在整个粒群中的质量组成情况就是粒度组成。例如通过分析煤的粒度组成，可以了解各粒级原煤的数量和质量分布情况，为矿井设计、选煤厂的设计与生产，选煤工艺过程的分选效果和经济效益、年度质量计划的制订以及选煤的实际生产提供基础数据和技术依据，以便获得最佳技术经济效果。

煤的粒度组成是通过筛分分析法或者筛分试验来确定的，对于固体颗粒粒度在 2mm 以下的矿浆可以直接用激光粒度分析仪或图像分析仪测量。煤的筛分试验是指按规定的采样方法采取一定数量的煤样，并按规定的操作方法，对煤样进行筛分、测定和分析，以了解煤的粒度组成和各粒级产物的特征。筛分试验一般分为小筛分试验和大筛分试验。

2.1.2.1　小筛分试验

小筛分试验用来测定小于 0.5mm 的粉煤的粒度组成，使用的是标准筛。标准筛是一套筛孔尺寸大小有一定比例的、筛孔边长及筛丝直径均按有关标准制造的筛子。使用时将各个筛子按筛孔大小从上至下顺序叠放，上层筛孔大，下层筛孔小，最上层为筛盖，最下层为筛底。工作时整套筛子固定在振动筛上，振动筛工作时能使套筛产生水平面内的摇动和垂直方向的振动，从而将试样筛分。对于小筛分试验，当试样的水分和含泥量较小且要求不严格时，可以采用干筛，否则用湿筛，即将套筛和振动器置于水盆中进行筛分。各筛子所处的层位次序称为筛序。每两个相邻筛子筛孔尺寸的比值称为筛比。有的标准筛确定一系列筛子中的某个筛子作为基准筛，简称基筛。标准筛的筛孔常用网目作为单位，网目是指单位长度（英寸或厘米）的筛面上所包含的筛孔数目。

各国对于标准筛的规定不尽相同，主要区别是筛丝直径和筛比不同，常用的筛比有 $\sqrt{2}$（美国、英国、加拿大等）和 $\sqrt[10]{10}$（法国和前苏联等）两种。常见的标准筛有美国泰勒筛、国际筛、英国筛、德国筛、苏联筛和上海筛等，这些标准筛中同一网目的某个筛子，其筛孔大小（以毫米为单位）却不相同。

2.1.2.2 大筛分试验

大筛分试验适用于粗粒物料的粒度组成测定，使用的设备为非标准筛，并且多为干筛。在实际的选煤生产中，常用大筛分试验测定 0.5mm 以上煤炭的粒度组成。

在筛分试验中，原料煤通过规定的各种大小不同筛孔的筛子，被分成各种不同粒度的级别，再分别测定各粒级的重量和质量，需要测定和化验的质量指标包括灰分、水分、挥发分、硫分、发热量等，具体要根据试验目的而定。

为了保证筛分试验具有充分的代表性，试验煤样应按 MT/T 1034—2006《生产煤样采取方法》或其他取样检查的规定采取。筛分试验各粒级所需试样质量见表 2-1。

表 2-1 筛分试验各粒级所需试样质量

最大粒度/mm	>100	100	50	25	13	6	3	0.5
最小质量/kg	150	100	30	15	7.5	4	2	1

筛分试验根据国家标准 GB/T 477—2008《煤炭筛分试验方法》的规定进行。煤样可按下列尺寸筛分成不同粒级：100mm、50mm、25mm、13mm、6mm、3mm 和 0.5mm，必要时可以增减筛孔尺寸。根据煤炭加工利用的需要可增加（或减少）某一或某些级别，或以生产中实际的筛分级代替其中相近的筛分级。由以上 7 个级别筛孔的筛子将试样分成：>100mm、100~50mm、50~25mm、25~13mm、13~6mm、6~3mm、3~0.5mm 和<0.5mm 粒度级，其中大于 50mm 各粒级应手选出煤、矸石、中间煤（或称夹矸煤）和硫铁矿 4 种产品。筛分后对各粒级和各手选产品分别测定产率和质量，将试验结果填入表 2-2 所示的筛分试验报告表中。如果是选煤厂生产检查（如月综合等）或设备检查，大于 50mm 各粒级不手选，化验项目根据试验目的和要求而定。

表 2-2 筛分试验报告表

化验项目	指标		M_{ad} /%	A_d /%	V_{daf} /%	$S_{t, ad}$ /%	$Q_{gr, ad}$ /MJ·kg⁻¹	胶质层		黏结性指数
								X/mm	Y/mm	
毛煤			5.56	19.50	37.73	0.64	25.686	71		
浮选（<1.4）			5.48	10.73	37.28	0.62				
粒级 /mm	产物名称		产率			质量				$Q_{gr, ad}$ /MJ·kg⁻¹
			质量/kg	占全样/%	筛上累计/%	M_{ad}/%	A_d/%	$S_{t, ad}$/%		
>100	手选	煤	2616.5	13.48		3.57	11.41	1.10		28.680
		夹矸煤	102.6	0.53		2.86	31.21	1.43		20.871

粒级/mm	产物名称		产率			质量			$Q_{gr,ad}$/MJ·kg^{-1}
			质量/kg	占全样/%	筛上累计/%	M_{ad}/%	A_d/%	$S_{t,ad}$/%	
>100	手选	矸石	162.9	0.84		0.85	80.93	0.11	
		硫铁矿							
		小计	2882.0	14.85	14.85	3.39	16.04	1.06	
100~50	手选	煤	2870.4	14.79		4.08	13.72	0.78	28.119
		夹矸煤	80.6	0.41		3.09	34.47	0.95	19.674
		矸石	348.7	1.80		0.92	80.81	0.13	
		硫铁矿							
		小计	3299.7	17.00	31.85	3.72	21.32	0.72	
>50 合计			6181.7	31.85	31.85	3.57	18.86	0.88	
50~25		煤	2467.1	12.71	44.56	3.73	24.08	0.54	23.781
25~13		煤	3556.7	18.32	62.88	2.56	22.42	0.61	24.133
13~6		煤	2624.2	13.52	76.40	2.40	23.85	0.55	23.484
6~3		煤	2399.4	12.36	88.76	4.04	19.51	0.74	24.803
3~0.5		煤	1320.5	6.80	95.56	2.94	16.74	0.74	26.289
0.5~0		煤	862.6	4.44	100.00	2.98	17.82	0.89	25.477
50~0 合计			13230.5	68.15		3.08	21.62	0.64	13230.5
毛煤总质量			19412.2	100.00		3.24	20.74	0.72	19412.2
原煤总计（除去大于50mm级矸石和硫铁矿）			18900.6	97.36		3.30	19.11	0.74	18900.6

注：筛分前煤样总质量：19459.5kg；最大粒度：730mm×380mm×220mm。

2.1.3 筛分试验结果整理

在整理资料的过程中，要检查试验结果是否超过规程中所规定的允许差。如果超过了允许差，则试验结果不准确，应予以报废，重新做试验。

（1）质量校核。筛分试验前煤样总质量（以空气干燥状态为基准，下同）与筛分试验后各粒级产物质量（13mm 以下各粒级换算成缩分前的质量，下同）之和的差值，不得超过筛分试验前煤样质量的 1%，否则该次试验无效。

（2）灰分校核。筛分配制总样灰分与各粒级产物灰分的加权平均值的差值，应符合下列规定，否则该次试验无效：

1）煤样灰分<20%时，相对差值不得超过 10%。

2）煤样灰分≥20%时，绝对差值不得超过 2%。

（3）筛分试验资料计算。首先将筛分试验所得的各粒级质量填入表内相应的栏中并相加，得出筛分试验后各级煤样的质量及（毛煤）总质量 19412.2kg，和筛分试验前煤样总质量 19459.5kg 相比，差值为 47.3kg，质量误差为 0.24%，在规定的误差范围 2% 以内。

1）产率的计算。占全样产率是指各粒级物料的质量百分数占筛分（原）煤样总质量的百分数（比）。计算方法是由试验后表中各粒级产物的质量 m_i 除以各粒级产物质量之和

M（原煤样的总质量 19412.2kg），即得相对应各粒级产物"占全样"的产率 γ_i。如：

$$\gamma_i = \frac{m_i}{M} \times 100\% \tag{2-1}$$

2）筛上累计产率的计算。"占全样"产率 γ_i 从上至下逐级数值相加的结果即为筛上累计产率 γ_S。

$$\gamma_S = \sum \gamma_i \tag{2-2}$$

3）平均灰分的计算。煤样的平均灰分是根据加权平均灰分的计算方法，将各粒级的占全样产率与其灰分的乘积之和除以各级产率之和。

$$\overline{A_d} = \frac{\sum (\gamma_i A_{di})}{\sum \gamma_i} \tag{2-3}$$

4）累计灰分的计算。累计灰分是用加权平均的方法对各粒级累计的结果，如果按自上而下逐级累计得到筛上累计灰分，从下往上逐级累计得到筛下累计灰分，计算公式与式（2-3）相同。

2.1.4 粒度组成分析

2.1.4.1 资料分析

分析原煤筛分资料对了解原煤的物理性质，制定选煤工艺流程和选煤操作制度具有重要意义。一般用以下几种方法进行分析：

（1）根据各粒级的产率变化分析和了解原煤的硬度和脆性。如果原煤中含粗粒级的量较多，且灰分较低，说明煤质较硬；否则，认为煤质较脆。在筛分试验资料中反映出的某粒级的产率最高或最低，对实际生产过程中的操作及分选方法的确定具有重要的意义。

在采煤方法相同的情况下，根据大于 50mm 的粗粒级的含量不同，可把原煤粗略地分为 4 种硬度等级（不适于露天开采的煤），如表 2-3 所示。

表 2-3 煤的硬度等级

+50mm 的产率/%	>50	45~50	30~45	<30
硬度等级	特硬煤	硬煤	较硬煤	软煤

（2）根据各粒级的灰分变化分析原煤的煤质变化规律。如果各粒级的灰分与原煤总灰分相近，说明煤质较均匀；如果细粒级的灰分较低，说明细粒级中含纯煤较多，并且煤质较脆，这种原煤在洗选加工时应尽量避免过粉碎现象；如果粗粒级的灰分较低，说明粗粒级中含纯煤较多，且煤质较硬，如果粉煤（小于 0.5mm）的物料灰分比原煤总灰分或邻近粗粒级的灰分都高，说明矸石有泥化现象，若粉煤灰分比总灰分低，可以认为该煤泥化现象不严重。

（3）根据手选资料分析煤质特性。主要分析煤、中间煤、黄铁矿和矸石的含量及灰分、硫分等。如手选资料反映出煤的含量高，灰分低，这不仅说明煤质硬，而且有利于扩大入选粒度上限，如果含量低，要考虑大块煤破碎；若中间煤含量多，则要考虑降低入选粒度上限，进行中煤破碎，以便提高精煤的回收率；如果矸石含量少，可设手选，手选后直接出商品煤；若矸石含量较多，不宜采用手选矸石，可以考虑采用机械选矸；黄铁矿含量较多时，要考虑回收问题。

2.1.4.2　平均粒度

（1）粒级的平均粒度。粒级的平均粒度 $\bar{d}$ 是指该粒级粒度的最大值 d_1 和最小值 d_2 之和的算术平均，也是粒级范围的中间值。粒级的粒度范围越小，粒级的平均粒度越接近于粒级的最大（小）粒度。

（2）粒群的平均粒度。粒群的平均粒度是指由粒度为 d_1，d_2，$\cdots$，d_n 的颗粒组成的集合体的粒度加权平均值，或者是由平均粒度为 $\bar{d}_1$，$\bar{d}_2$，$\cdots$，$\bar{d}_{n-1}$ 的粒级组成的粒群的粒度加权平均值。

平均粒度的计算方法很多，主要有个数基准、质量基准和质量百分比基准的计算公式，不同的计算公式适用的粒度范围和工程应用也不一样。在选煤行业主要采用质量百分比为基准的平均粒度计算方法。

质量百分比是指某一粒级或粒度的质量占样品总质量的比例，也称该粒级的产率。

$$\bar{d} = \frac{\bar{d}_1\gamma_1 + \bar{d}_2\gamma_2 + \cdots + \bar{d}_{n-1}\gamma_{n-1}}{\gamma_1 + \gamma_2 + \cdots + \gamma_{n-1}} \tag{2-4}$$

式中　γ_1，γ_2，$\cdots$，γ_{n-1}——分别为（$d_1 \sim d_2$）、（$d_2 \sim d_3$）、$\cdots$、（$d_{n-1} \sim d_n$）各粒级的产率或质量百分数；

　　　　$\bar{d}_1$，$\bar{d}_2$，$\cdots$，$\bar{d}_{n-1}$——分别为各粒级的平均粒度。

2.1.5　粒度组成表示方法

粒度组成有三种表示方法，用于方便分析原料的粒度特性。

2.1.5.1　表格法

采用如表 2-2 所示的筛分试验报告表，试验结束后，要分别计算各粒级占全样的产率、累计产率、累计灰分等，并将结果填入表中相应栏。

2.1.5.2　图形法

筛分试验报告表反映了选定粒级的数量和质量的情况，选定的粒级越窄，越能反映原煤（试样）的粒度组成。如果需要了解任一粒级的数量和质量，一般应借助于粒度特性曲线来解决。

粒度特性曲线就是原煤的粒度组成的图形表示，或者是筛分试验报告表的图形化。根据筛分试验报告表可以考察每一个粒级的数量和质量情况，但是在选煤工艺中需要了解在任一粒级情况下的数量和质量详细情况，才能正确作出工艺效果的分析和调整。这一要求用表 2-2 筛分试验报告表无法解决，一般可借助于粒度特性曲线（或粒度分析曲线）来解决。

粒度特性曲线采用直角坐标系，横坐标轴表示筛分的粒度，纵坐标轴表示产率，若取各粒级的产率，则得到部分粒度特性曲线；若纵坐标取筛上（或筛下）累计产率，得到正（或负）累计粒度特性曲线，正、负累计粒度特性曲线互相对称，粒度特性曲线一般指正累计特性曲线。刻度划分视原煤情况而定。画图用的原始资料来源于表 2-2，主要用筛分报告表中的各粒级产率，再计算出筛上累计产率和筛下累计产率，如表 2-4 所示，根据第

（2）、（4）或（5）两栏数据得到正或负累积粒度特性曲线（图2-1）。

表2-4 原煤的粒度组成

粒级/mm	筛分粒度/mm	占本级产率/%	筛上累积产率/%	筛下累积产率/%
（1）	（2）	（3）	（4）	（5）
>100	100	14.85	14.85	85.15
100~50	50	17.00	31.85	68.15
50~25	25	12.71	44.56	55.44
25~13	13	18.32	62.88	37.12
13~6	6	13.52	76.4	23.6
6~3	3	12.36	88.76	11.24
3~0.5	0.5	6.80	95.56	4.44
0.5~0	0	4.44	100	0
总 计		100		

对于粒度范围很宽的物料，绘制其粒度特性曲线时，可以采用半对数坐标系（横坐标取对数、纵坐标不变）或全对数坐标系（横、纵坐标均取对数）。在全对数坐标系可以实现粒度特性曲线的直线化，方便用数学方程式表示，并分析物料的粒度分布规律。

粒度特性曲线能直观地看出筛分物料中的各粒度级的数量、质量特征；可以根据图2-1计算出在筛分资料以内的任意粒级的产率；从曲线的形状上可看出物料中的粒度组成情况，如正累计粒度特性曲线的形状呈凹形时表示物料中细粒级含量较高，呈凸形时表示物料中粗粒度级含量较多，接近直线则表示物料中的粗-细粒度级分布较均匀。

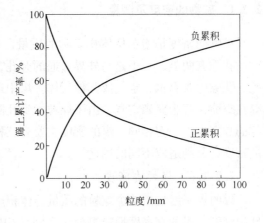

图2-1 原煤的粒度特性曲线

2.1.5.3 公式法

该方法也即粒度特性方程。它是用筛分试验所得数据，经数学方法，比如拟合或回归等，得到的经验公式。不同学者在不同的试验条件下研究得到了许多的粒度特性方程，具有代表性的如罗逊（Rosin）-拉姆勒（Rammler）公式。

1993年罗逊和拉姆勒根据统计资料，发现包括煤的破碎与磨碎产品的粒度分布大体上符合皮尔森分布，但曲线表达式比较复杂，后经简化，提出了以下经验式：

$$R = 100e^{-bd^n} \tag{2-5}$$

式中 R——大于粒度 d 的筛上累计产率；

d——粒度，筛孔尺寸；

b，n——与物料粒度大小和性质有关的参数，对一定的物料，b、n 是常数；

e——自然对数的底，$e=2.71828$。

1936 年贝涅特（Bennet）经试验认为，上式也适用于原煤，并取 $b = \dfrac{1}{d_0^n}$，则指数一项可写成无因次项，即

$$R = 100e^{-\left(\frac{d}{d_0}\right)^n} \tag{2-6}$$

式（2-6）也称为 RRB 粒度分布方程。

当 $d = d_0$ 时，$R = 100e^{-1} = 100/e = 36.8\%$。$d_0$ 一般称为有效粒度，表示大于这个粒度的物料有 36.8%，因此，d_0 越大，物料粒度越粗，反之则细。指数 n 值表示粒度分散的程度，n 值越小，粒度范围越宽，反之，粒度组成则均匀，即集中在比较窄的范围内。

破碎的煤、细碎或磨碎的矿石、水泥等的破碎机、球磨机与分级机的产物，其粒度特性与式（2-5）基本吻合。

2.2 矿物的密度与密度组成

2.2.1 矿物的密度及测量

矿物的密度是指单位体积矿物的质量，单位为 g/cm^3 或 kg/m^3。煤是多孔性矿物，煤粒的孔隙有两类，一类是与外界连通的开孔，另一类是包含在煤粒内部不与外界连通的闭孔。孔隙中含有水、空气或其他气体。煤中还含有矿物杂质。煤堆积在一起时，颗粒之间存在空隙，其中充满空气。由于煤粒本身孔隙状态不同，煤的密度有不同的定义，并且得到的数值也不一定相同。煤的密度主要有三种表示方法：煤的真密度、煤的视密度和煤的散密度，分别适应不同的用途。

2.2.1.1 煤的真密度

煤的真密度是指单个煤粒的质量与体积（不包括煤孔隙的体积）之比，也就是煤粒的理论密度。煤的真密度反映煤分子空间结构的物理性质，它与其他煤的性质有密切关系。研究煤的结构、煤的精选加工以及计算煤层平均质量等，都要测定煤的真密度。

煤的真密度在数值上等于煤的真相对密度，国标（GB/T 217—2008）规定煤的真相对密度是指 20℃时煤的质量（不包括煤的内外孔隙）与同温度同体积水的质量之比。测量时以十二烷基硫酸钠溶液为浸润剂，使煤样在密度瓶中润湿沉降并排除吸附的气体，根据煤样排出的同体积的水的质量算出煤的真相对密度。

煤中矿物质的真密度比煤有机质的真密度大得多，如石英的真密度为 $2.15g/cm^3$，黏土为 $2.40g/cm^3$，黄铁矿为 $5.00g/cm^3$。煤中矿物质真密度的平均值约为 $3.00g/cm^3$。矿物质的含量愈多，则煤的真密度愈高。根据经验数据，煤的灰分每增加 1%，其真密度增高 $0.01g/cm^3$。科学研究上有时要用"纯煤"（煤有机质）的真密度值。由于实际上不能完全脱除矿物质后测定纯煤的真密度，只能根据矿物质成分的含量和真密度对测定值加以校正。但矿物质成分含量的测定也比较复杂，故常用灰分代替矿物质成分近似地加以校正。煤中矿物质的含量及其密度与煤的灰分产率及其密度大致相当，因此，当煤的矿物质含量很少时，可用灰分产率经校正后求得纯煤真密度。

2.2.1.2 煤的视密度

煤的视密度，又称煤的视相对密度、假密度或表观密度，是指在20℃时单个煤粒（块）的质量与其外观体积（包括煤粒的开孔闭孔）之比，以 g/cm^3 表示。计算煤的埋藏量以及煤的运输、粉碎和燃烧等过程，均需要用煤的视密度数据。测定视密度的方法有多种，常用涂蜡法（或涂凡士林法）和水银法。

不同煤化度的煤，其视密度相差很大，褐煤为 $1.05\sim1.30$ g/cm^3，烟煤为 $1.15\sim1.50$ g/cm^3，无烟煤为 $1.40\sim1.70$ g/cm^3。

2.2.1.3 煤的散密度

煤的散密度是指在一定填充状态下，包括煤粒间全部空隙在内的整个容器内煤粒的质量与容器容积之比，又称煤的堆积密度。设计煤仓、计算煤堆质量和车船装载量以及焦炉和气化炉设备的装煤量时，都需要使用煤的散密度数据。散密度是在一定容器中直接测定的，测定时所用的容器愈大，准确性愈高。煤的散密度是条件性的指标，受容器的大小、形状和装煤方法以及煤的水分和粒度等因素的影响。为得到较好的可比性和尽可能接近实际，对测定条件都有严格的规定。煤的散密度随煤粒增大而增高，粒度愈均匀，煤的散密度愈小。煤的水分在增加到约5%以前，散密度逐渐降低，此后即基本稳定。在生产实际中，煤的散密度一般为 $500\sim750kg/m^3$。

2.2.2 煤炭的浮沉试验

测定物料的密度组成，是指将有代表性的试样，分成密度范围不同的成分，计算各密度级物料的质量占总质量的百分比（称为产率），再按工业要求进行各密度级物料的化学分析或矿物分析（如分析灰分、硫分、金属元素含量、矿物含量等）。这就可以确定物料中各成分的质与量的关系。若把试样先进行按粒度分级，算出各粒级物占原料的百分比，然后再对各粒级物料进行密度组成的测定，这样所获得的资料就更全面地反映物料的特性。

煤炭密度组成的测定，主要是测定选前原煤的密度组成，目的是通过浮沉试验考察不同密度成分在原煤中的数量和质量，从而来研究原煤的性质。对于选后产品，也应测定其密度组成，为分析分选过程进行的优劣提供必要的资料。

研究煤的密度组成的主要方法是浮沉试验，具体试验按照国家标准 GB/T 478—2008《煤炭浮沉试验方法》进行。浮沉试验分为大浮沉和小浮沉，大浮沉是对粒度大于 0.5mm 的煤炭进行的浮沉试验，而小浮沉是对粒度小于 0.5mm 的煤炭进行的浮沉试验。

浮沉试验是将煤炭在不同密度的溶液中顺序地进行浮沉，从而将煤炭分成不同的密度级别，经过 n 个密度液的浮沉分离，就可以得出 $n+1$ 个密度级的物料，再进行干燥、称重和灰分化验，这样就可以得出不同密度级数量与质量的关系。

在一般情况下，浮沉试验是用筛分试验所得到的窄粒度级别煤进行浮沉，几乎不直接用原煤。这样做是为了得出结果更为正确，而且筛分试验的窄级别越多，总样的密度组成越接近实际，但浮沉试验的工作量就很大。只有在特殊情况下，比如在生产过程中快速检查重选设备的分选情况，才可用不分级的煤样进行浮沉试验，进行总效果的概况检查，作为岗位司机操作和调整工艺参数的依据。

    浮沉试验用煤样的质量大小与每一个粒度级别的粒度上限有关，粒度越大，所需要的煤样量越多。根据国家标准 GB/T 478—2008，各粒级煤样最小质量见表 2-5。

表 2-5   给定粒级煤样的最小质量

粒级上限/mm	300	150	100	50	25	13	6	3	0.5
最小质量/kg	500	200	100	30	15	7.5	4	2	0.2

    大浮沉一般选用易溶于水的氯化锌为浮沉介质，小浮沉可以选用氯化锌重液、无机高密度溶液或者有机重液。如果小浮沉的粉煤煤样容易泥化时，可以采用四氯化碳、苯和三溴甲苯配制重液；而且当重液密度大于 1.70g/cm^3 时，建议采用无机高密度溶液。

    根据阿基米德原理，密度小于重液密度的煤必将浮在液面上，而大于重液密度的物料必将沉到底部去，密度恰好等于重液密度的物料，将悬浮在重液中。在试验过程中，就要精心地把密度小于重液密度的部分分出来，成为小于该密度的物料，而将呈悬浮状态的和沉于底部的物料收集在一起，成为大于该重液密度的物料。

    国家标准 GB/T 478—2008 规定原煤粒度级进行浮沉试验时，密度范围通常应包括 1.30 g/cm^3、1.40g/cm^3、1.50g/cm^3、1.60g/cm^3、1.70g/cm^3、1.80g/cm^3、1.90g/cm^3 和 2.00g/cm^3，必要时可增加小于 1.30g/cm^3 和大于 2.00g/cm^3 的密度级，或减小密度间隔，由 0.10g/cm^3 改为 0.05g/cm^3，增加 1.25g/cm^3、1.35g/cm^3 等密度。原煤的密度间隔减小，密度级别增加，使每个密度级中的物料在密度上更加接近，质量变得均匀，有利于密度组成的分析。

    用氯化锌配置重液时，可以参考表 2-6 进行粗配，然后用液体密度计校验，直至达到要求值，密度误差要求准确到小于 0.002g/cm^3。高密度氯化锌重液（大于 1.80g/cm^3）黏度大，容易发生沉淀，影响浮沉分离效果。此时可选用其他类型的无毒、无味、易溶于水的无机高密度重液。

表 2-6   氯化锌重液配制参考表

重液的密度/g·cm^{-3}	1.30	1.40	1.50	1.60	1.70	1.80	1.90	2.00
氯化锌质量分数/%	31	39	46	52	58	63	68	73

    配制有机重液时，可参照表 2-7 进行并用液体密度计检测配制的重液密度。

表 2-7   有机重液配制参考表

重液的密度/g·cm^{-3}	四氯化碳和苯（体积分数）/%		四氯化碳和三溴甲烷（体积分数）/%	
	四氯化碳 CCl$_4$	苯 C$_6$H$_6$	四氯化碳 CCl$_4$	三溴甲烷 CHBr$_3$
1.30	60	40		
1.40	74	26		
1.50	89	11		
1.60			2	98
1.70			11	89
1.80			21	79
2.00			41	59

    一般情况下都采用氯化锌（ZnCl$_2$）与水配制的重液，但是这种溶液黏度大，清洗困

难，因此，对于小于 1.0mm 的粒级和煤泥的浮沉试验，采用有机溶液。由于有机溶液容易挥发，对于浮沉过的样品，不用清洗，放置一定时间后即可挥发掉，避免了细粒及煤泥清洗困难这一点，但是，有机溶液价格比较贵，只用于极细粒和煤泥。

大浮沉试验的操作程序如图 2-2 所示。

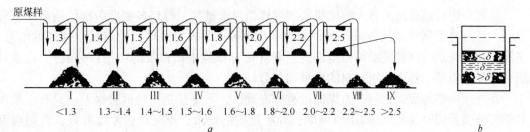

图 2-2　浮沉试验操作程序图

a—浮沉试验进行程序；b—网底桶盛煤样浸入重液示意图

具体步骤如下：

（1）将配好的重液装入重液桶中，并按密度大小顺序排好，每个桶中重液面不低于 350 mm，最低一个密度的重液应另备一桶，作为每次试验时的缓冲液使用。

（2）浮沉试验顺序一般是从低密度逐级向高密度进行，如果煤样中含有易泥化的矸石或高密度物含量多时，可先在最高的密度液内浮沉，捞出的浮物仍按由低密度到高密度顺序进行浮沉。

（3）当试样中含有大量中间密度的物料时，可先将煤样放入中间密度的介质中大致均匀分开，再按照步骤（2）进行试验。

（4）浮沉试验之前先将煤样称量，放入网底桶内，每次放入的煤样厚度一般不超过 100 mm。用水洗净附着在煤块上的煤泥，滤去洗水再进行浮沉试验。收集同一粒级冲洗出的煤泥水，用澄清法或过滤法回收煤泥，然后干燥称量，此煤泥通常称为浮沉煤泥。

（5）进行浮沉试验时，先将盛有煤样的网底桶在最低一个密度的缓冲液内浸润一下（同理，如先浮沉高密度物，也应在该密度的缓冲液内浸润一下），然后提起斜放在桶边上，滤尽重液，再放入浮沉用的最低密度的重液桶内，用木棒轻轻搅动或将网底桶缓缓地上下移动，然后使其静止分层。分层时间不少于下列规定：

1）粒度大于 25mm 时，分层时间为 1~2min；

2）最小粒度为 3mm 时，分层时间为 2~3min；

3）最小粒度为 0.5~1mm 时，分层时间为 3~5min。

（6）小心地用捞勺按一定方向捞取浮物，捞取深度不得超过 100mm。捞取时应注意勿使沉物搅起混入浮物中。待大部分浮物捞出后，再用木棒搅动沉物，然后仍用上述方法捞取浮物，反复操作直到捞尽为止。

（7）把装有沉物的网底桶慢慢提起，斜放在桶边上，滤尽重液，再把它放入下一个密度的重液桶中。用同样方法逐次按密度顺序进行，直到该粒级煤样全部做完为止，最后将沉物倒入盘中。在试验中应注意回收氯化锌溶液。

（8）在整个试验过程中应随时调整重液的密度，保证密度值的准确。

（9）各密度级产物应分别滤去重液，用水冲净产物上残存的氯化锌（最好用热水冲洗），然后在低于 50℃ 温度下进行干燥，达到空气干燥状态再称量。

（10）对各密度级产物和煤泥分别缩制成分析煤样，测定其灰分（A_d），根据要求，确定是否测定水分（M_{ad}）、硫分或增减其他分析化验项目。

2.2.3 浮沉试验资料的整理

通过分别对筛分试验各个粒度级别的煤样做浮沉试验，得到各密度级别的质量和灰分数据，然后再编制浮沉试验报告表，如表 2-8 所示。制表需要填写的有试验煤样的编号、煤样的粒度级别、该粒度级别占全样的产率（筛分试验中该粒级的质量百分数）、化验日期、煤样的质量、各密度级物料的质量和灰分。

在进一步整理数据之前，为保证试验的准确性，需要首先检验试验误差，只有质量误差和灰分误差同时满足国标 GB/T 478—2008 规定的要求，浮沉试验才算有效，否则应重新进行浮沉试验。

（1）质量误差。试验结果要满足浮沉试验前空气干燥状态的煤样质量与浮沉试验后各密度级产物的空气干燥状态质量之和的差值，不应超过浮沉试验前煤样质量的 2%。

（2）灰分误差。灰分误差是浮沉试验前煤样灰分与浮沉试验后各密度级产物灰分的加权平均值的差值的绝对值，这里指的灰分差值可以是相对差值，也可以是绝对差值。浮沉试验用的煤样的灰分和最大粒度不同，对灰分误差的要求也不一样。

1）煤样中最大粒度不小于 25mm。如果煤样灰分小于 20%，则灰分的相对差值不大于 10%；如果煤样灰分不小于 20% 时，则灰分的绝对差值不大于 2%。

2）煤样中最大粒度小于 25mm，且大于 0.5mm。如果煤样灰分小于 15%，则灰分的相对差值不大于 10%；如果煤样灰分不小于 15% 时，则灰分的绝对差值不大于 1.5%。

3）煤样中最大粒度不大于 0.5mm 时，即小浮沉试验。如果煤样灰分小于 20% 时，则灰分的相对差值不大于 10%；如果煤样灰分为 20%~30% 时，则灰分的绝对差值不大于 2%；煤样灰分大于 30% 时，则灰分的绝对差值不大于 3%。

如果误差煤样没超过规定，即可进行各密度级产率的计算。各密度级产物的产率和灰分用百分数表示，灰分和占本级的产率取小数点后两位，而占全样的产率取小数点后三位，对原煤浮沉试验综合表可取两位小数。

虽然大浮沉是用大于 0.5mm 的煤样，但在浮沉试验过程中，各粒级煤样会在重液中发生泥化而产生煤泥，这一部分煤泥称为浮沉煤泥或次生煤泥，而原煤中小于 0.5mm 的粒级称为原生煤泥。

各密度级的产率，因计算基准的不同，有占本级产率和占全样产率之分。所谓占本级产率是指各密度级占本粒度级试验煤样自身质量的百分数。在重力选煤中，由于小于 0.5mm 的煤泥一般情况无法按密度差别分选，因此为了分析原煤的可选性，只考虑大于 0.5mm 的各粒级，煤泥不参与计算。计算时用各密度级的质量（kg）除以去除煤泥后的合计质量的百分数。煤泥占本级产率是煤泥的质量占该粒级试样的质量百分数，反映了煤样在浮沉试验过程中的泥化程度，也可作为制定工艺流程的依据，分析判断分选效果。而占全样产率用各密度级占本级的产率乘以该试验粒级煤样在筛分试验中的质量百分数。

各粒级浮沉试验表内的浮物累计和沉物累计部分，如果不需要单独研究某一粒级的可选性或绘制可选性曲线，可以不进行计算和填写。

（3）各粒级浮沉试验报告表的整理。各粒级浮沉试验报告表的形式如表 2-8 和表 2-9 所示，分别是自然级与破碎级的浮沉试验资料，整理方法完全相同。

表 2-8　自然级浮沉试验报告表

浮沉试验编号：				试验日期：　　年　月　日				
煤样粒级：25~13mm（自然级）				本级占全样产率：18.322%，灰分：22.42%				
全硫（$S_{t,ad}$）/%：				试验前煤样质量（空气干燥状态）：24.965kg				
密度级 /g·cm^{-3}	质量/kg	占本级 产率/%	占全样 产率/%	灰分/%	浮物累计		沉物累计	
					产率/%	灰分/%	产率/%	灰分/%
（1）	（2）	（3）	（4）	（5）	（6）	（7）	（8）	（9）
<1.30	1.645	6.72	1.219	3.99	6.72	3.99	100	22.14
1.30~1.40	11.312	46.18	8.380	7.99	52.9	7.48	93.28	23.45
1.40~1.50	5.28	21.56	3.912	15.93	74.46	9.93	47.10	38.60
1.50~1.60	1.37	5.59	1.014	26.61	80.05	11.09	25.54	57.74
1.60~1.70	0.66	2.70	0.490	34.65	82.75	11.86	19.95	66.47
1.70~1.80	0.456	1.86	0.338	43.41	84.61	12.56	17.25	71.45
1.80~2.00	0.606	2.47	0.448	54.47	87.08	13.74	15.39	74.84
>2.00	3.165	12.92	2.345	78.73	100.00	22.14	12.92	78.73
小　计	24.494	100.00	18.146	22.14				
浮沉煤泥	0.238	0.96	0.176	19.16				
合　计	24.732	100.00	18.322	22.11				

表 2-9　破碎级浮沉试验报告表

浮沉试验编号：				试验日期：　　年　月　日				
煤样粒级：25~13mm（破碎级）				本级占全样产率：6.283%，灰分：19.32%				
全硫（$S_{t,ad}$）/%：				试验前煤样质量（空气干燥状态）：24.364kg				
密度级 /g·cm^{-3}	质量/kg	占本级 产率/%	占全样 产率/%	灰分/%	浮物累计		沉物累计	
					产率/%	灰分/%	产率/%	灰分/%
（1）	（2）	（3）	（4）	（5）	（6）	（7）	（8）	（9）
<1.30	3.437	14.26	0.893	4.48	14.26	4.84	100.00	20.37
1.30~1.40	11.768	48.82	3.057	9.20	63.08	8.21	85.74	22.96
1.40~1.50	3.967	46.46	3.031	15.89	79.54	9.80	36.92	41.15
1.50~1.60	1.407	4.59	0.287	26.74	84.13	10.73	20.46	61.47
1.60~1.70	0.372	1.54	0.097	37.42	85.67	11.21	15.87	71.52
1.70~1.80	0.270	1.12	0.070	43.31	86.79	11.62	14.33	75.19
1.80~2.00	0.458	1.90	0.119	54.96	88.69	12.55	13.21	77.89
>2.00	2.725	11.31	0.708	81.74	100.00	20.37	11.31	81.74
小　计	24.404	100.00	0.262	20.37				
浮沉煤泥	0.082	0.34	0.021	15.78				
合　计	24.186	100.00	6.283	20.35				

1) 占本级产率的计算。用表 2-8 中第（2）栏的小计 24.494kg 除各密度级产物的质量，得到第（3）栏中各密度级占本级产率。

2) 占全样产率的计算。第（4）栏中各密度级占全样产率是用 18.146% 分别乘以表中第（3）栏占本级产率而得到的。

3) 加权平均灰分。加权平均灰分的计算是各密度级的占本级产率（第（3）栏）与对应的灰分（第（5）栏）的乘积之和除以各密度级的占本级产率之和（累计产率），即

$$\overline{A}_{dn} = \frac{\gamma_1 A_{d1} + \gamma_2 A_{d2} + \cdots + \gamma_n A_{dn}}{\gamma_1 + \gamma_2 + \cdots + \gamma_n} \tag{2-7}$$

4) 浮物累计的计算。浮物累计产率计算：表 2-8 中第（6）栏各密度的浮物累计产率是由第（3）栏从上而下逐级相加而得。

浮物累计灰分计算：表 2-8 中第（7）栏各密度的浮物累计灰分是由相应各密度级的产率（第（3）栏）和灰分（第（5）栏）自上而下加权平均计算得来。

5) 沉物累计的计算。沉物累计产率和沉物累计灰分的计算分别与浮物累计产率和浮物累计灰分的计算方法相同，但沉物累计是自下而上进行计算的。

（4）综合级浮沉试验资料的整理方法。将表 2-8 和表 2-9 合并即为表 2-10 所示的综合级浮沉试验报告表，下面以 25~13mm 粒度级为例说明综合表的计算方法。

1) 占全样产率的计算。综合级浮沉试验报告表是自然级和破碎级浮沉试验报告表的合并，因为占全样产率的计算是以原煤为基准的，所以相同密度级的占全样产率可以叠加。

表 2-10 第（6）栏中各密度级占全样产率是表 2-8 和表 2-9 第（4）栏中相应密度级占全样产率之和。依此类推，可求出表 2-10 中各密度级的占全样产率，即第（6）栏。

2) 占本级产率的计算。根据各密度级产物占全样的产率换算出占本级产率。

表 2-10 第（6）栏中各密度级占全样产率之和是 24.408%，各密度级占本级产率之和应是 100%，所以必须把 24.408% 视为整体 100%。那么各密度级占本级产率就是各密度级占全样产率百分数除以 24.408，再乘以 100% 而得到的。

3) 各密度级的灰分计算。表 2-10 第（7）栏中各密度级以及煤泥的灰分是表 2-8 和表 2-9 中各相应密度级以及煤泥灰分的加权平均值。用这两个表中的第（4）、（5）两栏的数据进行计算。表 2-10 第（7）栏中的"小计"和"合计"灰分可通过表 2-8 和表 2-9 用上述方法计算，也可用本表中计算出的各密度级灰分以及浮沉煤泥的灰分分别计算其加权平均值，但无论用哪一种方法，计算的结果均应一致。

在各粒级的浮沉试验资料都整理完毕并经检验误差符合规定要求后，可以将煤炭的筛分试验和浮沉试验综合起来填写筛分浮沉试验报告表（表 2-10）。

（5）筛分浮沉试验报告表的整理方法。表 2-10 筛分浮沉试验报告表中分筛分试验和浮沉试验两部分。筛分试验部分是从筛分试验报告表中转抄过来的，其中 50~0.5mm 级产率为各粒级占全样产率之和，50~0.5mm 级灰分为各粒级灰分的加权平均值；浮沉试验部分的 50~0.5mm 级各栏的数据计算方法如下：

1) 占全样产率的计算。表 2-10 中第（18）栏各密度级和浮沉煤泥的"占全样产率"是各粒级中相应密度级和浮沉煤泥"占全样产率"之和。即（3）栏+（6）栏+（9）栏+（12）栏+（15）栏=（18）栏。

表 2-10 筛分浮沉试验综合表

密度级	50~25mm 产率/% 33.029 灰分/% 21.71 占本级产率/%	占全样产率/%	灰分/%	25~13mm 产率/% 24.605 灰分/% 21.63 占本级产率/%	占全样产率/%	灰分/%	13~6mm 产率/% 15.874 灰分/% 22.83 占本级产率/%	占全样产率/%	灰分/%	6~3mm 产率/% 13.238 灰分/% 19.24 占本级产率/%	占全样产率/%	灰分/%	3~0.5mm 产率/% 8.303 灰分/% 15.94 占本级产率/%	占全样产率/%	灰分/%	50~0.5mm 产率/% 95.094 灰分/% 21.03 占本级产率/%	占全样产率/%	灰分/%
(1)	(2)	(3)	(4)	(5)	(6)	(7)	(8)	(9)	(10)	(11)	(12)	(13)	(14)	(15)	(16)	(17)	(18)	(19)
<1.30	7.67	2.519	4.49	8.65	2.112	4.35	9.35	1.478	2.97	15.51	2.047	2.69	24.17	1.906	2.32	10.69	10.062	3.46
1.30~1.40	52.94	17.380	9.29	46.86	11.437	8.31	43.30	6.847	7.12	38.78	5.117	6.83	33.68	2.656	6.47	46.15	43.437	8.23
1.40~1.50	19.50	6.401	17.03	20.25	4.943	15.92	20.48	3.238	14.77	20.94	2.764	13.65	20.41	1.610	12.72	20.14	18.956	15.50
1.50~1.60	3.63	1.191	26.68	5.33	1.301	26.64	6.37	1.007	24.87	6.40	0.844	24.39	6.64	0.524	23.01	5.17	4.867	25.50
1.60~1.70	2.08	0.683	34.92	2.41	0.587	35.11	2.99	0.473	33.67	3.11	0.410	34.05	3.13	0.247	32.07	2.55	2.400	34.28
1.70~1.80	1.36	0.447	44.33	1.67	0.408	43.39	1.85	0.292	42.08	1.92	0.254	42.34	1.62	0.128	39.81	1.62	1.529	42.94
1.80~2.00	1.96	0.642	53.46	2.32	0.567	54.57	2.17	0.344	52.32	2.17	0.287	50.88	2.16	0.170	49.94	2.13	2.009	52.91
>2.00	10.86	3.566	81.12	12.51	3.053	79.43	13.49	2.133	79.29	11.17	1.474	78.19	8.19	0.646	76.99	11.55	10.872	79.64
小 计	100.00	32.829	20.74	100.00	24.408	21.69	100.00	15.812	21.59	100.00	13.196	19.19	100.00	7.887	15.90	100.00	94.132	20.50
浮沉煤泥	0.61	0.200	17.24	0.80	0.197	18.80	0.39	0.062	21.16	0.65	0.087	21.59	5.01	0.416	17.13	1.01	0.962	18.16
合 计	100.00	33.029	20.72	100.00	24.605	21.67	100.00	15.874	21.59	100.00	13.283	19.21	100.00	8.303	15.96	100.00	95.094	20.48

2）各密度级及浮沉煤泥的灰分。表2-10第（19）栏中各密度级以及浮沉煤泥的灰分是各粒级中相应各密度级及浮沉煤泥灰分的加权平均值。即：

$$（19）栏 = \frac{（3）栏×（4）栏 + （6）栏×（7）栏 + （9）栏×（10）栏 + （12）栏×（13）栏 + （15）栏×（16）栏}{（18）栏} × 100\%$$

表2-10第（19）栏中的小计灰分和合计灰分同样可用上述方法横向求出，也可用第（18）、（19）两栏的数据用加权平均法竖向求出。不论是横向计算还是竖向计算，其结果均应一致。

3）占本级产率的计算。这里的本级是指50~0.5mm级，从表2-10中第（18）栏可看出50~0.5mm级中各密度级占全样产率之和（小计）为94.132%，那么，各密度级占本级的产率即为：（17）栏 =（18）栏/94.132×100%。

同样，煤泥的占本级产率是0.962/95.094×100% = 1.01%。

为了评定煤的可选性等级，绘制可选性曲线，可把表2-10中的第（17）和第（19）两栏的数据摘引到另一个表（表2-11）中，此表即为50~0.5mm粒级原煤浮沉试验综合表。

表2-11　50~0.5mm粒级原煤浮沉试验综合表

密度级 /g·cm⁻³	产率/%	灰分/%	浮物累计		沉物累计		分选密度±0.1，产率/%		
			产率/%	灰分/%	产率/%	灰分/%	密度 /kg·m⁻³	不去矸	去　矸
（1）	（2）	（3）	（4）	（5）	（6）	（7）	（8）	（9）	（10）
<1.30	10.69	3.46	10.69	3.46	100.00	20.50	1.30	56.84	65.85
1.30~1.40	46.15	8.23	56.84	7.33	89.31	22.54	1.40	66.29	76.80
1.40~1.50	20.14	15.50	76.98	9.47	43.16	37.85	1.50	25.31	29.32
1.50~1.60	5.17	25.50	82.15	10.48	23.02	57.40	1.60	7.72	8.94
1.60~1.70	2.55	34.28	84.70	11.19	17.85	66.64	1.70	4.17	4.83
1.70~1.80	1.62	42.94	86.32	11.79	15.30	72.04	1.80	2.69	3.12
1.80~2.00	2.13	52.91	88.45	12.78	13.68	75.48	1.90	2.13	2.47
>2.00	11.55	79.64	100.00	20.50	11.55	79.64			
小计	100.00	20.50							
浮沉煤泥	1.01	18.16							
合计	100.00	20.48							

表2-11中第（2）、（3）两栏的数据是摘引表2-10中的第（17）、（19）两栏数据，表2-11中第（4）、（5）、（6）、（7）栏的浮物和沉物的累计产率和累计灰分，是由表2-11中第（2）、（3）两栏的数据计算而得，其计算方法与各粒级浮沉试验报告表（表2-8、表2-9）中的累计产率和累计灰分的计算方法完全相间。

表2-11的第（9）栏的分选密度±0.1g/cm³产率，指的是密度比理论分选密度减0.1g/cm³至加0.1g/cm³密度区间物料的产率，又称邻近密度物含量。例如：理论分选密度为1.40g/cm³的±0.1g/cm³产率为1.30~1.40g/cm³密度级（-0.1 g/cm³）产率加上1.40~1.50g/cm³密度级（+0.1 g/cm³）产率。即：（1.40±0.1）g/cm³密度级产率为46.15% +

20.14% = 66.29%。同理得密度为 1.50g/cm³、1.60g/cm³、1.70g/cm³、1.90g/cm³ 的 ±0.1g/cm³ 含量。对理论分选密度为 1.30g/cm³ 和 1.80g/cm³ 时，其±0.1g/cm³ 产率不能直接用表中的数据算出，需借助可选性曲线查得。

2.2.4 原煤可选性曲线

从表 2-10 及表 2-11 中我们可以得到在某些条件下煤的性质的有关数据，如−1.4g/cm³、−1.5g/cm³ 等密度级的产率和灰分，也可以知道分选密度为 1.3g/cm³、1.4g/cm³ 等时的情况，但无法得到在任意条件下的情况，如−1.45g/cm³、−1.48g/cm³、−1.52g/cm³ 等密度级的情况或分选密度为 1.35g/cm³、1.42g/cm³、1.49g/cm³ 等时的情况。

为了能够从浮沉试验资料中得到任意条件下的情况，有两种办法：其一是把浮沉试验的密度间隔划得无限小，也就是用无限个密度连续的重液进行浮沉试验，获得无限多个试验数据，这在实际上是没有必要也是不可能的；其二是用绘制可选性曲线的办法将浮沉试验有限的几个密度级转化为无穷多个连续的密度点，从而解决在任意条件下的原煤性质上的问题。

可选性是指按所要求的质量指标，从原料中分选出产品的难易程度。可选性曲线就是原煤密度组成的图示，是根据浮沉试验结果绘制的一种用以表示煤的可选性的一组曲线。可选性曲线有两种：H-R 曲线和迈耶尔可选性曲线（M 曲线）。原煤可选性曲线一般用 H-R 曲线，包括灰分特性曲线（λ 曲线）、浮物曲线（β 曲线）、沉物曲线（θ 曲线）、密度曲线（δ 曲线）及密度±0.1g/cm³ 曲线（δ±0.1 曲线或 ε 曲线）等五条曲线。这种可选性曲线于 1905 年由亨利提出，1911 年又由莱茵哈特补充，故简称 H-R 曲线。

可选性曲线的绘制：在 200mm×200mm 的坐标纸上绘出直角坐标系，如图 2-3 所示，图中的 ABCD 正方形面积代表 50~0.5mm 级浮沉试验的全部原煤量。下横坐标轴 AB 表示灰分，坐标值由左到右从 0 开始到 100%；上横坐标轴 CD 表示密度，坐标值由右向左从 1.2g/cm³ 密度开始到 1.8g/cm³ 密度以上；左纵坐标轴 AD 表示浮物累计产率，坐标值由上向下从 0 开始到 100%；右纵坐标轴 BC 表示沉物累计产率，坐标值由下向上从 0 开始到 100%。

2.2.4.1 灰分特性曲线（λ 曲线）的绘制

灰分特性曲线是用表 2-11 中第（3）栏和第（4）栏的数据绘制的，用第（4）栏的数据绘出各产率的水平线，用第（3）栏的数据在各相应产率范围内作垂线，于是得出一阶梯形图（见图 2-3）。由于灰分是各密度级产率的平均灰分，因此，靠近低密度的物料灰分要比平均灰分低些，靠近高密度的物料灰分要比平均灰分高些。当密度间隔不是很大时，可以把产率和灰分变化关系近似地看成是通过平均灰分与 1/2 产率的交点的一条曲线，这时，灰分量不变。

在密度很窄的情况下，平均灰分可以认为是该密度级数量中点的灰分。通过中点，向低密度侧灰分逐渐降低，向高密度侧灰分将逐渐增高，构成一条斜线。直线左侧减量与右侧的增量相等。所构成的梯形面积与原来的矩形面积相等，这样，就把原来的灰分平均值转化成在这一密度区间内从低密度到高密度的一个渐变值。在这个密度区间内将密度由低到高，灰分由小到大的不同密度、不同灰分的煤炭按顺序排列起来。斜线上的每一点都表示某一密度（严格地说是密度间隔无限小的密度级）的灰分，在这条斜线上点与点之间只

22

表示序列关系，不存在其他关系。根据这个原则，将密度级与平均质量的序列关系转化为密度与单元质量的序列关系。

将各产率之半与其相应平均灰分的交点连接起来，构成一光滑曲线，图 2-3 中的 λ 曲线，曲线与上下横坐标的交点，分别表示最低和最高密度物料灰分，一般按曲线趋向确定。

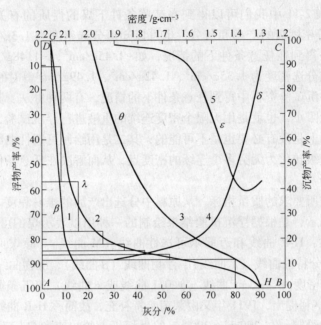

图 2-3   50~0.5mm 原煤可选性曲线

这条曲线下的面积与原来各个矩形面积之和相等，这就意味着这堆煤以曲线分界，左下方为这堆煤的灰分量，右上方为这堆煤的可燃体总量，曲线上的每一点都代表着一定密度序列上某一密度点的灰分。如曲线上某点处在两种产品时的分界线上，则该点的灰分就称为产品中最低灰分部分。这条曲线称为灰分特性曲线，以符号 λ 表示。

灰分特性曲线的意义在于，曲线上的任一点均表示密度无限窄的物料灰分。可以设想，当浮沉试验的重液密度连续无限增多时，各密度级的物料量（产率）将极其微小，从而使产率由厚层变成一个极薄层，此时，曲线上的相应点必然是这无限小的物料的灰分。如果该点是两产品的分界点，则该点的灰分就是分界灰分，即低密度产物的最高灰分，高密度产物的最低灰分。

灰分特性曲线与浮物产率坐标和下横坐标围成的面积为该原煤的灰分量，而余下的面积为可燃物，而且每一点上的灰分只表示该点对应的密度物的灰分，与前后灰分无平均关系。

灰分特性曲线能表示某一产率（密度）点的灰分（即曲线上任何一点都表示某一密度范围无限窄的密度级的灰分），换言之，λ 曲线是小于某一规定灰分物的产率和这个灰分的关系曲线；同时，曲线能表示出在一定的分选密度下的边界灰分（即浮物中的最高灰分或沉物中的最低灰分）；还可以用它来求出其他几条可选性曲线。因此，在可选性曲线中，它是一条最基本的曲线。

λ 曲线是由作图推理的原则，将有限的几个密度级与各自的平均灰分关系转化为无穷多个连续排列的密度点与各自对应的灰分关系。

2.2.4.2 浮物曲线（β 曲线）的绘制

浮物曲线（β 曲线）是表示煤中浮物累计产率与其平均灰分关系的曲线。它是用表 2-11 中第（4）、（5）两栏的数据绘制的。

根据表 2-11 中第（4）、（5）两栏的每一对数据在图 2-3 中以 DA 为纵坐标轴，AB 为横坐标轴定出 8 个点：（3.46%，10.69%）、（7.33%，56.84%）、（9.47%，76.98%）、（10.48%，82.15%）、（11.19%，84.70%）、（11.79%，86.32%）、（12.78%，88.45%）、（20.50%，100.00%），每个点都代表浮物累计产率和累计灰分的关系。将这些点连成一条平滑曲线，就是浮物曲线，或称浮物累计曲线，简称 β 曲线。

浮物曲线上任一点都表示在某一浮物产率下的浮物灰分或在某一浮物灰分下的浮物产率。曲线上端与上横坐标轴的交点必然与灰分特性曲线的起点 G 重合，曲线下端与下横坐标轴的交点数值为 50~0.5mm 的原煤的灰分值 20.50%。

2.2.4.3 沉物曲线（θ 曲线）的绘制

沉物曲线（θ 曲线）表示煤中沉物产率与其灰分的关系曲线。这条曲线可利用表 2-11 中第（6）、（7）两栏的数据绘制。依据表 2-11 中第（6）、（7）两栏的每一对数据，在图 2-3 中以 BC 为纵坐标轴，AB 为横坐标轴定出 8 个点：（79.64%，11.55%）、（75.48%，13.68%）、（72.04%，15.30%）、（66.64%，17.85%）、（57.40%，23.02%）、（37.85%，43.16%）、（22.54%，89.31%）、（20.50%，100.00%），每个点都代表沉物累计产率和累计灰分的关系。将这些点连成一条平滑曲线，就是沉物曲线，或称沉物累计曲线，简称 θ 曲线。

沉物曲线上任一点都表示某一沉物产率下的沉物平均灰分或某一沉物灰分下的沉物产率。曲线上端与上横坐标轴的交点为原煤灰分 20.50%，曲线下端与下横坐标轴的交点必然与灰分特性曲线的终点 H 重合，它表示原煤中密度最高的物料灰分。

2.2.4.4 密度曲线（δ 曲线）的绘制

密度曲线（δ 曲线）表示煤中浮物（或沉物）累计产率与相应密度关系的曲线。这条曲线是用表 2-11 中第（1）、（4）两栏的数据绘制的。

在图 2-3 中，以 CD 为横坐标轴，DA 为纵坐标轴，从横坐标轴上密度为 1.3g/cm^3、1.4g/cm^3、1.5g/cm^3、1.6g/cm^3、1.7g/cm^3、1.8g/cm^3、1.9g/cm^3 各点向下引垂线，分别与第（4）栏各密度级浮物产率对应的水平线相交，各点的坐标是(1.3,10.69%)、(1.4, 56.84%)、(1.5, 76.98%)、(1.6, 82.15%)、(1.7, 84.70%)、(1.8, 86.32%)、(1.9, 88.45%)，其横坐标表示理论分选密度，纵坐标表示低于这个分选密度的浮物产率，将这 7 个点连成一条平滑曲线，就是密度曲线，简称 δ 曲线。

密度曲线上任一点的坐标在 CD 轴上的读数为理论分选密度，在 DA 轴上的读数为小于这个分选密度的浮物累计产率，而在 BC 轴上的读数则是大于这个分选密度的沉物累计产率。

2.2.4.5 密度±0.1 曲线（δ±0.1 曲线或 ε 曲线）的绘制

密度±0.1 曲线表示在邻近分选密度±0.1g/cm^3 范围内，浮沉物含量与分选密度的关系曲线，即表示邻近密度物含量与该密度的关系曲线，所以也称邻近密度物含量曲线。这条曲线是用表 2-11 中第 (8)、(9) 两栏的数据绘制的。

在前面介绍表 2-11 中第 (9) 栏的数据计算时，对密度为 $1.30g/cm^3$ 和 $1.80g/cm^3$ 的 $±0.1$ 产率未能直接算出。现在可借助可选性曲线中的密度曲线进行计算。从密度曲线上可以看出该原煤中最低密度是 $1.275g/cm^3$，所以密度为 $1.30g/cm^3$ 的 $±0.1$ 含量，实质是 $1.275 \sim 1.4g/cm^3$ 密度级的产率，因此，在绘制密度 $±0.1g/cm^3$ 曲线时，密度为 $1.30g/cm^3$ 这一点一般不算。求密度为 $1.80g/cm^3$ 的 $±0.1$ 含量时，首先从密度曲线上查出密度为 $1.90g/cm^3$ 时的浮物产率 $\gamma_{-1.90} = 87.39\%$，再从表 2-11 第 (4) 栏中得知 $\gamma_{-1.70} = 84.70\%$，那么，$1.80±0.1g/cm^3$ 密度级产率为 $\gamma_{1.70 \sim 1.90} = \gamma_{-1.90} - \gamma_{-1.70} = 87.39\% - 84.70\% = 2.69\%$。

于是根据表 2-11 第 (8)、(9) 两栏中的每一对数据，在图 2-3 中以 CD 为横坐标轴，以 DA 为纵坐标轴定出 6 个点：(1.40, 66.29%)、(1.50, 25.31%)、(1.60, 7.72%)、(1.70, 4.17%)、(1.80, 2.69%)、(1.90, 2.13%)，将这 6 个点连成一条平滑曲线即密度 $±0.1$ 曲线，简称 $\delta±0.1$ 曲线。在这条曲线上任意一点的纵坐标都表示在某一分选密度 δ 时 $\delta±0.1g/cm^3$ 密度物的产率。从曲线形状还可以看出，分选密度越低，曲线越陡峭，表示邻近密度物含量越多。也就是说，分选密度稍有增减，则其邻近物增减幅度较大，故难以分选。

实践证明，邻近密度物含量的多少对可选性难易的影响很大。原煤中矸石含量的波动势必会影响其他密度级的产率。另外，选煤实践表明，原煤中矸石含量的大小，只是对分选的处理量影响很大，而对分选的精度影响不大。这样，采用去矸的指标，就能避免使同一原煤因其含矸量的不同而可能划成不同的可选性等级。因此，现行的煤炭可选性分类标准都以去矸计算的指标作为评定可选性等级的依据，即扣除大于 $2.00g/cm^3$ 的矸石后作为百分之百计算，所以，在绘制邻近密度物曲线时，需要将表 2-11 中第 (9) 栏换算成去矸计算的指标，再以去矸后的分选密度 $±0.1$ 产率来绘制 ε 曲线，去矸计算的公式为：

$$\gamma_{\delta±0.1(\text{去矸})} = \frac{\gamma_{\delta±0.1(\text{不去矸})}}{100 - \gamma_{+2.00}} \times 100\% \tag{2-8}$$

式中 $\gamma_{\delta±0.1(\text{不去矸})}$ ——不去矸计算的分选密度 $±0.1$ 含量，%；

         $\gamma_{\delta±0.1(\text{去矸})}$ ——去矸计算的分选密度 $±0.1$ 含量，%；

         $\gamma_{+2.00}$ ——大于 $2.00g/cm^3$ 的沉物产率，%。

以上介绍的五条可选性曲线，从不同角度显示了原煤的质和量的关系。δ 曲线和 $\delta±0.1$ 曲线是表示密度与产率的变化关系；而 λ、β、θ 三条曲线是表示灰分与产率的变化关系。可选性曲线是万能的浮沉试验报告表。

但必须注意：λ 曲线表示浮物（或沉物）产率增加时的瞬时灰分，它反映浮物（或沉物）产率与灰分的变化快慢，曲线下面所包围的面积为原煤的灰分量；而 β 曲线和 θ 曲线则分别表示浮物和沉物的平均灰分，曲线下面所包围的面积无任何意义。

2.2.5　煤炭可选性评定标准

原煤可选性是指通过分选改善煤的质量的可处理性，是煤炭在洗选加工过程中获得既定质量的产品的可能性和难易程度的工艺技术评价。它与精煤产品的质量要求、选煤方法以及原煤本身的固有特性等因素有关。

对于同一种原煤，同样的精煤质量要求，其分选方法不同，可选性难易程度也不同，因为不同的选煤方法的分选精度是不一样的。因此在评价原煤可选性时，必须考虑是以什么选煤方法为标准来谈它的难与易。我国原煤可选性分类标准是以跳汰选煤方法为标准的，也就是设想原煤在应用跳汰选煤方法进行洗选时，获得质量合格产品的可能性和难易程度。

原煤本身的固有特性，即原煤的密度组成将影响可选性的难易，因为在产品的质量要求和理论分选密度确定后，原煤的密度组成决定了分选密度邻近密度物的含量。实践证明，邻近密度物量的多少对可选性难易的影响很大，我国煤炭可选性评定标准中的可选性等级就是采用分选密度±0.1含量法（即根据邻近密度物含量的多少）来评定的。

我国煤炭可选性评定标准（GB/T 16417—1996）如表2-12所示。该标准适用于粒度大于0.5 mm的煤炭。

表 2-12　煤炭可选性等级划分标准

$\delta\pm0.1$ 含量/%	≤10.0	10.1~20.0	20.1~30.0	30.1~40.0	>40.0
可选性等级	易选	中等可选	较难选	难选	极难选

原煤中沉矸含量的多少虽对分选精度影响不大，但沉矸含量的波动将影响其他密度级的产率。为避免同一原煤因其含矸量的不同而可能划成不同的可选性等级，我国煤炭可选性评定标准规定了当理论分选密度小于1.70g/cm³时，以扣除沉矸（密度大于2.0g/cm³的矸石）作为100%计算±0.1含量。去矸计算的方法前面已举例介绍，不再重述。

2.2.6　可选性曲线应用

可选性曲线除了定量评定原煤的可选性外，还可以用于确定理论分选指标、定性地判定原煤可选性难易和评价分选效率。

2.2.6.1　确定理论分选指标

可选性曲线作为煤的性质的图示，它可以解决选煤工艺中的理论指标和分选条件问题。

（1）欲得到某一种质量要求的精煤，要从可选性曲线上查出精煤的产率 γ_j、边界灰分 λ、分选密度 δ、邻近密度物含量 ε。

例如，当精煤灰分为10%时，求其理论指标。

从图2-4可查出，$\gamma_j=80\%$，$\lambda=26\%$，$\delta=1.56$，$\gamma_{1.56\pm0.1}=18.1\%$（去矸），具体过程是：根据精煤的灰分指标，在灰分横坐标为10%处引一垂线，与 β 曲线交于 I 点，I 点的纵坐标为80%，即为精煤灰分为10%时的精煤理论产率 γ_j；再由 I 点作水平线与 θ 曲线交于 J 点，J 点的横坐标62.52%是尾煤的灰分，纵坐标20%是尾煤的理论产率；I-J 线与 λ 曲线相交于 K 点，K 点的横坐标26%是分选的分界灰分 λ，也就是说，入选原煤理论上是以这个灰分为界进行分选的，精煤中的最高灰分和尾煤中的最低灰分理论上应为26%；I-J 线与 δ 曲线交于 E 点，E 点的上横坐标1.56是获得选精煤灰分为10%的理论分选密度 δ，再由 E 点作垂线与 $\delta\pm0.1$ 曲线相交于 M 点，M 点的左纵坐标16%是分选密度为1.56g/cm³

时的邻近密度物含量。根据式（2-18），

$$\gamma_{1.56\pm0.1(去矸)}=\frac{\gamma_{1.56\pm0.1(不去矸)}}{100-\gamma_{+2.00}}\times100\%=\frac{16}{100-11.55}\times100\%=18.1\%$$

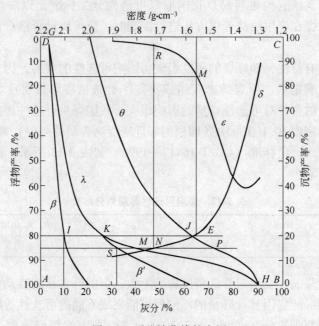

图 2-4 可选性曲线的应用

（2）指定两种产品的灰分指标，如精煤灰分为 10%，矸石灰分为 80%，求其他指标。

精煤灰分为 10% 时，按照前例方法，可以得到精煤段的指标，精煤的理论产率 $\gamma_j=$ 80%，边界灰分 $\lambda=26\%$，理论分选密度 $\delta=1.56$，邻近密度物含量 $\gamma_{1.56\pm0.1}=18.1\%$（去矸）。

矸石灰分为 80%，$\gamma_g=11.50\%$。

因此，中煤的数量为：$100\%-80\%-11.50\%=8.5\%$，灰分为：

$$\frac{100\times20.50-80\times10-11.5\times80}{100-80-11.5}\times100\%=38.82\%$$

矸石段的理论分选密度为 1.90g/cm^3，邻近密度物含量为 2.13%（不去矸），分界灰分为 53%。

（3）指定两种产品的灰分指标，如精煤灰分为 10%，中煤灰分为 32%，求其他指标。

根据精煤灰分为 10 的要求，求出精煤理论产率为 80%，精煤段理论分选密度为 1.56g/cm^3，分选密度的 ±0.1 含量（去矸）为 18.54%。

精煤选出后，剩下的煤是中煤和矸石的混合物。因此，要找出灰分为 32% 的中煤理论产率，就不能从原有的 β 曲线上去找，而应该作精煤分出后的中煤和矸石混合物的浮物曲线 β'，再从 β' 曲线上查中煤理论产率。β' 曲线可利用余下的一段 λ 曲线画出。

从表 2-11 中第（4）栏可知，密度为 1.50g/cm^3 的浮物产率是 76.98%，密度为 1.60g/cm^3 的浮物产率是 82.15%，现在精煤产率 80%，因此，$1.50\sim1.60\text{g/cm}^3$ 密度级中尚有部分灰分较高的物料没有进入精煤中，这部分物料产率是 $82.15\%-80\%=2.15\%$；这

部分物料的平均灰分$\overline{A}_d$，可根据物料在分选前后灰分量不变的原理进行计算，即分选前小于 1.60g/cm³ 密度级的灰分量为 82.15%×10.48%，分选后灰分量为 80%×10%+2.15%×$\overline{A}_d$，那么有，82.15%×10.48%=80%×10%+2.15%×$\overline{A}_d$，所以，$\overline{A}_d$=28.00%。

再按照加权平均法把 1.50～1.60g/cm³ 密度级中剩下这部分煤与表 2-11 中密度大于 1.60g/cm³ 的各密度级浮沉物累加就可得到中煤和矸石混合物的浮物曲线资料，见表 2-13。表 2-13 中第（2）、（3）两栏的数据是引自表 2-11 中的第（2）、（3）两栏；表 2-13 中第（4）、（5）两栏计算方法如前面介绍的从上到下逐级累计，由于第（4）栏数据是除去精煤理论产率 80%后的浮物累计产率，所以加上 80%就得到第（6）栏的数据。利用第（5）栏和第（6）栏的数据在图 2-4 上分别定出点(28.00%, 82.15%)、(31.41%, 84.70%)、(34.36%, 86.32%)、(39.04%, 88.45%)、(62.49%, 100.00%)，连接 K（26%，80%）和以上各点，得一条平滑曲线，就是中煤和矸石混合物的浮物曲线，简称 β' 曲线。

表 2-13　中煤和矸石混合物的浮物累计

密度级/g·cm⁻³	浮沉物		浮物累计		浮物累计的纵坐标
	产率/%	灰分/%	产率/%	灰分/%	
（1）	（2）	（3）	（4）	（5）	（6）
1.56～1.60	2.15	28.00	2.15	28.00	82.15
1.60～1.70	2.55	34.28	4.70	31.41	84.70
1.70～1.80	1.62	42.94	6.32	34.36	86.32
1.80～2.00	2.13	52.91	8.45	39.04	88.45
+2.00	11.55	79.64	20.00	62.49	100.00
合　计	20.00	62.49			

根据中煤灰分为 32%的要求，作灰分横坐标轴垂线交 β' 曲线于 S 点，S 点的纵坐标 85%，其中包括精煤产率 80%，所以中煤产率为：85%-80%=5%。

过 S 点作水平线交 λ 曲线于 M 点，该点的灰分坐标 39.50%为中煤与矸石的分界灰分，与 θ 曲线交于 P 点，P 点的纵坐标 15.00%为矸石的产率，P 点横坐标 72.67%为矸石的灰分；与 δ 曲线交于 N 点，该点密度坐标 1.71g/cm³ 为矸石段理论分选密度，过 N 点作垂线交 $\delta±0.1$ 曲线于 R 点，该点纵坐标 4.00%为分选密度 1.71g/cm³ 的±0.1 含量。

2.2.6.2　定性地确定原煤的可选性

可选性用于定性判断重力分选煤时的难易程度，判断的依据是灰分特性曲线 λ 或密度曲线的形状。

（1）观察和分析 λ 曲线的形状。λ 曲线的形状反映了入选原煤中可燃物与不可燃物的结合特性，可以大致地判定该煤洗选的难易程度。当曲线从垂直方向转折到水平方向时，弯曲程度越剧烈，煤的可选性越容易，反之则难。

图 2-5 所示为几种特殊煤的 λ 曲线。图 2-5a 表明入选原料只由两种不同密度的矿粒组成，λ 曲线为一根折线，同左纵和下横坐标轴构成 L 形，故称 L 曲线。原料中，一部分灰分（或品位）极低，密度小，另一部分灰分（或品位）极高，密度大，没有密度逐渐变化的中间部分，因此很容易分选出高低密度物，属于极易选煤。

　　图2-5*b*所示为极难选煤的*λ*曲线。它与两坐标轴构成一个三角形,故称三角形曲线。这种原料当由一种密度转到另一种密度时,其产率与灰分(或品位)的变化,存在直线关系,即原料中包括了由密度大(灰分高)过渡到密度小(灰分低)的各种不同密度的中间部分,因此在重产物和轻产物之间没有明显的分界线。*λ*曲线越接近于垂直,分选越难。

　　图2-5*c*的*λ*曲线垂直于下横坐标轴,表明原料中的有机质和矿物质组成均匀,相互浸染,故很难用物理选矿的方法分选出质量不同的两种产物,属于无法分选的煤。

　　以上三种*λ*曲线在实际生产中很难遇到。图2-5*d*、图2-5*e*和图2-5*f*的*λ*曲线比较接近实际,分选的难易程度从易选到中等可选,再到难选煤,*λ*曲线从凹状过渡到接近直线,*λ*曲线越凹,中间线段近于水平,表明中间密度级的物料极少,只要合理确定分选密度,煤与矸石易于分离,分选越容易;*λ*曲线与左纵下横坐标轴形成的面积越小,分选也越容易,反之则困难。

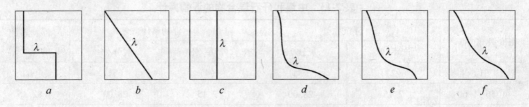

图2-5　几种特殊煤的*λ*曲线

a—极易选煤;*b*—极难选煤;*c*—无法分选的煤;*d*—易选煤;*e*—中等可选性煤;*f*—难选煤

　　(2)观察和分析密度曲线的形状。密度曲线的形状反映了性质不同的煤及其密度和数量在原煤中的变化关系。这种关系可以代表该原煤的某种特征。例如,*δ*曲线上段(见图2-3)其形状近于垂直,表示原煤中低密度煤很多,若密度稍有增减,则浮煤量增减很大;而*δ*曲线另一端与*BC*坐标轴接近并且形状变化缓慢近于水平,这表示原煤中高密度的矸石较少,且在此处密度稍有变化,而沉煤量变化不大。*δ*曲线的中段,密度为$1400 \sim 1800 kg/m^3$,其斜率变化越明显,说明中间密度的煤量越多,若分选密度稍有变化,浮煤和沉煤的变化均较大。由于重力选矿设备中,不易严格维持某一既定的分选密度,实际上总有些波动,因此如中间密度的物料多或要求在接近*δ*曲线陡峭线段处的分选密度进行分选时,该原煤属于难选煤。故有时可用$1400 \sim 1800 kg/m^3$或$1500 \sim 1800 kg/m^3$这个范围的中间密度物占原煤的百分比,作为评定原煤分选难易程度的指标,这一评定可选性的方法,曾称为全量中煤法。当然,用分选密度± 0.1含量评定原煤的可选性比用全量中煤法更为科学合理。

2.2.6.3　评价分选设备的效率

　　可选性曲线还可用于评定选煤设备的数量效率和质量效率,数量效率是指灰分相同时,精煤的实际产率与理论产率之比,该理论产率可通过*β*曲线查得。分选设备的质量效率是指在浮物曲线上查得的精煤实际产率时的理论精煤灰分与实际的精煤灰分之比。

2.2.7　影响原煤可选性的因素

　　首先,影响原煤可选性难易的因素是精煤质量要求。如表2-11中的原煤,当产品质量要求为 10% 和 11% 时，它们的理论精煤回收率和分选密度是不同的，因而邻近密度物的含量也是不同的。如果精煤质量要求与原煤质量相同，即也是 20.50%，那也就没有什么分选密度和什么邻近密度可言了，因而也就没有任何难度了。

其次，与选煤方法有关。选煤方法不同，对于同一种原煤，同样的精煤质量要求，其可选性的难易程度是不一样的。用溜槽选煤方法可能难以获得合格的产品，即使能得到质量合格的产品，分选的效果也可能是很差的，如果应用跳汰选煤法，就可能得到比较令人满意的效果。如果是采用重介选煤法，就可能没有什么难度，获得接近理论工艺指标的分选效果，因为不同的选煤方法的分选精度是不同的。

再次，与原煤本身的固有特性有关。也就是说，原煤的密度组成将影响可选性难易，由于产品质量要求是随用户要求而人为确定的，并且是随时可变的，以跳汰选煤方法为标准是固定的了，不再考虑它的变化了，因而一些人接受不了可选性难易程度是受三个因素的影响，而认为只受原煤本身固有特性的影响，而且认为是原煤可选性难易决定采用什么样的选煤方法，而不是方法影响了可选性难易。其实，没有适用于一切选煤方法的可选性难易程度。而是采用不同的选煤方法，对于同一种原煤、同一产品质量要求，其难易程度不同。

2.2.8 快速浮沉试验

为了及时掌握原煤可选性和选煤厂生产检查煤样的密度组成，指导洗煤操作，应采用快速浮沉试验，简称快浮。

快速浮沉试验的前后煤样是在带水的状态下称重的（用湿煤样），量较少。快速浮沉试验重液密度一般为两级，一级与精煤分选密度相近，另一级与矸石分选密度相近。因为只做两个密度试验，可以在短时间内取得浮沉结果，它比较快捷但不够准确，只用于指导生产操作。快浮主要针对重选产品，检查矸石和中煤中的浮物（带煤情况），以及精煤中的沉物（污染情况），便于岗位司机及时调整分选设备。

快速浮沉试验操作顺序如下：

（1）用密度计（分度值为 0.02）检查重液，使之达到规定的密度。

（2）做原料煤三级浮沉试验时，把煤样放在网底桶中脱泥，然后在略低于或等于规定密度的重液中浸润一下，把桶拿出稍稍滤去一部分重液，再放入试验用的低密度重液中，使煤粒松散。静止片刻后，用网勺沿同一方向捞起浮物，将其放入带有网底的小盘中，在桶内捞起浮物的深度不能过深，以免搅起沉下物。把重液表面上浮起的大部分煤用网勺捞出后，再上下移动网底桶，使沉下物中夹杂的浮物放出。等液面稳定后，再一次捞起浮物，直至全部捞完为止。

捞尽浮物后把盛有沉物的网底桶慢慢提起，滤去重液，然后放入盛有高密度重液的桶中，重复低密度浮沉试验的操作方法。

最后，分别捞出高密度重液中的浮物和沉物，先后得到三个密度级的产物，滤去重液，用水冲洗产物表面残留的氯化锌溶液，滤干后称量。

（3）计算各产物的产率。设浮起物质量为 A，中间物质量为 B，沉下物质量为 C。

$$浮起物质量(\%) = \frac{A}{A + B + C} \tag{2-9}$$

$$中间物质量(\%) = \frac{B}{A + B + C} \qquad (2\text{-}10)$$

$$沉下物质量(\%) = \frac{C}{A + B + C} \qquad (2\text{-}11)$$

$A+B+C=100\%$，用以校正计算。计算各级产物（浮沉物）质量百分数取到小数点后一位，第二位四舍五入。

（4）快速浮沉试验中煤样不需要达到空气干燥状态，始终是在湿的状态下进行试验的。但是，要将煤样带的水滤干后方可称量。

（5）原料煤浮沉时，需要脱泥，产品做浮沉试验时不需要脱泥。

（6）如果做一级浮沉试验时，则浮沉前要称取浮沉物总质量；做三级浮沉试验时，可不称取浮沉物的总质量，用浮沉后 3 个密度物质量之和作为浮沉物总质量。

（7）快速浮沉试验的时间，由采样到得出结果不得超过 15~20min。

思 考 题

2-1　概念：粒度、粒级、粒度组成、密度组成、筛分试验、浮沉试验、筛比、网目、粒度特性曲线、RRB 方程、可选性、H-R 曲线。

2-2　矿物的粒度有哪些表示方法和分析方法？

2-3　筛分试验分为哪两种试验方法？试分别说明其实验过程。

2-4　从哪些方面可以定性地评价原煤的物料性质？

2-5　原煤的粒度组成有哪几种表示方法？

2-6　大浮沉和小浮沉用的浮沉介质分别是什么？简述大浮沉的操作程序。

2-7　可选性曲线包括哪几条，每条曲线的意义是什么？

2-8　煤炭可选性的评定依据和等级分别是什么？

2-9　可选性曲线有哪些应用，如何定性评定原煤的可选性？

2-10　影响原煤可选性的因素是什么？

3　颗粒在介质中的沉降规律

本章提要： 在重力选矿过程中，入选物料总是在运动状态中按照各自的不同特性而达到分层并最终彼此分离，因此了解颗粒在介质中运动的各种规律很有必要。本章首先介绍了单个颗粒在介质中的受力及沉降末速，其次通过干扰沉降试验分析了粒群的沉降规律等。

重力选矿的过程和实质是松散-分层-分离，粒群实现从无序到有序状态、从混杂到有用成分相对富集的变化。松散是分层的条件，分层是目的，而分离是重选的结果。松散是重力选矿的前提。也就是说，为了分选物料，必须首先使无序的物料松散，没有松散谈何分层，而松散又是颗粒在上升介质流中沉降的结果，与颗粒在运动的介质中受到的重力、流体动力或其他机械力等作用有关，所以，重选理论就是研究颗粒的沉降规律、颗粒松散与分层的关系。在重力选矿过程中，入选物料总是在运动状态中按照各自的不同特性而达到分层并最终彼此分离，因此有必要了解颗粒在介质中运动的各种规律。

3.1　颗粒的运动阻力

颗粒在介质中运动时，作用于颗粒上并与颗粒运动方向相反的外力，称为颗粒运动时的阻力，它阻碍颗粒的运动。在重力选矿过程中，颗粒在介质中运动时所受的阻力有两种：介质阻力和机械阻力。介质阻力是由于介质质点间内聚力的作用，最终表现为阻滞矿粒运动的作用力，而机械阻力是由于物体与周围其他物体之间，或物体与器壁间相互摩擦、碰击而产生的阻力。介质阻力是流体动力学中的问题，而机械阻力情况复杂，到现在还无法用解析方法计算，因此本节主要讨论介质阻力问题。

3.1.1　介质阻力

介质阻力是物体与介质间发生相对运动时产生的，由摩擦阻力和压差阻力组成，这两种阻力同时作用于矿粒上。当物体与介质间做等速直线运动时，介质作用于物体表面的力由两部分组成，即法向压力 Pds 及切向力 τds（见图 3-1），介质对物体的总作用力是这两个力的合力。合力是空间力系，它的方向与物体的形状及其运动状态有关，在一般情况下，它的方向与物体介质间相对运动的方向斜交，介质对运动物体的阻力只是该合力在运动方向上的

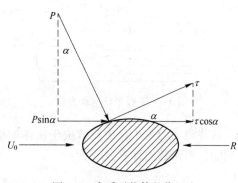

图 3-1　介质对物体的作用力

分力。

　　切向力是介质在物体表面绕流（滑过）时介质的黏性使得介质自物体表面向外产生一定的速度梯度，导致各流层之间的介质分子间，以及介质分子与矿粒表面之间产生摩擦力而引起的，切向力几乎全部发生在边界层内部和颗粒表面。故由切向力所引起的阻力称为切应力阻力、摩擦阻力或黏性阻力。

　　法向压力与介质在物体周围的分布及流动状况有关。物体与介质间发生相对运动时往往由于边界层分离的结果，在物体尾部出现漩涡（图3-2b）使尾部的压力降低，此时，由于物体前后所承受的法向压力不同，物体前面的压力高，尾部的压力低，运动矿粒前后介质的流动状态和动压力不同，因而对物体的运动产生阻力。在不发生边界层分离的情况下，周围介质流速的变化使物体表面各点所承受的法向压力不同，这样也将产生对物体运动的阻力。物体周围介质的分布及流动状况在很大程度上取决于物体的形状，因此，这种阻力称为形状阻力或压差阻力。

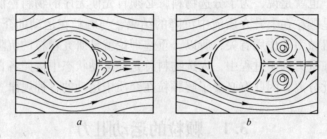

图3-2　介质流过流体的流态
a—低雷诺数流体；b—高雷诺数流体

　　物体在介质中运动时，摩擦阻力和压差阻力都同时发生。但是，在不同的情况下，每一种阻力所占的比重是极不相同的，在某些情况下可能是摩擦阻力占主要地位，而在另外一些情况下则压差阻力起主要作用。例如，薄板以不同的取向在介质中运动时所受的介质阻力完全不同：如平板平行于运动方向（图3-3），平板几乎只受摩擦阻力，而压差阻力非常小；如平板垂直于运动方向（图3-4），这时平板主要受压差阻力，而摩擦阻力几乎等于零。

图3-3　平板平行运动方向　　　　　　　　图3-4　平板垂直运动方向

　　这些阻力的大小，主要取决于流体的绕流流态和物体的形状。流体流态可用雷诺数予以判断，雷诺数的计算公式为：

$$Re = \frac{dv\rho}{\mu} \tag{3-1}$$

式中　d——球体的直径，m；

v——球体与介质间的相对运动速度，m/s；

ρ——介质的密度，kg/m³；

μ——介质的黏度，Pa·s。

雷诺数是一个无量纲数，它反映了流体绕流物体时压差作用力与黏性作用力的比值。当雷诺数较小，即流速低、物体的粒度小、介质的黏滞性大，以及物体形状容易使介质流过时（图3-2a），摩擦阻力占优势；反之，如雷诺数大，即流速高、物体的粒度大、介质的黏滞性小，以及物体形状不便于介质绕流时，物体所受阻力则以压差阻力为主（图3-2b）。

3.1.2　阻力公式

某一特定条件下的阻力公式主要有下列几种。

3.1.2.1　牛顿-雷廷智阻力公式

1729年，牛顿研究了平板在介质中运动时的阻力；1867年，雷廷智根据牛顿理论推导出球体在理想流体中运动的阻力公式，后经修正，得到紊流（涡流）条件下的阻力公式：

$$R_{N-R} = \left(\frac{\pi}{20} \sim \frac{\pi}{16} \right) d^2 v^2 \rho \qquad (3-2)$$

式中　v——球体与介质间的相对运动速度，m/s；

d——球体的直径，m；

ρ——介质的密度，kg/m³。

上式适用于 $500 \leqslant Re \leqslant 2 \times 10^5$，由式（3-2）可知，球体在介质中运动的阻力与速度的平方成正比，因此称为阻力的二次方定律。

当矿粒尺寸或矿粒的相对速度较大，且其形状又不易使介质绕流，导致其较早发生附面层分离，在颗粒尾部全部形成漩涡区时，压差阻力占优势，阻力大小可用式（3-2）计算，摩擦阻力可以忽略不计。牛顿-雷廷智阻力公式又称为压差阻力公式，适用于一般块状物料在空气或水中沉降时阻力的计算。

3.1.2.2　斯托克斯阻力公式

斯托克斯在研究小球体在黏性介质中低速运动时，不考虑形状阻力的影响。他根据流体力学的微分方程式导出球体在介质中运动的阻力公式：

$$Rs = 3\pi d v \mu \qquad (3-3)$$

式中　d——球体的直径，m；

μ——介质的黏度，Pa·s；

v——球体与介质间的相对运动速度，m/s。

只有当物体运动速度和粒度较小，介质的黏度较大，形状阻力与摩擦阻力相比可以忽略不计，亦即物体运动的雷诺数（$Re \leqslant 1$）较小时，斯托克斯公式才适用，因此又称为层流阻力公式、黏性摩擦阻力公式，也称阻力为速度的一次方定律。

对于微细固体颗粒在水中沉降（煤泥水、矿浆等），一般粉状物料（煤粉、黏土粉、水泥等）和雾滴在空气中沉降，或在气力输送计算中，只考虑黏性阻力，不计压差阻力，故按斯托克斯阻力公式处理。

3.1.2.3 阿连阻力公式

当物体运动雷诺数在牛顿公式与斯托克斯公式范围之间，亦即当 $Re = 1 \sim 500$ 时，上述两公式都不适用，因为在这个范围内，两种阻力——形状阻力和摩擦阻力同时影响物体的运动，为此，阿连曾在实验的基础上提出了另一个适合于 $Re = 2 \sim 300$ 范围内的阻力公式：

$$R_A = \frac{5\pi}{4\sqrt{Re}} d^2 v^2 \rho \qquad (3-4)$$

一般细粒物料，如细粒煤、石英砂和石灰石砂等，在空气或水中沉降，必须同时考虑黏性阻力和压差阻力，即按阿连阻力公式处理。

此外，还有一些学者如奥曾（Oseen）、维立卡诺夫等也提出了另一些阻力公式，但它们与上述公式一样，都是仅在某一个狭窄的雷诺数范围内才能适用，这里不再赘述。

3.1.3 阻力通式与李莱曲线

由于实际条件非常复杂，用解析方法还没有找到一个能普遍适用的阻力公式。只有在利用了相似理论及因次分析的方法后，才建立了阻力的普遍解法。

物体在介质中运动时介质阻力的通式为：

$$R = \phi d^2 v^2 \rho \qquad (3-5)$$

式中，ϕ 是一个无因次参数，称为阻力系数，当物体的形状不变时，阻力系数是雷诺数 Re 的函数，雷诺数不同，阻力系数也不一样。

利用相似理论研究物体在黏性介质中运动的阻力之后，可以作出这样的结论：如两物体的形状相同（几何相似），运动时的雷诺数 Re 也相同（动力相似），则阻力系数 ϕ 也应相同，而与物体的性质（如粒度 d 及密度 ρ）及介质的性质（如密度 ρ 及黏度 μ）无关。也就是说，阻力系数 ϕ 只是物体的形状及雷诺数的函数。

对一定形状的物体其 Re 与 ϕ 之间存在着单值关系，这样就大大简化对这种复杂物体现象的试验研究工作。在这个基础上英国物理学家李莱（Rayleigh，1893）总结了大量的试验资料并在对数坐标上作出不同形状的物体在运动时的雷诺数 Re 与阻力系数 ϕ 间的关系曲线——李莱曲线。图 3-5 所示为球形物体 Re 与 ϕ 的关系曲线，虚线为理论公式的计算值，实线为实验值。利用式（3-5）及图 3-5 就可以顺利求出在任何 Re 范围内球形物体运动阻力。

李莱曲线包括的范围很广，从 $Re = 10^3$ 起到 $Re = 10^6$ 止，在这个范围内，ϕ 与 Re 是一个连续平滑的单值曲线，阻力系数 ϕ 随雷诺数的增大而减小；在雷诺数较小的范围内，ϕ 与 Re 在对数坐标上呈直线关系，直线的斜率为-1。这时 ϕ 与 Re 的关系可用下列代数方程式表示：

$$\lg\phi = \lg C - \lg Re \qquad (3-6)$$

式中，$\lg C$ 是直线在纵坐标上的截距，所以在公式中 C 是一个常数。

雷诺数较大（$Re > 1000$）时，阻力系数曲线变成平行于横轴的直线（近似），也就是说，这时阻力系数成为一个与雷诺数 Re 无关的常数，即 $\phi =$ 常数。雷诺数大于 200000 时，从图中可以看到，阻力曲线突然急剧向下弯曲，亦即阻力系数急剧降低。这种现象在流体力学中可以用边界层理论来解释，但这样高的 Re 在一般选矿过程中是不会遇到的。

将阻力通式与牛顿-雷廷智阻力公式、斯托克斯阻力公式和阿连阻力公式加以比较，可以得到三个不同区域或 Re 下的阻力系数 ϕ。

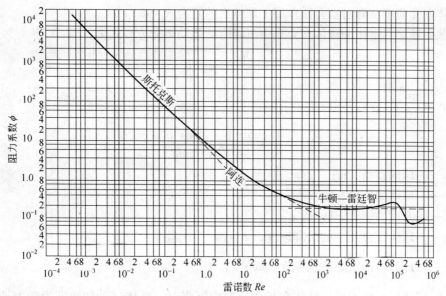

图 3-5 球形颗粒 Re 与 ϕ 的关系曲线

（1）牛顿-雷廷智区（压差阻力区、$500 \leqslant Re \leqslant 2 \times 10^5$）。$\phi = \dfrac{\pi}{20} \sim \dfrac{\pi}{16}$，即 $\phi =$ 常数，相当于李莱曲线中 Re 较大时的水平直线部分。

（2）斯托克斯区（层流区或黏性摩擦阻力区、$Re \leqslant 1$）。$\phi = \dfrac{3\pi}{Re}$，这时 $\phi Re =$ 常数，它相当于阻力曲线中 Re 较小的斜线部分。

（3）阿连区（过渡区、$Re = 2 \sim 300$）。$\phi = \dfrac{5\pi}{4\sqrt{Re}}$，在李莱曲线中，阿连区是牛顿-雷廷智与斯托克斯两直线的过渡线段。

3.2　单个颗粒的自由沉降

自由沉降是指单个颗粒在无限空间介质中的沉降，颗粒只受介质阻力的作用而不受其他颗粒及器壁的影响。为了研究颗粒在介质中的运动规律，以便于建立各主要参数间的函数关系，首先研究最简单的情形，假设颗粒是球体，并且是在静止介质中做自由沉降运动的理想情况，对于颗粒形状的不规则性和介质运动速度等，由此而引起的复杂运动现象可以在此研究基础上进行修正。

3.2.1　球体的自由沉降末速

3.2.1.1　自由沉降末速通式

球体在静止介质中沉降时，作用于球体上的力有重力 G、浮力 W 和运动阻力 R。所受的有效重力 G_0 值等于：

$$G_0 = G - W = \frac{\pi d^3}{6}(\delta - \rho)g \tag{3-7}$$

球体在介质中沉降时，介质作用于球体上的阻力 $R = \phi d^2 v^2 \rho$。

按照牛顿第二定律，球体在介质中沉降时的运动微分方程式为：

$$m \frac{\mathrm{d}v}{\mathrm{d}t} = G_0 - R \qquad (3\text{-}8)$$

以 $m = \frac{\pi d^3}{6} \delta$ 代入，则得：

$$\frac{\mathrm{d}v}{\mathrm{d}t} = \frac{\delta - \rho}{\delta} g - \frac{6\phi v^2 \rho}{\pi d \delta} \qquad (3\text{-}9)$$

式中 d——球的直径，m；

$\quad\quad \delta$——球体的密度，kg/m^3；

$\quad\quad \rho$——介质的密度，kg/m^3；

$\quad\quad v$——球体在介质中的沉降速度，m/s；

$\dfrac{\mathrm{d}v}{\mathrm{d}t}$——球体自由沉降的加速度，$m/s^2$。

从式（3-9）可以看出，球体在静止介质中沉降时，球体运动加速度为两个加速度之差，即

$$\frac{\mathrm{d}v}{\mathrm{d}t} = g_0 - a \qquad (3\text{-}10)$$

$$g_0 = \frac{\delta - \rho}{\delta} g \qquad (3\text{-}11)$$

$$a = \frac{6\phi u^2 \rho}{\pi d \delta} \qquad (3\text{-}12)$$

式中 g_0——球体在介质中的重力加速度；

$\quad\quad a$——由阻力产生的阻力加速度。

由式（3-11）可知，g_0 值只与物体及介质的密度有关，与物体的粒度、形状及在介质中运动速度无关。随着物体沉降速度的增大，加速度逐渐减小，因此 g_0 是物体开始沉降时的最大加速度，g_0 又称物体在介质中沉降的初加速度。

物体从静止状态开始沉降，由于加速度 $\left(\dfrac{\mathrm{d}v}{\mathrm{d}t}\right)$ 的作用。使速度 v 不断增加，球体的运动阻力 $R = f(v)$ 及阻力加速度 a 不断增加，反过来阻力 R 及其加速度 a 又使加速度 $\left(\dfrac{\mathrm{d}v}{\mathrm{d}t}\right)$ 不断减小。

当作用于物体上的力达到平衡时，加速度 $\left(\dfrac{\mathrm{d}v}{\mathrm{d}t}\right)$ 等于零，物体运动速度达到最大值。这时的运动速度通常以 v_0 表示，称为沉降末速。

由此可知，物体运动的速度达到沉降末速时，$G_0 = R$，即：

$$\frac{\pi d^3}{6} (\delta - \rho) g = \phi d^2 v_0^2 \rho$$

$$v_0 = \sqrt{\frac{\pi d (\delta - \rho) g}{6\phi \rho}} \qquad (3\text{-}13)$$

上式是计算球体在静止介质中自由沉降末速通式，按照上述原则，根据 $G_0 = R$，R 分别取牛顿-雷廷智、斯托克斯及阿连阻力公式时，可以求出三种适用于相应的雷诺数范围的球体在静止介质中自由沉降的末速公式。

3.2.1.2 特定条件下的自由沉降末速

（1）牛顿-雷廷智公式（$500 \leqslant Re \leqslant 2 \times 10^5$）：

$$v_0 = 5.422 \sqrt{d \times \frac{\delta - \rho}{\rho}} \quad (\text{m/s}) \tag{3-14}$$

或

$$v_0 = 54.2 d^{\frac{1}{2}} \left(\frac{\delta - \rho}{\rho}\right)^{\frac{1}{2}} \left(\frac{\rho}{\mu}\right)^0 \quad (\text{cm/s}) \tag{3-15}$$

（2）阿连公式（$Re = 2 \sim 300$）：

$$v_0 = d \sqrt[3]{\left(\frac{2g}{15} \times \frac{\delta - \rho}{\rho}\right)^2} \times \sqrt[3]{\frac{\rho}{\mu}} = 1.195 d \sqrt[3]{\left(\frac{\delta - \rho}{\rho}\right)^2} \sqrt[3]{\frac{\rho}{\mu}} \quad (\text{m/s})$$

或

$$v_0 = 25.8 d \left(\frac{\delta - \rho}{\rho}\right)^{\frac{2}{3}} \left(\frac{\rho}{\mu}\right)^{\frac{1}{3}} \quad (\text{cm/s}) \tag{3-16}$$

（3）斯托克斯公式（$Re \leqslant 1$）

$$v_0 = \frac{g}{18} d^2 \frac{\delta - \rho}{\mu} = 0.544 d^2 \frac{\delta - \rho}{\mu} \quad (\text{m/s})$$

或

$$v_0 = 54.5 d^2 \left(\frac{\delta - \rho}{\rho}\right) \left(\frac{\rho}{\mu}\right) \quad (\text{cm/s}) \tag{3-17}$$

上述在三种不同流态下计算沉降末速度的公式可以写成下式：

$$v_0 = A d^x \left(\frac{\delta - \rho}{\rho}\right)^y \left(\frac{\rho}{\mu}\right)^z \tag{3-18}$$

式（3-18）中的指数 x、y、z 和系数 A 的数值可以根据 Re 值在表 3-1 中查取，以便快捷计算在不同流态区的沉降末速（单位为 cm/s）。

表 3-1 球形颗粒在介质中沉降末速公式的系数和指数选择

流态区	公式名称	A	x	y	z	Re	$Re^2\phi$	ϕ/Re
黏性摩擦阻力区	斯托克斯公式（层流绕流）	54.5	2	1	1	0~0.5	0~5.25	∞~42
过渡区	过渡区的起始段	23.6	$\frac{3}{2}$	$\frac{5}{6}$	$\frac{2}{3}$	0.5~30	5.25~720	42~0.027
	阿连公式	25.8	1	$\frac{2}{3}$	$\frac{1}{3}$	30~300	720~2.3×10⁴	0.027~8.7×10⁻⁴
	过渡区的末段	37.2	$\frac{2}{3}$	$\frac{5}{9}$	$\frac{1}{9}$	300~3000	2.3×10⁴~1.4×10⁶	8.7×10⁻⁴~5.2×10⁻⁵
涡流压差阻力区	牛顿-雷廷智公式（紊流绕流）	54.2	$\frac{1}{2}$	$\frac{1}{2}$	0	3000~10⁵	1.4×10⁶~1.7×10⁹	5.2×10⁻⁵~1.7×10⁻⁶
高度湍流区	$Re > 2 \times 10^5$，在工业生产中不会遇到							

球体的自由沉降末速公式表明，颗粒的沉降末速与颗粒的性质（δ、d）和介质的性质（ρ、μ）有关。在一定的介质中，颗粒的粒度和密度越大，则沉降末速也越大；相同粒度

时，密度大者沉降末速也越大；相同密度时，粒度大者沉降末速较大；颗粒的粒度和密度相同时，介质密度大，一般黏性也大，则沉降末速相对变小。

3.2.2　球体自由沉降的时间和距离

3.2.2.1　球体达到自由沉降末速所需的时间

球体在静止的介质中从开始沉降到达到沉降末速的一段时间为加速运动阶段。该阶段球体还受到介质加速度惯性阻力的作用，其大小 R_{ac} 可由下式表示：

$$R_{ac} = \xi \times \frac{\pi d^3}{6} \rho \times \frac{dv}{dt} \tag{3-19}$$

式中　　$\dfrac{dv}{dt}$——颗粒沉降的瞬时加速度；

　　　　ξ——附加质量系数，对于球形颗粒，$\xi = 0.5$。

因此，球体在加速运动阶段的运动方程为：

$$m \frac{dv}{dt} = G_0 - R - R_{ac} \tag{3-20}$$

$$\frac{\pi d^3}{6} \delta \frac{dv}{dt} = \frac{\pi d^3}{6} (\delta - \rho) g - \phi d^2 v^2 \rho - \xi \frac{\pi d^3}{6} \rho \frac{dv}{dt}$$

$$\frac{dv}{dt} = \left(\frac{\delta - \rho}{\delta + \xi\rho} \right) g \left[1 - \frac{6\phi v^2 \rho}{\pi d (\delta - \rho) g} \right]$$

根据式（3-11）和式（3-13），上式化简为：

$$\frac{dv}{dt} = \left(\frac{\delta g_0}{\delta + \xi\rho} \right) \times \left(1 - \frac{v^2}{v_0^2} \right)$$

$$dt = \frac{(\delta + \xi\rho) v_0^2}{\delta g_0} \times \left(\frac{dv}{v_0^2 - v^2} \right)$$

对上式两边进行积分运算，得：

$$t = \frac{(\delta + \xi\rho) v_0^2}{\delta g_0} \times \frac{1}{2v_0} \ln \frac{v_0 + v}{v_0 - v} = \frac{(\delta + \xi\rho) v_0}{2\delta g_0} \times \ln \frac{v_0 + v}{v_0 - v} \tag{3-21}$$

式（3-21）是物体在静止介质中的自由沉降速度 v 与所需时间 t 的关系式。

因此，只要以 $v = v_0$ 代入式（3-21），即可求出物体达到沉降末速 v_0 所需的时间 t_0。$v = v_0$ 时，式（3-21）将变成：

$$t_0 = \infty \tag{3-22}$$

由此可见，物体在自由沉降中达到沉降末速 v_0 所需的时间是无穷大，也就是说，实际上物体永远也不可能达到末速的理论值。根据式（3-21）作出的 $v = f(t)$ 关系曲线（图3-6）也可以清楚地看出这个结论。曲线表明在物体运动初期沉降速度增加很快，以后，曲线差不多成为与横轴 t 平行的渐近线，即 $v = v_0$。

通常取物体达到沉降末速 v_0 理论值的99%时的运动速度为物体沉降的实际末速。这时，物体达到实际末速所需的时间为 t_0。

以 $v = 0.99 v_0$、$\xi = 0.5$ 代入式（3-21）即可求得球形颗粒的 t_0，这样，

$$t_0 = \frac{(\delta + 0.5\rho)v_0}{2\delta g_0} \times \ln \frac{1.99}{0.01} = 2.65 \frac{\delta + 0.5\rho}{\delta g_0} v_0 \tag{3-23}$$

实际计算结果表明，物体在静止介质中沉降达到实际末速所需的时间 t_0，一般是很短的，如粒度为 1mm 的方铅矿（$\delta = 7.5 \times 10^3 \, kg/m^3$）在水中沉降时，$t_0 = 0.062s$，粒度为 1mm 的石英（$\delta = 2.65 \times 10^3 \, kg/m^3$）在水中沉降时，$t_0 = 0.052s$。所以通常就把物体在介质中的沉降末速 v_0 看成是物体在介质中的沉降速度。

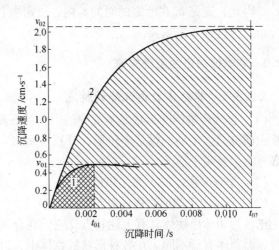

图 3-6 矿粒沉降时间与瞬时速度的关系曲线

1—粒度为 0.074mm 的石英颗粒；2—粒度为 0.15mm 的石英颗粒

3.2.2.2 球体达到沉降末速所经过的距离

球体在静止的介质中自由沉降时，达到实际末速所经过的距离以 h_0 表示。

由物理学知，物体运动速度 v、时间 t 与运动距离之间具有下列一般关系：

$$h = \int v \mathrm{d}t \tag{3-24}$$

假设 $K = \dfrac{(\delta + 0.5\rho)v_0}{2\delta g_0}$，则式（3-21）变为：

$$t = K\ln \frac{v_0 + v}{v_0 - v} \quad \text{或} \quad \frac{t}{K} = \ln \frac{v_0 + v}{v_0 - v}$$

得

$$v = v_0 \times \frac{e^{\frac{t}{K}} - 1}{e^{\frac{t}{K}} + 1} \tag{3-25}$$

将式（3-25）代入式（3-24）得

$$h = v_0 \cdot \int \frac{e^{\frac{t}{K}} - 1}{e^{\frac{t}{K}} + 1} \mathrm{d}t \tag{3-26}$$

当球形颗粒达到沉降末速时，$t = t_0$，$h = h_0$

$$h_0 = v_0 \cdot \int_0^{t_0} \frac{e^{\frac{t}{K}} - 1}{e^{\frac{t}{K}} + 1} \mathrm{d}t \tag{3-27}$$

$$h_0 = 1.96 \frac{(\delta + \xi\rho)v_0^2}{\delta g_0} \tag{3-28}$$

相对于颗粒在介质中所受到的重力 G_0 及阻力 R 而言，介质产生的加速度惯性阻力很小，若忽略不计，即 $\xi = 0$，则式（3-28）变为：

$$h_0 = 1.96 \frac{v_0^2}{g_0} \tag{3-29}$$

从式（3-28）或式（3-29）中均可看出，当物料密度 δ 和介质性质一定时，h_0 与 v_0^2 成正比。此时，只有 d 大者，其 v_0 也大，所以大块物料达到沉降末速 v_0 时，所走的行程 h_0 越长。因此，走完 h_0 在所需的时间 t_0 内，决定颗粒运动状态的唯一因素是它的密度 δ，这对分析分选过程非常重要。

3.2.3　非球体的自由沉降末速

3.2.3.1　非球体自由沉降的特点

（1）非球形物体的形状是不规则的。例如石英颗粒大部分是多角形及长方形，方铅矿颗粒大部分是多角形，煤是多角形，矸石（页岩）多为长方形及扁平形，煤中黄铁矿大部分是浑圆形及扁平形。

（2）非球形物体的表面是粗糙的。

（3）实际的非球形物体的外形是不对称的。

正因为非球形物体具有上述特点，它们在介质中沉降时所受的阻力 R 及其沉降速度必然与球形物体有所不同。在各种形状的物体中，以球形的比表面积（单位体积物体具有的表面积）为最小，而且，一般说来，球体比其他形状的物体更便于介质从周围流过（流线型物体除外，但这在非球形物体中是很少遇到的）。因此，非球形物体在介质中沉降时的阻力 R 一般要大于球体的 R 值，而沉降速度 v_0 则小于球体。

同时非球形物体与球形物体在静止介质自由沉降还有以下区别：

1）当物体下沉时取向不同，运动阻力也就不同。

2）物体形状不对称，其重心与运动阻力的作用点不一定在同一垂线上，于是物体在下沉过程中会发生翻滚，甚至沉降路线不是垂线而是折线。

由于非球形物体与球体沉降存在上述差别，所以反复实测同一个物体的沉降末速，结果可能相差很大。表 3-2 是根据试验测出的三种粒度不同的矿粒在水中沉降速度的最大值与最小值。

表 3-2　不规则矿粒沉降速度的最大值与最小值

矿　物	密度/g·cm⁻³	粒度/mm	沉降速度/mm·s⁻¹		差值 Δ	$\dfrac{\Delta}{v_{0min}} \times 100\%$
			v_{0max}	v_{0min}	$(v_{0max}-v_{0min})$/mm·s⁻¹	
方铅矿	7.586	1.85	334.0	225.7	108.3	48
		0.50	267.7	132.2	135.5	102
		0.12	59.6	21.0	38.6	184
石　英	2.640	1.85	221.0	126.8	94.2	74
		0.50	89.5	40.0	49.5	124
		0.12	20.2	5.3	14.9	281
无烟煤	1.470	1.85	95.1	35.1	60.0	171
		0.50	41.4	10.5	30.9	294
		0.12	9.8	1.1	8.7	791

从表 3-2 可以看出，最大速度与最小速度之间的差值甚至可高达 8 倍，而且这种差别还随矿粒粒度和密度的减小而加大。但是，存在着代表其平均趋向的自由沉降末速度值。以下用各种方法计算出的沉降末速就是指这个平均值。

3.2.3.2 非球体自由沉降末速通式

非球形物体（矿粒）在介质中的沉降规律，除具有上述一些特点以外，基本规律完全与球形物体相同。因此，前述有关计算球体在介质中沉降速度及介质阻力的公式，只要稍加修正，同样可以适用于非球形物体的沉降。使用前述公式时，公式中的球体直径 d 应改成矿粒的体积当量直径 d_v（与矿粒具有相同体积的球体的直径）代替，阻力系数 ϕ 也应采用非球形体沉降时所得的实验值 ϕ_f。因此，表示非球形体的介质阻力 R_f 及沉降末速 v_f 的公式为：

$$R_f = \phi_f d_v^2 v_f^2 \rho \tag{3-30}$$

$$v_f = \sqrt{\frac{\pi d_v (\delta - \rho) g}{6 \phi_f \rho}} \tag{3-31}$$

式中　R_f——矿粒自由沉降时的介质阻力；

　　　ϕ_f——矿粒的阻力系数；

　　　v_f——矿粒的自由沉降末速。

ϕ_f 是矿粒运动的雷诺数及形状的函数，不同形状的矿粒在介质中运动的 ϕ_f 值与 Re 值关系曲线见图 3-7，此时 Re 中的粒度取矿粒的体积当量直径。

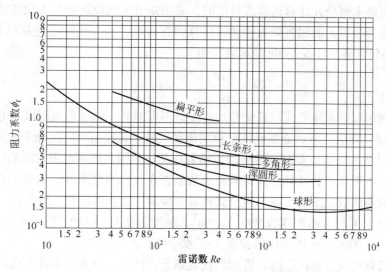

图 3-7　不同形状矿粒的 ϕ_f-Re 值关系曲线

从图 3-7 可以看出，各种关系曲线都是平滑曲线，形状也与球体的有关曲线相似，只是曲线在坐标中的位置有所改变而已，雷诺数 Re 相同时，以球形的阻力系数最小，其他依次为浑圆形、多角形、长条形及扁平形。由式（3-31）可知，物体的沉降速度 v_f 与阻力系数平方根的倒数成正比，即 $v_f \propto \dfrac{1}{\sqrt{\phi_f}}$，所以非球形物体在介质中的沉降速度与同直径的球体沉降速度的比值 v_f/v_0 可以用计算的方法求出。这个比值一般称为非球形物体的形状修正系数，以 ψ 表示，$\psi = \sqrt{\phi/\phi_f}$（见表 3-3）。它是用球体沉降速度公式来计算矿粒的沉降速度必须引入的一个修正系数。物体的形状修正系数与球形系数十分接近，所以一般取球形系数 χ 作为计算不规则物体 v_f 的修正系数。球形系数是指同体积球体的表面积与矿粒表面积之比。由此得到非球体的自由沉降末速通式，$v_f = \chi v_0$，即：

$$v_f = \chi A d_v^x \left(\frac{\delta - \rho}{\rho}\right)^y \left(\frac{\rho}{\mu}\right)^z \tag{3-32}$$

表 3-3　非球形物体的形状系数

非球形物体的形状	阻力系数比值（ϕ_f/ϕ）	形状修正系数（$\psi = \sqrt{\phi/\phi_f}$）	球形系数 χ
球　形	1	1	1
浑圆形	1.2~1.3	0.91~0.75	1~0.8
多角形	1.5~2.25	0.82~0.67	0.8~0.65
长条形	2~3	0.71~0.58	0.65~0.5
扁平形	3~4.5	0.58~0.47	<0.5

3.2.4　矿粒沉降末速计算方法

从球体的沉降末速公式（3-13）和非球体的沉降末速公式（3-31）可知，要利用三个特殊条件的沉降末速公式计算速度或粒度时，必须知道该颗粒沉降的大致雷诺数范围，才有可能正确选择公式，而用沉降末速通式计算则有困难，因为 v_0 除了包括已知参数 d、δ、ρ 和 μ 外，还包含 ϕ，且 ϕ 是 Re 的函数，而

$$Re = \frac{d v_0 \rho}{\mu} \qquad \phi = f(v_0)$$

因此，利用沉降末速通式计算矿粒的速度是不可能的。但通常采用以下方法：

（1）直接计算法。事前能够确认矿粒的流动区域，直接用对应沉降末速公式计算。

（2）试算法。先假设颗粒沉降时的雷诺数在某一范围，用该范围对应的沉降末速公式计算 v_0 或 v_f，再用雷诺数计算公式检验雷诺数是否在假定的范围内，如果不在，则用同样的方法取其他雷诺数范围的沉降末速公式计算并检验，直到雷诺数一致为止。

例：已知 25℃时水的密度为 996.9kg/m^3，黏度为 0.8973×10^{-3}Pa·s，试计算直径为 80μm、密度为 3000kg/m^3 的固体颗粒在 25℃水中的自由沉降末速。

解：假设颗粒在层流区沉降，选用斯托克斯公式计算，由式（3-17）得：

$$v_{0s} = \frac{d^2(\rho_s - \rho)g}{18\mu} = \frac{(80 \times 10^{-6})^2 \times (3000 - 996.9) \times 9.81}{18 \times 0.8973 \times 10^{-3}}$$

$$= 7.786 \times 10^{-3} \quad (\text{m/s})$$

然后再验算雷诺数范围，即：

$$Re = \frac{d v_{0s} \rho}{\mu} = \frac{80 \times 10^{-6} \times 7.786 \times 10^{-3} \times 996.9}{0.8973 \times 10^{-3}} = 0.6920 < 1$$

故假设正确，自由沉降末速为：$v_{0s} = 7.786 \times 10^{-3}$m/s。

（3）图解法。由于物体的沉降速度达到沉降末速时，$v=v_f$，介质阻力 $R_f=G_0$，故这时物体运动的雷诺数 Re 和 ϕ 可以写成：

$$Re = \frac{d_A v_f \rho}{\mu} \qquad \phi = \frac{R_f}{d_A^2 v_f^2 \rho} = \frac{G_0}{d_A^2 v_f^2 \rho}$$

因为面积当量直径（即与矿粒表面积相等的球体直径）$d_A = d_v / \sqrt{\chi}$，$G_0 = \frac{\pi d_v^3}{6}(\delta - \rho)g$，则

$$Re^2 \phi = \left(\frac{d_A v_f \rho}{\mu} \right)^2 \times \frac{G_0}{d_A^2 v_f^2 \rho} = \frac{G_0 \rho}{\mu^2} \qquad (3\text{-}33)$$

同理可以求得：

$$\frac{\phi}{Re} = \frac{G_0}{d_A^2 v_f^2 \rho} \times \frac{\mu}{d_A v_f \rho} = \frac{\pi \mu (\delta - \rho)g}{6 v_f^3 \rho^2} \chi^{\frac{3}{2}} \qquad (3\text{-}34)$$

由式（3-33）和式（3-34）可知，这两个新的无因次参数 $Re^2\phi$ 不包括 v_f，$\dfrac{\phi}{Re}$ 不包括 d_v，而其他各项均为已知数，也就是说，它们可以预先求出。

此后，利亚申柯利用以上两个无因次中间参数和李莱曲线，求出 ϕ 和 Re 对应值，计算出 $Re^2\phi$ 或 $\dfrac{\phi}{Re}$，使用对数坐标作出 $Re^2\phi$-Re 和 $\dfrac{\phi}{Re}$-Re 关系曲线（分别见图 3-8 和图 3-9），在具体计算时，利用这两条曲线，就可以顺利算出物体在介质中的沉降末速 v_f，或者在已知 v_f 的条件下求出物体的粒度 d_v，具体步骤如下。

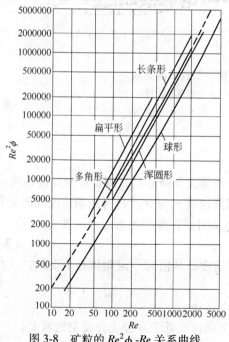

图 3-8　矿粒的 $Re^2\phi$-Re 关系曲线

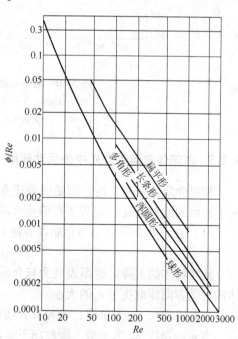

图 3-9　矿粒的 ϕ/Re-Re 关系曲线

1）已知颗粒粒径 d_A，根据 $Re^2\phi$-Re 曲线计算沉降末速 v_f。

① 由式（3-33）计算 $Re^2\phi$ 值，由图 3-8 查出 Re 值；

②计算面积当量 $d_A = d_v / \sqrt{\chi}$ ，球形系数 χ 由表 3-3 查得；

③由 $v_f = \dfrac{Re\mu}{d_A \rho}$ 求得颗粒的沉降末速。

2）已知沉降末速 v_f，根据 $\dfrac{\phi}{Re}$-Re 曲线计算颗粒粒径 d_A。

①由式（3-34）计算 $\dfrac{\phi}{Re}$ 值，再由图 3-9 查出 Re 值；

②由 $d_A = \dfrac{Re\mu}{v_f \rho}$ 求得颗粒的面积当量粒径。

（4）利用阿基米德数计算沉降末速。阿基米德数 Ar 的计算公式为：

$$Ar = \frac{d^3 \rho (\delta - \rho) g}{\mu^2} \tag{3-35}$$

根据阿基米德数 Ar 与阻力系数 ϕ 的关系（见图 3-10），查得 ϕ，则由式（3-13）求得颗粒的沉降末速。

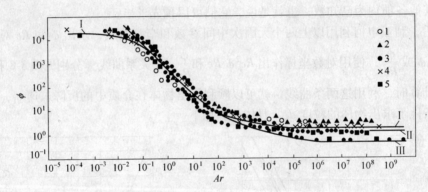

图 3-10　阿基米德数 Ar 与阻力系数 ϕ 的关系
Ⅰ—球体；Ⅱ—片状体；Ⅲ—不规则形状颗粒；
1—煤；2—无烟煤；3—石英；4—锡石；5—方铅矿

3.2.5　非球体在运动介质中的运动规律

如果介质不是静止的，而是做等速垂直上升或等速下降运动，则颗粒的运动速度（相对于地面的绝对速度）应等于在静止介质中的沉降速度 v_0 与介质自身运动速度的向量和。

（1）在上升介质中。当介质以等速 v_a 向上运动时，颗粒的绝对运动速度 v_{0a} 应等于

$$v_{0a} = v_0 - v_a \tag{3-36}$$

此时物体的沉降末速即表现为与介质的相对速度，其值对一定物体是不变的。于是物体的运动方向即取决于 v_a 的大小。

当 $v_a > v_0$ 时，v_{0a} 为负值，颗粒被介质推动向上运动；

当 $v_a < v_0$ 时，v_{0a} 为正值，颗粒向下运动，但沉降速度低于在静止介质中的速度；

当 $v_a = v_0$ 时，颗粒将在上升介质中悬浮。

理论计算表明，在上升介质中物体达到沉降末速所需的时间比在静止介质中为短，其对比关系见图 3-11。

（2）在下降介质中。若物体是在速度为 v_b 的下降介质中沉降，则物体达到沉降末速时的绝对速度 v_{0b} 即等于下降介质速度与颗粒沉降末速之和。

$$v_{0b} = v_0 + v_b \qquad (3\text{-}37)$$

物体在达到上述沉降末速之前属于加速阶段，在这一阶段内，物体与介质的相对运动方向要发生一次转变。

颗粒由绝对速度为零到与介质的速度相等的瞬间，属于第一阶段。在此阶段颗粒的运动速度小于下降介质的流速，故相对速度 v_c 为负：

$$v_c = v - v_b < 0 \qquad (3\text{-}38)$$

其相对速度方向向上，介质阻力方向向下，是推动物体向下运动的作用力。此时之后，物体的运动速度超过了介质流速，相对速度转而向下，相对速度 v_c 为正。

$$v_c = v - v_b > 0 \qquad (3\text{-}39)$$

这时介质阻力方向向上，成为阻碍物体运动的力，这一变化过程如图 3-11 中曲线 4 所示。

图 3-11 及理论计算均表明，物体在下降介质中相对速度达到沉降末速时所需时间和距离均比在静止介质中长。

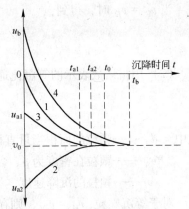

图 3-11 物体在运动介质中运动
速度随时间变化的关系
1—物体在静止介质中沉降；
2—在上升介质中 $v_a > v_0$ 条件下沉降；
3—在上升介质中 $v_a < v_0$ 条件下沉降；
4—在下降介质中沉降

3.3 自由沉降的等沉比

3.3.1 等沉比的定义

颗粒的沉降末速与颗粒的密度、粒度和形状有关，因为在同一介质内，密度、粒度和形状不同的颗粒在一定条件下可以有相同的沉降速度。具有同一沉降速度的颗粒称为等沉颗粒，其中密度小的颗粒与密度大的颗粒的粒度之比称为等沉比，以符号 e_0 表示：

$$e_0 = \frac{d_{v1}}{d_{v2}} \qquad (3\text{-}40)$$

式中　d_{v1}——密度小的颗粒的粒度（体积当量直径）；
　　　d_{v2}——密度大的颗粒的粒度（体积当量直径）。

由于 $d_{v1} > d_{v2}$，故 $e_0 > 1$。

3.3.2 等沉比通式

（1）用阻力系数表示的等沉比通式。等沉比的大小可由沉降末速的通式或特殊公式得出。对应于两个不同密度 δ_1 及 δ_2 的颗粒，参照式（3-31）得出矿粒的沉降末速为：

$$v_{f1} = \sqrt{\frac{\pi d_{v1}(\delta_1 - \rho)g}{6\phi_{f1}\rho}} \qquad v_{f2} = \sqrt{\frac{\pi d_{v2}(\delta_2 - \rho)g}{6\phi_{f2}\rho}}$$

当 $v_{f1} = v_{f2}$ 时，得到：

$$e_0 = \frac{d_{v1}}{d_{v2}} = \frac{\phi_{f1}(\delta_2 - \rho)}{\phi_{f2}(\delta_1 - \rho)}$$ (3-41)

（2）用雷诺数表示的等沉比通式。

$$Re_A = \frac{d_A v_f \rho}{\mu}$$ (3-42)

式中　d_A——颗粒的面积当量直径；

　　　Re_A——颗粒在密度为 ρ、黏度为 μ 的介质中的雷诺数；

　　　v_f——颗粒的沉降速度。

对于等沉颗粒，$v_{f1} = v_{f2}$，则存在下列关系式：

$$\frac{Re_{A1}\mu}{d_{A1}\rho} = \frac{Re_{A2}\mu}{d_{A2}\rho} \Rightarrow \frac{Re_{A1}}{d_{A1}} = \frac{Re_{A2}}{d_{A2}}$$ (3-43)

由于 $d_A = \dfrac{d_v}{\sqrt{\chi}}$，则上式变为：

$$\frac{Re_{A1}}{\dfrac{d_{v1}}{\sqrt{\chi_1}}} = \frac{Re_{A2}}{\dfrac{d_{v2}}{\sqrt{\chi_2}}}$$ (3-44)

因此，由上式及等沉比公式得：

$$e_0 = \frac{d_{v1}}{d_{v2}} = \left(\frac{\chi_1}{\chi_2}\right)^{\frac{1}{2}} \times \frac{Re_{A1}}{Re_{A2}}$$ (3-45)

（3）特殊条件下的等沉比通式。利用斯托克斯、阿连和牛顿-雷廷智公式可以求得适用于相应雷诺数范围的等沉比 e_0 的公式。

由式（3-32），当 $v_{f1} = v_{f2}$ 时

$$e_0 = \frac{d_{v1}}{d_{v2}} = \left(\frac{\chi_2}{\chi_1}\right)^{\frac{1}{x}} \times \left(\frac{\delta_2 - \rho}{\delta_1 - \rho}\right)^{\frac{y}{x}}$$ (3-46)

令 $m = 1/x$，$n = y/x$，则

$$e_0 = \frac{d_{v1}}{d_{v2}} = \left(\frac{\chi_2}{\chi_1}\right)^m \times \left(\frac{\delta_2 - \rho}{\delta_1 - \rho}\right)^n$$ (3-47)

式（3-47）中的指数 m 及 n 与物体运动时的雷诺数有关，随 Re 或粒度的增加而增加。各式的 m、n 值如下：

1）黏性摩擦阻力区（斯托克斯公式）：$Re < 0.5$，$m = 0.5$，$n = 0.5$；

2）过渡流区起始段：$Re = 0.5 \sim 30$，$m = 2/3$，$n = 5/9$；

3）过渡区中间段（阿连公式）：$Re = 30 \sim 300$，$m = 1$，$n = 2/3$；

4）过渡区末段：$Re = 300 \sim 3000$，$m = 1.5$，$n = 5/6$；

5）涡流压差区（牛顿-雷廷智公式）：$Re = 3000 \sim 10^6$，$m = 2$，$n = 1$。

必须注意，只有两等沉颗粒的雷诺数 Re_1 及 Re_2 均属于同一公式范围中时，求 e_0 的式（3-47）才适用。

3.3.3 等沉比计算方法

式（3-41）、式（3-45）和式（3-47）是计算等沉比 e_0 的通式。已知两矿粒的密度 δ_1、δ_2，介质性质 ρ、μ 及所需的沉降速度 v_f 时，利用无因次参数 $\dfrac{\phi}{Re}$ 及参数 $\lg Re = f\left(\lg\dfrac{\phi}{Re}\right)$ 关系曲线（图 3-9），就可以求出 Re_1 及 Re_2，将其代入式（3-45）即可求出 e_0。如进一步利用 $\lg\phi = f(\lg Re)$ 曲线（图 3-7）求出 ϕ_{f1} 及 ϕ_{f2}，然后再用式（3-41）也可求出 e_0，这两种方法所得结果应该完全相同。

3.3.4 等沉比的意义

从等沉比公式可以看出：

（1）两矿粒（δ_1 及 δ_2）在介质中的等沉比 e_0 与介质的密度 ρ 有关，而且随 ρ 的增加而增加。例如，密度为 $1.40\mathrm{g/cm^3}$ 的煤粒和密度为 $2.20\mathrm{g/cm^3}$ 的页岩在空气中的等沉比 $e_0 = 1.58$，而在水中则 $e_0 = 2.75$。

（2）两矿粒在介质中的等沉比 e_0 还与矿粒沉降时的阻力系数 ϕ 有关。阻力系数是物体的形状及其沉降速度 v_0（或粒度）的函数。因此，两种矿物在介质中的等沉比 e_0 并不是常数，而是随两物体的形状和它们的等沉速度变化而变化。当矿粒粒度增大，即运动的雷诺数（或沉降速度）增大，等沉比 e_0 也增大。

（3）等沉比 e_0 随矿粒粒度变细而减小，e_0 越大，意味着可选的粒级范围越宽。

等沉现象在重力选矿中具有重要意义。由不同密度的矿物组成的粒群，在用水力分析方法测定粒度组成时，可以看到，同一级别中的轻矿物颗粒普遍比重矿物颗粒粒度大。轻、重矿物的粒度比值应等于等沉比。如果已知一种矿物的粒度，则另一种矿物的粒度即可按等沉比公式求出。

此外，增大等沉比 e_0，有利于矿粒在沉降中按密度分开，图 3-12 中，粒度 d_1 的轻矿粒与粒度 d_2 的重矿粒具有相同的沉降速度 v_{02}，可以看出，重矿粒粒度大于 d_2 的沉降速度均大于轻矿粒，在沉降中，重矿粒处于下层，轻矿粒处于上层。要使两种密度不同的混合粒群在沉降中达到按密度分层，必须使给料中最大颗粒与最小颗粒的粒度比小于等沉颗粒的等沉比。但对重矿粒粒度小于 d_2 这部分，则与粒度大于 d_2 的轻矿粒产生混杂。但是对沉降速度为 v_{02} 与 v_{03} 的两组等沉粒做比较，因为

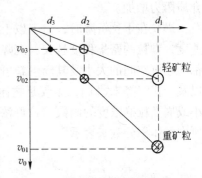

图 3-12 颗粒沉降速度与粒度关系

$$e_{01} = \frac{d_1}{d_2} > e_{02} = \frac{d_2}{d_3}$$

且
$$d_1 - d_2 > d_2 - d_3$$

从分选角度看，e_0 大比 e_0 小更有利于矿粒在沉降中按密度分开，如果轻、重矿粒粒度范围在 $d_2 \sim d_1$ 内，在介质中沉降时，必然轻颗粒沉降速度都小于重颗粒，因此可按沉降速度差分层，这就是自由沉降的重选分层理论，该理论最早由雷廷智于 1867 年提出。

　　从等沉关系上来讲，若某一原料的筛分级别中最大颗粒与最小颗粒的粒度比小于等沉比，则所有重矿物颗粒的沉降速度均要大于轻矿物，从而将按沉降速度差达到按密度分离。这一结论对于自由沉降条件是正确的，但如果粒群是在干扰条件下沉降，则等沉比将发生变化。

3.4　均匀粒群的干扰沉降

3.4.1　干扰沉降的概念

　　粒群在有限空间介质中的沉降称为干扰沉降。干扰沉降时，颗粒除受自由沉降因素影响外，还受周围粒群及器壁的影响。因此，颗粒干扰沉降比自由沉降多受到以下一些阻力：

　　（1）与器壁和邻近颗粒间的直接碰撞和摩擦而引起的机械阻力。

　　（2）大量颗粒沉降，使介质绕流速度增大引起较大的介质阻力。由于粒群中任一颗粒的沉降，将引起周围的流体运动，由于固体颗粒的大量存在，且这些固体颗粒又不像流体介质那样易于变形，结果介质就会受到阻力而不易自由流动，相当于增加了流体的黏滞性，从而使沉降速度降低。

　　（3）固体粒群与介质组成悬浮液，每个个别颗粒受到了比在介质中要大的浮力作用。如颗粒群的粒度级别过宽时，对于其中粒度大的颗粒，其周围粒群与介质构成了重悬浮液，使颗粒的沉降环境变为液-固两相流悬浮体，其密度大于介质的密度，颗粒的浮力作用变大。

　　（4）颗粒沉降时与介质的相对速度增大，导致沉降阻力增大。由于粒群在有限容器中沉降时，流体受到容器边界的约束，根据流体的连续性规律，一部分介质的下降会引起相同体积介质的上升，从而引起一股附加的上升水流，使颗粒与介质的相对速度增大，导致介质阻力增加。

　　颗粒在干扰沉降时，由于以上这些阻力的作用，使颗粒的干扰沉降速度小于自由沉降速度，颗粒的密集程度越大，沉降速度降低的程度也越大。很显然，所有这些附加的阻力都与下沉空间的大小及其周围粒群的浓度有关。因此，物体在干扰下沉时所受的阻力 R_H 以及干扰沉降末速 v_H，不仅是物体密度和粒度及介质密度的函数，而且也是沉降空间的大小或周围粒群浓度的函数。粒群浓度一般称为容积浓度（λ），它可用周围粒群在介质中所占的体积分数来表示。

$$\lambda = \frac{V_1}{V} \tag{3-48}$$

式中　V_1——粒群所占的体积；

　　　V——粒群与介质的总体积。

　　介质中的固体量（粒群）有时也可用另外一个与容积浓度 λ 相对应的参数——松散度 m 来表示。松散度是物体间空隙的体积 V' 占总体积的比值。

$$m = \frac{V'}{V} = \frac{V - V_1}{V} \tag{3-49}$$

　　将式（3-48）代入式（3-49），得：

$$m = 1 - \lambda \tag{3-50}$$

显然，容积浓度越大，物体沉降所受的阻力 R_H 也愈大，干扰沉降速度 v_H 则越小；λ 相同时，物体的粒度愈细，颗粒愈多，沉降时的阻力也愈大。

从以上分析可知，物体的干扰沉降比自由沉降复杂得多。干扰沉降时物体所受的阻力及干扰沉降速度与很多因素有关，且物体间相互碰撞、摩擦进行着动能交换又是随机的，就某个颗粒来说，其速度是很不稳定的。因此，表现粒群干扰沉降速度是以粒群总体出发用其平均值反映。

3.4.2 干扰沉降试验

干扰沉降为重选中很重要的问题，较早就引起了人们的重视。门罗（Munroe，1888年）和伏伦兹（Francis）将干扰沉降视为单个颗粒在窄管中的沉降。由于试验条件与实际相差太大，按他们给出的公式计算与实际情况是不符的。其后，里恰兹（Richards，1908）和高登（A. M. Gaodin）从另外角度研究了干扰沉降问题。他们认为由于粒群的存在改变了介质性质，即粒群与分散介质所构成的悬浮体密度和黏度均大于分散介质的密度和黏度，认为只要将自由沉降末速公式中的 ρ 和 μ 换以悬浮体的物理密度 ρ_{su} 和黏度 μ_{su}，即可求出粒群的干扰沉降末速。但实践表明，他们的认识过于简单化，用他们的方法计算仍与实际情况不符。以上两类假说所得公式的物理概念不明确，故没能反映干扰沉降现象的物理本质。

利亚申柯在更广泛的基础上研究了干扰沉降问题，下面着重介绍其试验方法及得出的结论。

利亚申柯试验装置如图 3-13 所示，在直径为 30 ~ 50mm 垂直的玻璃管（悬浮管）1 的下端，连接一个带有切向给水管 6 的涡流管 5。水流在回转中上升，可均匀地分布在悬浮管内。在悬浮管下部有一筛网 2，用于支撑悬浮的颗粒群。靠近筛网的玻璃管侧壁连接一个或数个沿纵高配置的测压管 3，由测压管内液面上升高度可读出在连接点处介质内部的静压强。

为了便于试验观测，利亚申柯首先研究粒度和密度均一的粒群在上升介质中的悬浮情况。当粒群在一定的上升流中处于悬浮管某个固定位置时，按相对性原理，此时上升介质流速即可视为粒群中任一颗粒的干扰沉降速度。其步骤及结论如下：

（1）试验时，先将均匀粒群（矿物颗粒或玻璃球）试料放在筛网上，给悬浮管充满清水，当介质流速为零时，粒群在筛网上呈自然堆积状态，粒群在介质中的质量由筛网支承。测压管中水柱高与溢流槽液面高一致（如图 3-14a 所示）。这时物料群的状态称为紧密床。

球形颗粒呈自然堆积状态时的松散度 m_0 约为 0.4，石英砂为 0.42，各种形状不规则的矿石大约为 0.5。

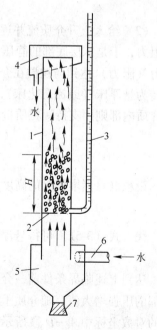

图 3-13 干扰沉降试验管

1—悬浮管；2—筛网；3—测压管；
4—溢流槽；5—涡流管；
6—切向给水管；7—橡胶塞

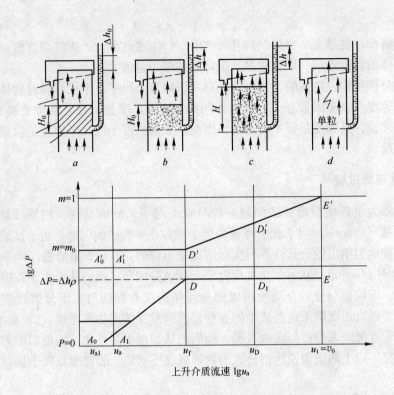

图 3-14　理想条件下粒群悬浮过程中松散度、压强增大值与介质流速的关系
a—静止状态；b—低速上升流；c—悬浮后的粒群；d—补加同性颗粒

（2）给入上升介质流并逐渐增大流速，在介质穿过颗粒间隙向上流动过程中产生了流动阻力，于是床层底部的静压强增大，测压管中液面上升（如图 3-14b 所示）。当介质动压力（阻力）达到与粒群在介质中的重量相等时，粒群整个被悬浮起来，床层由紧密床逐渐转为悬浮床（或流态化床），当物料全部悬浮时，筛网不再承受粒群的压力，筛网上面的介质内部则因支持颗粒质量而增大了静压强，增大值 ΔP 为：

$$\Delta P = \frac{\sum G_0}{A} \tag{3-51}$$

设粒群自然堆积时的高度为 H_0，容积浓度为 λ_0，粒群在介质中的质量

$$\sum G_0 = H_0\lambda_0 A(\delta - \rho)g \tag{3-52}$$

代入式（3-51）可得悬浮的临界条件：

$$\Delta P = H_0\lambda_0(\delta - \rho)g \tag{3-53}$$

达到上述临界条件前，介质穿过紧密床的间隙流动称为渗流流动，在渗流阶段，粒群底部的压强增大值，随介质上升流速 u_a 的增大而增大，两者呈幂函数关系，如图 3-14 下方的对数坐标中 A_0-D 段所示，对应于此阶段的介质流速由零增至粒群开始悬浮时的速度 u_f。

粒群开始悬浮时的介质流速 u_f 应为粒群最大容积浓度下的干扰沉降速度 v_H，v_H（或 u_f）远小于颗粒的自由沉降末速 v_0。如颗粒 v_0 大，其所需最小上升水速 u_f 也较大。例如：

$d = 0.555 \mathrm{cm}$，$\delta = 2.5 \mathrm{g/cm^3}$的玻璃球，在水中的自由沉降末速 $v_0 = 51 \mathrm{cm/s}$，而其最小的干扰沉降速度 v_H 只有 $8 \mathrm{cm/s}$。又如 $d = 0.155 \mathrm{cm}$，$\delta = 6.84 \mathrm{\ g/cm^3}$的钨锰铁矿颗粒，在水中自由沉降末速 $v_0 = 33.54 \mathrm{cm/s}$，而 v_H 则只有 $6 \mathrm{cm/s}$。

（3）粒群开始悬浮之后，再增大介质流速，则粒群悬浮体的上界面随之升高，松散度 m 也相应增大。若保持介质流速不变，则悬浮体高度 H 亦不变（图3-14c）。此时粒群悬浮体中每个颗粒都在不停地进行上下左右无规则运动，使整个悬浮体呈现流动的状态。这表明粒群的干扰沉降速度与松散度之间存在一定的对应关系。实测得到的这种关系如图3-14下方的对数坐标中 D'-E' 段所示。在 E' 处对应的松散度 $m = 1$，此时的上升水速 $u_t = v_0$，即颗粒处于自由沉降运动。

设颗粒达到自由沉降末速前，在某上升水速作用下悬浮的高度为 H，则粒群的容积浓度 λ：

$$\lambda = \frac{V_1}{V} = \frac{(\sum G)/\delta g}{AH} = \frac{\sum G}{AH\delta g} = 1 - m \tag{3-54}$$

在床层悬浮液松散过程中，支承粒群有效质量的介质静压力增大值是不变的，始终等于悬浮开始时的压力增大值。以压强表示时，在图3-14中 $\lg\Delta P$ 与 $\lg u_a$ 之间为一条平行于横轴的直线 DE，其关系为：

$$\Delta P = H\lambda(\delta - \rho)g = H_0\lambda_0(\delta - \rho)g \tag{3-55}$$

由上式亦可求得颗粒的松散度：

$$m = 1 - \lambda = 1 - \frac{H_0}{H}\lambda_0 = 1 - \frac{H_0}{H}(1 - m_0) \tag{3-56}$$

随着松散度增大，悬浮体内的压力梯度增大值则愈来愈小。

$$\frac{\Delta P}{H} = (1 - m)(\delta - \rho)g \tag{3-57}$$

压力梯度的大小影响颗粒所受到的浮力作用，当水速逐渐增大，悬浮高度 H 逐渐增大时，悬浮体内个别颗粒所受的浮力作用逐渐减小。

（4）如上升水速不变，向悬浮管内补加同性物料，则粒群的悬浮高度 H 也成正比增加（图3-14d）。底部的静压强增大值也是对等地升高，结果是 $\dfrac{\sum G}{H}$ 保持不变。由式（3-54）可知，粒群容积浓度 λ 为一常数。粒群在上升水流中悬浮的容积浓度 λ 与粒群的质量无关，λ 只是上升水速 u_a 及物体性质（δ、d、χ、v_0）的函数。这表明介质流速不变，悬浮体松散度亦不变，二者是单值函数关系。

此外，对于悬浮管内上升水速大小由溢流槽流出的水量 Q 及悬浮管断面积 A 确定：

$$u_a = \frac{Q}{A} \tag{3-58}$$

该水速仅反映水流在悬浮管内净断面的平均流速。

以上结论在明兹及后人的试验中也得到了证实。需要说明的是，在利亚申柯的粒群悬浮试验中，以介质的平均上升流速代表颗粒的干扰沉降速度，只在水速不大时才接近正确。若水速较大，例如悬浮粗重的颗粒时，颗粒的沉降速度部分被旋涡瞬时速度所平衡，此时介质的上升流速将比颗粒在静止介质中以同样容积浓度下沉的干扰沉降速度为低。

3.4.3 干扰沉降速度

利亚申柯的干扰沉降实验表明，对于均一粒群的干扰沉降速度与粒群松散度是一一对应的关系，且 v_H（或 u_a）与 m 在对数坐标中呈直线关系，见图 3-15。对于不同试料作出的直线斜率和截距有所不同。由图 3-15 可得：

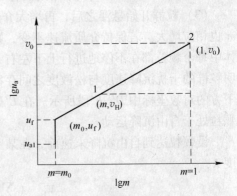

图 3-15　介质流速与松散度关系

$$n = \frac{\lg v_0 - \lg v_H}{\lg 1 - \lg m}$$

$$v_H = m^n v_0 \qquad (3-59)$$

上式即为实验得到的粒群干扰沉降速度公式。式中 v_0 为粒群中单个颗粒的自由沉降末速，n 值为直线斜率，亦称实验指数。

实验表明，n 值除与颗粒粒度和形状有关外，还与介质流态有关。颗粒粒度愈小，形状愈不规则，表面愈粗糙，则 n 值较大，n 值与粒度及形状的大致关系分别如表3-4及表3-5 所示。

表 3-4　矿粒粒度与 n 值的关系（多角形）

平均粒度/mm	2.0	1.4	0.9	0.5	0.3	0.2	0.15	0.08
n 值	2.7	3.2	3.8	4.6	5.4	6.0	6.6	7.5

表 3-5　物体形状与 n 值的关系（d≈1mm）

物体形状	浑圆形	多角形	长条形
n 值	2.5	3.5	4.5

n 值与介质流态的经验关系是：当 $Re>1000$ 时，$n \approx 2.3$；$Re<1000$ 时，$n = 5-0.7 \lg Re$。

需要指出，对 n 值的确定很重要，如 n 值选择不当，将导致计算结果与实际偏差太大。n 值的确定除现有的一些数据外，还可通过试验，在对数坐标中作出 $\lg v_H \sim \lg m$ 直线，求斜率即可。

试验表明，颗粒在干扰条件下的沉降速度 v_H 远远小于自由沉降速度 v_0，而且松散度 m 愈小、粒度 d 愈细，则 v_H 也愈小。当颗粒粒度大于 $0.1 \sim 0.15mm$ 时，$v_H \approx (1/2 \sim 1/3) v_0$；对于比较细的颗粒，$v_H \approx 1/4 v_0$。

实际选矿过程中，粒群的粒度和密度范围较大，其干扰沉降比均匀粒群的沉降复杂得多。对于均匀粒群，可用平均容积浓度反映某颗粒周围粒群的浓度。对于非均匀粒群，比如对粗粒，表现的容积浓度要大些；对细粒，表现的容积浓度要小些。因此不能简单地用平均容积浓度反映某颗粒在干扰条件下受到的容积浓度。

同时，在实际选矿过程中的干扰沉降现象要比理想的"自由沉降"现象复杂得多，干扰沉降时物体所受的阻力及干扰沉降速度与很多复杂的因素有关，因此用解析的方法计算颗粒的干扰沉降速度比较困难。

3.4.4 干扰沉降的等沉比

将一组粒度不同、密度不同的宽级别粒群置于上升介质流中悬浮，流速稳定后，在管中可以看到固体容积浓度自上而下逐渐增大，而粒度亦是自上而下逐渐变大的悬浮体。在悬浮体下部可以获得纯净的粗粒重矿物层，在上部能得到纯净的细粒轻矿物层，中间段相当高的范围内是混杂层。这是宽粒级混合物料在上升介质流的作用下，各种颗粒按其干扰沉降速度的大小而分层的结果。各窄层中处于混杂状态的轻重颗粒，因其具有相同的干扰沉降速度，故称其为干扰沉降等沉颗粒。它们的粒度比称为干扰沉降等沉比。以符号 e_H 表示，即：

$$e_H = \frac{d_{V1}}{d_{V2}} \tag{3-60}$$

因为是等沉粒，根据式（3-59），有：

$$v_H = m_1^{n_1} v_{01} = m_2^{n_2} v_{02} \quad \text{或} \quad (1-\lambda_1)^{n_1} v_{01} = (1-\lambda_2)^{n_2} v_{02} \tag{3-61}$$

若两异类粒群的颗粒的自由沉降是在同一阻力范围内，则 $n_1 = n_2 = n$。不规则形状矿粒的自由沉降速度用式（3-32）表示，并代入式（3-60），经整理后则得：

$$e_H = \frac{d_{V1}}{d_{V2}} = \left(\frac{\chi_2}{\chi_1}\right)^{\frac{1}{x}} \left(\frac{\delta_2 - \rho}{\delta_1 - \rho}\right)^{\frac{y}{x}} \left(\frac{1-\lambda_2}{1-\lambda_1}\right)^n \tag{3-62}$$

参考式（3-46）得出：

$$e_H = e_0 \left(\frac{1-\lambda_2}{1-\lambda_1}\right)^n = e_0 \left(\frac{m_2}{m_1}\right)^n \tag{3-63}$$

对于涡流压差阻力范围内取 $n = 2.39$，在摩擦阻力范围内取 $n = 4.78$。

两种颗粒在混杂状态时，相对于同样大小的颗粒间隙，粒度小者，容积浓度小，松散度大，而粒度大者，容积浓度大，松散度小，故总是 $(1-\lambda_2) > (1-\lambda_1)$，即 $m_2 > m_1$，故可看出：

$$e_H > e_0 \tag{3-64}$$

即干扰沉降等沉比总是大于自由沉降等沉比，且可随容积浓度的减小而降低。

3.5 非均匀粒群的干扰沉降

3.5.1 非均匀粒群的悬浮分层

利亚申柯不仅研究了均匀粒群的干扰沉降规律，同时也研究了非均匀粒群在上升水流中的悬浮分层现象，对于非均匀粒群的悬浮分层可用前节的均匀粒群在上升水流中的悬浮分层理论加以分析。对于不同性质粒群在上升水流中分层现象见图3-16。

3.5.1.1 密度相同而粒度不同的非均匀粒群的分层

如图3-16a所示，假设悬浮粒群中只有两种粒度 d_1 和 d_2，且 $d_1 < d_2$，则 $v_{01} < v_{02}$，又 $Re_1 < Re_2$，则 $n_1 > n_2$。在整个粒群未被悬浮前，如 $\lambda_1 = \lambda_2 = \lambda_0$，则 $v_{H1} = m_0^{n_1} v_{01} < v_{H2} = m_0^{n_2} v_{02}$，逐渐增大上升水速，当上升水速达到 d_1 颗粒的最小干扰沉降速度时，处于粒群

上层的 d_1 颗粒开始浮起，而下部的小颗粒受大颗粒压迫仍不能运动，当上升水速达到 d_2 颗粒的最小干扰沉降速度时，则整个粒群发生松动，不同粒度颗粒将按此上升水速以不同的松散度在管内向上运动，因 $v_{H1} < v_{H2}$，小颗粒则先于大颗粒向上起，在悬浮管中按粒度分层。

由于 $v_{01}(1-\lambda_1)^{n_1} = v_{02}(1-\lambda_2)^{n_2} = v_a$，则在悬浮管内形成上稀下浓的悬浮柱。

当 v_a 变化时，只改变各自的松散度而与分层结果无关。

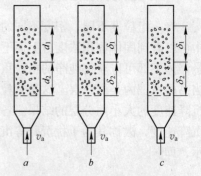

图 3-16　非均匀粒群的悬浮分层
$a—\delta_1 = \delta_2 、 d_1 < d_2 ; \quad b—\delta_1 < \delta_2 、 d_1 = d_2 ;$
$c—\delta_1 < \delta_2 、 d_1 / d_2 < e_0$

3.5.1.2　粒度相同而密度不同的非均匀粒群的分层

如图 3-16b 所示，分层结果密度低的矿粒处于上层，密度高的矿粒处于下层（分层结果与上升水速无关），对其分析参见图 3-16a 情形。

3.5.1.3　密度不同，粒度比值小于自由沉降等沉比的物料分层

如图 3-16c，两种类型颗粒的密度不同（$\delta_1 < \delta_2$）、粒度比值小于自由沉降等沉比（$\dfrac{d_1}{d_2} < e_0$），则 $v_{01} < v_{02}$。

当轻重矿粒运动的雷诺数 Re 均大于 10^3 时，$n_1 = n_2$，所以 $v_{H1} < v_{H2}$，分层结果是低密度颗粒处于上层，高密度颗粒处于下层，且分层结果与上升水速无关。

当轻重矿粒运动的雷诺数 $Re < 10^3$ 时，可分两种情形：

（1）当 $Re_1 < Re_2$ 时，则 $n_1 > n_2$，$v_{H1} < v_{H2}$，粒群能正常地按密度分层。

（2）当 $Re_1 > Re_2$ 时，$n_1 < n_2$，但其差值是有限的，这时粒群仍是自由沉降末速大的，干扰沉降末速 v_H 也较大，故仍能正常按密度分层。总之，密度不同而粒度之比小于自由沉降等沉比的两组均匀粒群所构成的非均匀粒群，在上升水流中悬浮分层的结果是高密度颗粒处于下层，低密度颗粒处于上层，且分层结果与上升水速无关。

3.5.1.4　密度不同，粒度比值等于或大于自由沉降等沉比的物料分层

如图 3-17 所示，用密度不同（$\delta_1 < \delta_2$）、粒度比值等于或大于自由沉降等沉比的物料（$\dfrac{d_1}{d_2} \geqslant e_0$）进行实验发现，悬浮该种粒群，当上升水速较小时，即 $u_a < u_{cr}$ 时（u_{cr} 为临界流速，见图 3-17a），分层结果是低密度颗粒处于上层，高密度颗粒处于下层。当 $u_a = u_{cr}$ 时（见图 3-17b），分层现象消失，轻重颗粒重新混杂，当 $u_a > u_{cr}$ 时（见图 3-17c），发生低密度颗粒处于下层，高密度颗粒处于上层（这不符合重选要求）。因此只有控制 $u_a < u_{cr}$ 才能获得正确的分层结果。由此可以说明，分层结果与上升水速有关。

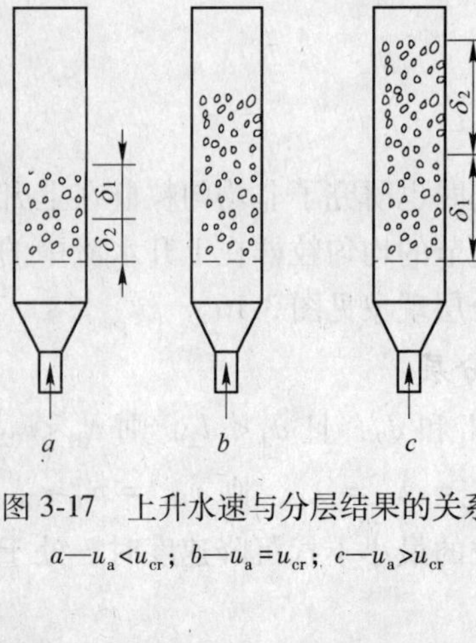

图 3-17　上升水速与分层结果的关系
$a—u_a < u_{cr} ; \quad b—u_a = u_{cr} ; \quad c—u_a > u_{cr}$

在上升水流中，不仅 $\dfrac{d_1}{d_2} < e_0$ 的物料能按密度分层，而 $\dfrac{d_1}{d_2} \geqslant e_0$ 的物料，当 $u_a < u_{cr}$ 时也能按密度分层。

这种现象的解释单用以上方法是不行的，下面介绍两种解释该情形的学说，并寻求计算 u_{cr} 的理论公式。

3.5.2 粒群的悬浮分层学说

3.5.2.1 粒群按悬浮体相对密度分层的学说

利亚申柯对密度不同、粒度比值大于自由沉降等沉比的两组各为均匀的粒群混合后在上升水流中悬浮，发现当水速不超过某临界值 u_{cr} 时，粒群按密度呈正分层（上层低密度，下层高密度），当速度超过临界值时，粒群可能会出现反分层（上层高密度，下层低密度）。由此，利亚申柯提出粒群是以悬浮体相对密度分层的学说。

粒群悬浮体的物理密度：

$$\rho_{su} = \lambda(\delta - \rho) + \rho \tag{3-65}$$

轻重矿粒所构成的悬浮体密度差异表现在 $\lambda(\delta - \rho)$ 上，利亚申柯称其为悬浮体的相对密度，以符号"ρ_c"表示，即：

$$\rho_c = \lambda(\delta - \rho) \tag{3-66}$$

在上升水流中轻重颗粒将按各自所构成的悬浮体相对密度大小发生分层时，相对密度小者处于上层，相对密度大者处于下层。

由于 $\lambda = 1 - m$，而由式（3-59）得：

$$m = \sqrt[n]{\dfrac{v_H}{v_0}} \tag{3-67}$$

由轻矿物构成的悬浮体相对密度 ρ_{c1}：

$$\rho_{c1} = \lambda_1(\delta_1 - \rho) = \left(1 - \sqrt[n_1]{\dfrac{v_H}{v_{01}}}\right)(\delta_1 - \rho) \tag{3-68}$$

由重矿物构成的悬浮体相对密度 ρ_{c2}：

$$\rho_{c2} = \lambda_2(\delta_2 - \rho) = \left(1 - \sqrt[n_2]{\dfrac{v_H}{v_{02}}}\right)(\delta_2 - \rho) \tag{3-69}$$

由式（3-68）和式（3-69）可知，轻重矿粒构成的悬浮体的相对密度均是随着上升介质流速 u_a 而变化，当 u_a 较小时，轻重矿粒悬浮体的松散度 m_1、m_2 趋近于自然堆积数值，相差不大，故 ρ_{c1}、ρ_{c2} 的大小主要由轻重矿颗粒的有效密度 δ_1、δ_2 决定，因此有 $\rho_{c2} > \rho_{c1}$，出现正分层。

随着上升介质流速 u_a 增大，小颗粒重矿物的比表面积较大，接受介质阻力较强，受水流阻力较大，松散度 m 增大较快，相对密度降低较快，以致 $\rho_{c2} < \rho_{c1}$，出现反分层。

而当 $\rho_{c1} = \rho_{c2}$ 时，粒群发生混杂，此时的上升水速称为临界流速 u_{cr}。因此：

$$\left(1 - \sqrt[n_1]{\dfrac{u_{cr}}{v_{01}}}\right)(\delta_1 - \rho) = \left(1 - \sqrt[n_2]{\dfrac{u_{cr}}{v_{02}}}\right)(\delta_2 - \rho)$$

如轻重矿颗粒同属斯托克斯（$Re \leqslant 1$）或牛顿-雷廷智（$500 \leqslant Re \leqslant 2 \times 10^5$）沉降阻力范围，则有：

$$n_1 = n_2 = n$$

于是临界水速 u_{cr} 的计算式为：

$$u_{cr} = v_{01} v_{02} \left(\frac{\delta_2 - \delta_1}{(\delta_2 - \rho) \sqrt[n]{v_{01}} - (\delta_1 - \rho) \sqrt[n]{v_{02}}} \right)^n \tag{3-70}$$

但是，利亚申柯的按悬浮体相对密度分层的学说与实际分层规律是不相符的，实验证明非均匀粒群是不按悬浮体的相对密度分层。

3.5.2.2　粒群按重介质作用分层的学说

中国矿业大学和中南大学分别研究了粒群在上升水流中的悬浮分层规律，认为利亚申柯按悬浮体相对密度分层的理论及所得的临界流速公式是不符合实际情况的。对于密度不同、粒度比值大于或等于自由沉降等沉比的粒群分层现象，由粒群内部静力的变化来解释，即轻矿物粗粒的升降取决于轻矿物颗粒密度与重矿物细粒所构成的悬浮体的物理密度的差异上，即粒群在上升水流中将按轻矿物颗粒本身的密度与重矿物悬浮体的密度差发生分层。

由于 $\delta_1 < \delta_2$、$\dfrac{d_1}{d_2} \geqslant e_0$，故 $v_{01} \geqslant v_{02}$，$Re_1 > Re_2$，$n_1 < n_2$。

故

$$v_{H1} > v_{H2}$$

因此，在上升水流作用下，高密度细粒首先被冲起，并构成一定密度的悬浮体，悬浮体密度的大小与上升水速有关，上升水速较低时，ρ_{su2} 较大，当 $\delta_1 < \rho_{su2}$ 时，细粒悬浮体的重介作用可使床层中低密度颗粒转入上层，使物料能够正常按密度分层。

在上升水速继续增大到某值以后，则 $\delta_1 > \rho_{su2}$，床层中低密度颗粒就不可能转入上层，粒群将按水动力学分层，即 v_H 较小的高密度细粒处于上层，v_H 较大的低密度粗粒处于下层。

按重介分层学说，达到临界水速应是 $\delta_1 = \rho_{su2}$，即：

$$\delta_1 = \left(1 - \sqrt[n_2]{\frac{u_a}{v_{02}}} \right) (\delta_2 - \rho) + \rho \tag{3-71}$$

以 $u_a = u_{cr}$ 代入得：

$$u_{cr} = v_{02} \left(1 - \frac{\delta_1 - \rho}{\delta_2 - \rho} \right)^{n_2} \tag{3-72}$$

按上式计算的临界水速与实测值相比颇为吻合。

试验还指出，要使轻矿物在重矿物悬浮体作用下进入上层，还需满足下述两个基本条件：

（1）两种矿物的密度差要足够大，即：

$$\frac{\delta_2 - \rho}{\delta_1 - \rho} > \frac{1}{\lambda_2} \tag{3-73}$$

对于细粒重矿物悬浮体，当 $\lambda_2 > 40\% \sim 44\%$ 时，颗粒间活动性已很差，用作分选的悬浮体容积浓度最好不超过 33%。

此时高低密度矿物的有效密度比值需满足如下要求：

$$\frac{\delta_2 - \rho}{\delta_1 - \rho} > 3 \tag{3-74}$$

（2）两种矿物的粒度比要足够大。重选理论及实践表明，只有细粒重矿物构成的悬浮体才会以总体密度对轻矿物施以浮力作用，因此由研究资料提出如下要求：

$$\frac{d_1}{d_2} > 3 \sim 5 \tag{3-75}$$

实际生产中，分选宽分级或不分级物料很难同时满足以上两个条件，用控制上升水速实现按密度分选比较困难。

总之，重介质作用分层学说与按悬浮体相对密度分层学说的区别在于前者是高密度细粒构成的悬浮体总体密度对轻矿粒本身的作用，后者则是对轻矿粒构成的悬浮体的作用。但是两种学说只考虑了粒群间静力的作用，而忽略了水流动力因素对粒群运动的影响，尤其当水速较大时更是如此。因此对粒群悬浮分层的研究应将动、静两种作用综合加以考虑。上述两种学说只研究了局部均匀粒群在匀速水流中的悬浮分层问题，因此不能单用它们对粒群的分层过程加以解释。

思 考 题

3-1 概念：介质阻力、黏性阻力、压差阻力、压差阻力公式、层流阻力公式、阻力通式、李莱曲线、自由沉降、干扰沉降、等沉比、容积浓度、松散度、悬浮体物理密度、悬浮体相对密度。

3-2 分析颗粒在介质中运动时受到的阻力。

3-3 指出特定条件下阻力公式的适用范围。

3-4 试推导球体的自由沉降末速公式、球体达到自由沉降末速的时间和沉降的距离。

3-5 非球体的自由沉降有哪些特点？

3-6 颗粒的沉降末速有哪些计算方法？

3-7 分析等沉比对颗粒分层的意义。

3-8 颗粒在干扰沉降中受到哪些阻力？

3-9 试论述干扰沉降试验的步骤和结论。

3-10 试论述非均匀粒群的悬浮分层规律。

3-11 说明悬浮体相对密度分层学说和重介质作用分层学说的实质。

4 粒度选矿

本章提要：本章首先介绍了粒度选矿的概念，并分别介绍了筛分、破碎和磨矿的基本原理，筛分效果和破碎效果的评定方法，最后阐述了几种相对公认的破碎理论。

4.1 概　　述

　　物理选矿的目的是将有用矿物和脉石分开并达到相对富集，为了将两种矿物分开，前提条件是在分选前矿物应处于单体解离状态，使矿石从大颗粒变成小颗粒。由于有用矿物和脉石的硬度不同，因此在开采、经过其他的作业或单体解离后，使原料中各粒级的矿物组成有很大的变化。将原料分成若干粒级时，有用矿物在各粒级的含量不一样，从而得到有用矿物和脉石含量不同的产品。例如，根据原煤的粒度组成，如果某一粒级的灰分满足要求，即可将该粒级分离出来直接作为产品，而达不到产品灰分要求的粒级再进一步用其他物理选矿方法处理，这就是粒度选矿的例子。

　　粒度选矿（又称为筛选）就是根据有用矿物在不同粒级的含量不同，利用分级设备将满足用户要求的粒级分离出来，直接作为产品，达到分选矿物的目的。粒度选矿不仅用来选煤，也可用来分选某些其他矿石。例如，利用洗矿及筛分，分选结核状铁矿或磷灰石。

　　有些矿物的硬度差异很大，它们经过磨碎以后，其粒度有很大的变化。利用这种特点就可以把它们分离。我们知道，石英和金刚石的密度很相近，但硬度差异很大，因此把金刚石砂矿在砾磨机中磨细，然后按粒度选矿方法进行选分，就能得到金刚石精矿。原料受到选择性风化的结果也会产生粒度上的差异。例如金刚石矿石在风化后筛分时可以得到金刚石精矿。

　　石墨沿解理方向的硬度很低，经过选择性磨细后，和共生脉石矿物（例如石英、云母、黄铁矿、方解石等）具有不同的粒度，因此将磨细产物进行筛分就可得到石墨精矿。为了得到合格石墨，一般还要再磨再选。

　　对某些矿石采用热裂法，使各种矿物在急热或急冷之下，分裂成为粒度不同的个别的成分，经过筛分后，可以得出性质不同的产品。变更温度时发生裂开的原因是：结晶体中含有结晶水，导热性不好或矿物具有非常显著的解理。热裂现象可以在许多矿物中观察到，例如加热石英时，β 石英很快变成 α 石英并发生裂开。又如结晶质重晶石矿石的重晶石，加热时发生裂开变成细粉，而和它共生的石英和含铁矿物则呈颗粒状态。经过筛分便可得到石英和重晶石精矿。容易裂开的矿物有云母、重晶石、方解石、石英等。

　　只要有用矿物和脉石存在硬度差异，经过破碎解离后，如果某粒级的有用矿物含量达到要求都可以用粒度选矿进行分选。

　　从粒群中分选出某一粒级物料采用筛分的方法，而将大颗粒变成小颗粒，以使矿物达到单体解离,采用破碎或磨矿。因此,粒度选矿包括筛分、破碎和磨矿等作业,当然筛分、破碎和磨矿还与物理选矿的其他分选方法配合使用。

4.2 筛 分

4.2.1 筛分原理

将颗粒大小不同的混合物料,通过单层或多层筛子而分成若干个不同粒度级别的过程称为筛分。松散物料的筛分过程,可以看作两个阶段组成:

(1) 易于穿过筛孔的颗粒通过不能穿过筛孔的颗粒所组成的物料层到达筛面。

(2) 易于穿过筛孔的颗粒透过筛孔。

要使这两个阶段能够实现,物料在筛面上应具有适当的运动,一方面,使筛面上的物料层处于松散状态,物料层将会产生析离(按粒度分层),大颗粒位于上层,小颗粒位于下层,容易到达筛面,并透过筛孔。另一方面,物料和筛子的运动都促使堵在筛孔上的颗粒脱离筛面,有利于颗粒透过筛孔。

实践表明,物料粒度小于筛孔 3/4 的颗粒,很容易通过粗粒物料形成的间隙,到达筛面,到筛面后它就很快透过筛孔。这种颗粒称为"易筛粒"。物料粒度大于筛孔 3/4 的颗粒,通过粗粒组成的间隙比较困难,这种颗粒的直径愈接近筛孔尺寸,它透过筛孔的困难程度就愈大,因此,这种颗粒称为"难筛粒"。下面用矿粒通过筛孔的概率理论来作说明。

矿粒通过筛孔的可能性称为筛分概率,一般来说,矿粒通过筛孔的概率受到下列因素影响:筛孔大小、矿粒与筛孔的相对大小、筛子的有效面积、矿粒运动方向与筛面构成的角度、矿料的含水量和含泥量。

由于筛分过程是许多复杂现象和因素的综合,筛分过程不易用数学形式来全面地描述,这里仅仅从颗粒尺寸与筛孔尺寸的关系进行讨论。松散物料中粒度比筛孔尺寸小得多的颗粒,在筛分开始后,很快就落到筛下产物中,粒度与筛孔尺寸愈接近的颗粒,透过筛孔所需的时间愈长。所以,物料在筛分过程中通过筛孔的速度取决于颗粒直径与筛孔尺寸的比值。

研究单颗矿粒透过筛孔的概率如图 4-1 所示。假设有一个由无限细的筛丝制成的筛网,筛孔为正方形,每边长度为 L。如果一个直径为 d 的球形颗粒,在筛分时垂直地向筛孔下落。可以认为,颗粒与筛丝不相碰时,它就可以毫无阻碍地透过筛孔。换言之,要使颗粒顺利地透过筛孔,在颗粒下落时,其中心应投在绘有虚线的面积 $(L-d)^2$ 内(图 4-1)。

由此可见,颗粒透过筛孔或者不透过筛孔是一个随机现象。如果矿粒投到筛面上的次数有 n 次,其中有 m 次透过筛孔,那么颗粒透过筛孔的频率就是 m/n。当 m 很大时,频率总是稳定在一个常数 p 附近,这个稳定值 p 称为筛分概率($p=m/n$,$0 \leqslant p \leqslant 1$)。因此筛分概率也就客观地反映了矿粒透筛可能性的大小。

可以设想有利于颗粒透过筛孔的次数与面积 $(L-d)^2$ 成正比,而颗粒投到筛孔上的次

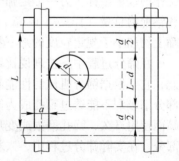

图 4-1 颗粒透过筛孔示意图
L—正方形筛孔边长;d—颗粒直径;
a—筛丝直径

数与筛孔的面积 L^2 成正比。因此，颗粒透过筛孔的概率就取决于这两个面积的比值（不考虑筛丝直径时）

$$p = \frac{(L-d)^2}{(L+a)^2} = \frac{L^2}{(L+a)^2}\left(1-\frac{d}{L}\right)^2 \qquad (4\text{-}1)$$

颗粒被筛丝所阻碍，使它不透过筛孔的概率等于（1-p）。筛孔尺寸愈大，筛丝和颗粒直径愈小，则颗粒透过筛孔的可能性愈大。

当某事件发生的概率为 p 时，使该事件以概率 p 出现，如需要重复 N 次，N 值与概率 p 成反比（p = 1/N）。在这里所讨论的问题，N 值就是颗粒透过筛孔的概率为 p 时必须与颗粒相遇的筛孔数目。由此可见，筛孔数目越多，颗粒透过筛孔的概率越小，当 N 值无限增大时，p 越接近于零。

根据式（4-1），以 d/L 为横坐标，概率 p 的倒数为纵坐标，得到图 4-2 所示的关系曲线。曲线可大体划分为两段，在颗粒直径 d 小于 $0.75L$ 的范围内，曲线较平缓，随着颗粒直径的增大，颗粒透过筛面所需的筛孔数目有所增加。颗粒直径超过 $0.75L$ 以后，曲线较陡，颗粒直径稍有增加，颗粒透过筛面所需的筛孔数目就需要很多。因此用概率理论可以证明，在筛分实践中把 $d<0.75L$ 的颗粒称为"易筛粒"和 $d>0.75L$ 的颗粒称为"难筛粒"是有道理的。

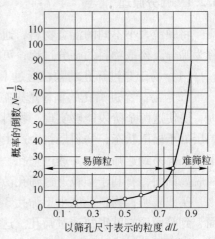

图 4-2 筛孔相对尺寸与筛分概率倒数的关系

4.2.2 筛分效率

在筛选物料时，既要求它的处理能力大，又要求尽可能多地将小于筛孔的细粒物料过筛到筛下产物中去。因此，筛子有两个重要的工艺指标：一个是它的处理能力，即筛孔大小一定的筛子每平方米筛面面积每小时所处理的物料吨数（t/(m² · h)）。它是表明筛分工作的数量指标。另一个是筛分工作的质量指标，主要用两类评定方法：一类是分配误差和错配物总量（详见第 14 章）；另一类是筛分效率，用来确定给料分离成大于规定粒度的筛上物和小于规定粒度的筛下物的完善程度。

在筛分过程中，按理说比筛孔尺寸小的细级别应该全部透过筛孔，但实际上并不是如此，它要根据筛分机械的性能和操作情况以及物料含水量、含泥量等而定。因此，总有一部分细级别不能透过筛孔成为筛下产物，而是随筛上产品一起排出。另外，在生产中由于筛面使用日久，筛孔磨损或变形扩大，势必造成大于筛孔的不应透筛，成为筛下产物的一部分。在实际筛分过程中，入料与产品的关系如图 4-3 所示。筛上产品中未透过筛孔的细级别数量愈多，或者筛下产品中大于筛孔的粗级别数量愈多，说明筛分的效果愈差。为了从数量上评定筛分的完全程度，要用筛分效率这个指标。筛分效率公式大致可分为简单筛分效率和综合筛分效率。

4.2.2.1 简单筛分效率

简单筛分效率的计算公式很多，通常只研究筛下物，即筛下物中小于规定粒度物料的筛分效率和筛下物中大于规定粒度物料的混杂效率。

A 筛下物中小于规定粒度物料的筛分效率 η_1

该筛分效率是指实际得到的筛下产物中小于规定粒度（筛孔尺寸）物料的质量与入筛物料中所含粒度小于规定粒度（筛孔尺寸）的物料的质量之比。

$$\eta_1 = \frac{C\beta}{Q\alpha} \qquad (4\text{-}2)$$

根据物料平衡原则，得到如下入料质量和原料中小于筛孔尺寸粒级的质量两个方程式：

$$Q = C + D \qquad (4\text{-}3)$$

$$Q\alpha = C\beta + D\theta \qquad (4\text{-}4)$$

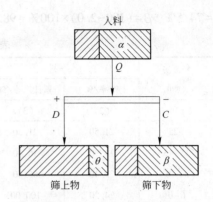

图 4-3　筛分入料与产品的关系
Q—入料质量，kg；D—筛上物质量，kg；
C—筛下物质量，kg；α—入料中小于筛孔尺寸粒级含量，%；θ—筛上物中小于筛孔尺寸粒级含量，%；β—筛下物中小于筛孔尺寸粒级含量，%

式中，θ 等于限下率，表示筛上物中小于要求粒度的物料占筛上物质量的百分数；$100-\beta$ 等于限上率，表示筛下物中大于要求粒度的物料占筛下物质量的百分数。

由式（4-3）和式（4-4）可以求得：

$$\frac{C}{Q} = \frac{\alpha - \theta}{\beta - \theta} \qquad (4\text{-}5)$$

将式（4-5）代入式（4-2），得到筛分效率：

$$\eta_1 = \frac{\beta(\alpha - \theta)}{\alpha(\beta - \theta)} \qquad (4\text{-}6)$$

B 筛下物中大于规定粒度物料的混杂率 η_2

该混杂率是指实际得到的筛下产物中大于规定粒度（筛孔尺寸）物料的质量与入筛物料中所含粒度大于规定粒度（筛孔尺寸）的物料的质量之比。

$$\eta_2 = \frac{C(100 - \beta)}{Q(100 - \alpha)} = \frac{(100 - \beta)(\alpha - \theta)}{(100 - \alpha)(\beta - \theta)} \qquad (4\text{-}7)$$

4.2.2.2 综合筛分效率

在实际筛分作业中，由于筛孔形状和磨损等原因，筛下物中往往混有大于规定粒度的物料。尤其对于概率筛、弛张筛和橡胶筛等设备，这种混杂不可避免，必须采用综合筛分效率对筛分过程进行全面的数量、质量综合评定。

综合筛分效率常定义为筛下物中小于规定粒度物料的回收率与筛下物中大于规定粒度物料的混杂率之差，该效率又称为汉考克分离效率。

$$\eta = \eta_1 - \eta_2 = \frac{\beta(\alpha - \theta)}{\alpha(\beta - \theta)} - \frac{(100 - \beta)(\alpha - \theta)}{(100 - \alpha)(\beta - \theta)} = \frac{100(\alpha - \theta)(\beta - \alpha)}{\alpha(\beta - \theta)(100 - \alpha)} \qquad (4\text{-}8)$$

4.2.2.3 应用实例

表 4-1 为某筛选厂最终筛分试验报告资料（单层筛），规定粒度为 20mm。根据表 4-1 第（1）、（3）、（5）、（7）栏数据绘制粒度特性曲线图，如图 4-4 所示。按规定的分级粒度 $d_i = 20$mm 查得入料、筛下物及筛上物中小于分级粒度的含量为：$\alpha = (100-25.5) \times 100\%$

$= 74.5\%$、$\beta = (100 - 2.0) \times 100\% = 98.0\%$、$\theta = (100 - 82.8) \times 100\% = 17.2\%$。

表 4-1 筛分试验报告表

粒度级 /mm	入 料		筛 上 物		筛 下 物	
	产率/%	累计产率/%	产率/%	累计产率/%	产率/%	累计产率/%
（1）	（2）	（3）	（4）	（5）	（6）	（7）
>25	21.50	21.50	73.20	73.30	0	0
25~13	14.90	36.40	19.40	92.60	10.37	10.37
13~6	29.40	65.80	4.90	97.50	30.43	40.80
6~0	34.20	100.00	2.50	100.00	59.20	100.00
合 计	100.00		100.00		100.00	

根据式（4-8）得到筛分效率：

$$\eta = \frac{100(\alpha - \theta)(\beta - \alpha)}{\alpha(\beta - \theta)(100 - \alpha)} = \frac{100 \times (74.5 - 17.2) \times (98.0 - 74.5)}{74.5 \times (98.0 - 17.2) \times (100 - 74.5)} \times 100\% = 87.72\%$$

限下率：$\theta = 17.2\%$

限上率：$100 - \beta = (100 - 98.0) \times 100\%$
$$= 2.0\%$$

4.2.3 筛分作业

4.2.3.1 筛分作业的分类

筛分在筛选厂和选煤厂整个工艺过程中担负着重要的任务，按其在不同工艺环节中所起的作用不同，筛分作业可分为如下几种：

（1）准备筛分。在选煤厂，按破碎作业和分选作业的要求，将原料煤分成不同的粒级，为煤炭的进一步加工做准备。对破碎作业，准备筛分是为了从物料中分出已经合格的粒级。

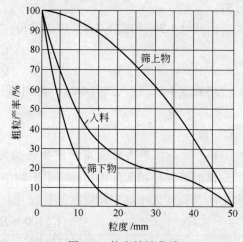

图 4-4 粒度特性曲线

目的是避免物料过度粉碎，增加破碎设备的生产能力和减少动力消耗。对分选作业，不同的选煤方法，都要求一定的入选粒级，否则将严重影响分选效果。各种选煤方法入选煤的粒级见表 4-2。

表 4-2 各种选煤方法入选煤粒级

选 煤 方 法	粒 级/mm	
	粒度上限	粒度下限
跳 汰 选	100	0.5
块煤重介选	300	6
末煤重介选	25	0.5
摇 床 选	13	0.2
块煤溜槽选	100	6
浮 选	0.5	0

（2）预先筛分和检查筛分。在破碎前把物料中的合格粒级预先筛出称为预先筛分，有时也称为准备筛分。从破碎作业的产物中，将粒度不合格的大块用筛子分出来，称为检查筛分，目的是保证产物的粒级要求。图4-5所示为原煤准备的工艺流程，从中可看出准备筛分和检查筛分在流程中所担负的任务。

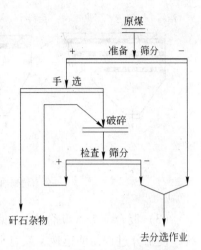

图 4-5 原煤准备作业工艺流程

预先筛分的目的是为了避免物料的过度破碎，从而提高破碎设备的生产能力和减少动力消耗。检查筛分的目的是从破碎设备的产物中，将粒度不合格的大块筛出，以保证产品不超过要求的粒度上限。

（3）最终筛分。主要是指筛选厂生产粒级商品煤的筛分。最终筛分的粒级，要根据煤质、煤的粒度组成和用户要求，按照国家现行标准 GB/T 17608—2006《煤炭产品品种和等级划分》来确定。

（4）脱水筛分。将带有水的煤或其他物料进行筛分，称为脱水筛分，目的是脱除伴随而来的水，以提高产品质量，便于储存，减少运输量，解决高寒地区冬季装卸车的问题和洗水的循环使用。选煤用于产品脱水作业的筛子称为脱水筛。

（5）脱泥筛分。重介质选煤时，为了减轻煤泥（－0.5mm）对介质系统的污染，在煤进入重介分选机前，采用脱泥筛分。跳汰机入选原煤如先用筛分的方法脱泥，可降低洗水黏度，有利于细粒煤的分选，从而提高跳汰机的选煤效率。对于重选产品精煤，为了减少高灰分细泥对它的污染，在进行脱水筛分的同时，在筛面上加强力喷水冲洗，也属于脱泥筛分。

（6）脱介筛分。重介选煤的产品，在筛分机上采用喷高压清水的方法，使产品与加重质分离，达到选后产品脱除介质的目的，称脱介筛分。

（7）选择性筛分。选择性筛分是指在筛分过程中，煤炭不仅按粒度分级，而且也按质量分级的筛分。例如，在含黄铁矿为主的高硫煤中，硫分大部分集中在大块煤内，通过筛分可将硫分除去。

4.2.3.2 筛分顺序

最终筛分和准备筛分，有时要把物料筛分成两种粒级以上的产物，这就出现了筛分顺序的问题。筛分顺序有以下三种：

（1）由粗到细的筛分（重叠法），见图4-6a。其特点是：将筛面按筛孔尺寸大小，自上而下重叠排列。筛分时，粗粒先于细粒被筛出。这种顺序的优点是：粗粒级在筛分过程中先被筛出，因而不易受到破碎；细孔筛面上物料数量少，故细粒级筛分效率较高，细孔筛面磨损得慢；由于筛面重叠，所以筛分装置的布置比较紧凑。其缺点是；筛面清理和更换麻烦；产物运输较困难；在厂房中给料高度大。

（2）由细到粗的筛分（序列法），见图4-6b。其优点是：易于检查和更换筛面；筛下便于设仓，运输方便，设备所占高度小。其缺点是：全部物料都要经过细孔筛面，物料易相互擦碎，细孔筛面磨损快，筛分效率低。这类筛分顺序用得较少。

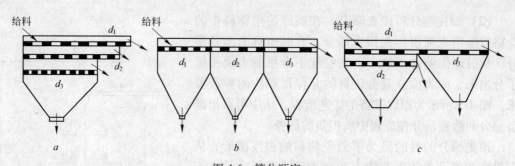

图 4-6　筛分顺序

a—由粗到细的筛分；b—由细到粗的筛分；c—混合筛分

（3）混合筛分（联合法），见图 4-6c。其特点是：从中间粒级开始筛分，出现两个系统，使筛分过程简便迅速，兼有上述两种筛分顺序的优点和缺点。

比较以上三种筛分顺序，以混合筛分顺序为好。由细到粗的筛分，碎石厂用得较多。由粗到细的筛分，适用于筛选厂或选矿厂的准备筛分。

4.2.4　影响筛分效率的因素

影响筛分效率的主要因素包括物料性质、筛分设备结构与工作参数、操作条件等。

4.2.4.1　物料性质

A　物料的粒度特性

被筛物料的粒度组成，对于筛分过程有决定性的影响。在筛分实践中可以看到，比筛孔愈小的颗粒愈容易透过筛孔，颗粒大到筛孔 3/4，虽然比筛孔尺寸小，但却难以透筛。直径比筛孔略大的颗粒，常常遮住筛孔，阻碍细粒透过。直径在 1~1.5 倍筛孔尺寸的颗粒形成的料层，不易让难筛粒透过。但直径在 1.5 倍筛孔尺寸以上的颗粒形成的料层，对易筛粒或难筛粒穿过它而接近筛面的影响并不大。因此，物料有三种粒度界限值得注意：小于 3/4 筛孔尺寸的颗粒（易筛粒）、小于筛孔尺寸但大于 3/4 筛孔尺寸的颗粒（难筛粒）和粒度为 1~1.5 倍筛孔尺寸的颗粒（阻碍粒）。

显然，含易筛粒愈多的物料愈好筛。相反，原物料中含难筛粒和阻碍粒愈多，因它们阻碍细粒与筛面接触而透过筛孔，使筛分效率降低。一般认为，物料颗粒最大粒度不应大于筛孔尺寸的 2.5~4 倍。在精确计算振动筛的生产率时，需要测定给矿中小于 1/2 筛孔尺寸的颗粒含量和大于筛孔尺寸的颗粒含量。因为它们既影响生产率，也影响筛分效率。

B　被筛物料的含水量和含泥量

物料中所含的水分（主要是表面水分）在一定程度内增加，黏滞性也就增大，物料的表面水分能使细粒互相黏结成团，并附着在大颗粒上，黏性物料也会把筛孔堵住。这些原因使筛分过程进行较难，筛分效率将大大降低。

以不同筛孔的筛子筛分含水量相同的同一种物料，则水分对筛分效率的影响是不同的。筛孔尺寸愈大，水分的影响愈小。这是因为筛孔尺寸愈大，筛孔堵塞的可能性就愈小。另外，更重要的原因是水分在各粒级内的分布是不均匀的，粒度愈小的级别，水分含量愈高。因此，当筛孔大时，就能够很快地把水分含量高的细粒级别筛出去，于是筛上物料的水分大大降低，使它不致影响筛分过程的进行。因此，当物料含水量较高，严重影响筛分过程时，可以考虑采用适当加大筛孔的方法来提高筛分效率。

水分对筛分某种物料的具体影响，需要根据试验结果来判断。筛分效率与物料湿度的关系如图 4-7 所示，图中曲线说明，物料所含水分如达到某一范围，筛分效率急剧降低。这个范围取决于物料性质和筛孔尺寸。物料所含水分超过这个范围后，颗粒的活动性又重新提高，物料的黏滞性反而消失了，此时，水分有促进物料通过筛孔的作用，并逐渐达到湿法筛分的条件。

图 4-7 中，两种物料所受水分的影响不同，产生差别的原因，可以由这两种物料具有不同的吸湿性能来解释。如果物料中含有易于结团的黏性物质（如黏土等），即使在水分很少时，也会黏结成团，使细泥混入筛上产物；此外，还会很快堵塞筛孔。筛分黏性矿石或含泥量过高的煤时，必须采取有效措施来强化筛分过程，如用湿法筛分，或者在筛分前进行预先洗矿，将泥质排除，或者对筛分原料进行烘干或用电热筛筛分。

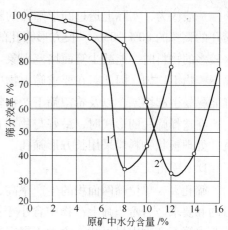

图 4-7　筛分效率与物料湿度的关系
1—吸湿性弱的物料；2—吸湿性强的物料

C　物料的颗粒形状

颗粒形状对筛分过程的影响与筛孔形状有很大关系。物料颗粒如果是圆形，则透过方孔和圆孔较容易。破碎产物大多是多角形，透过方孔和圆孔不如透过长方孔容易，条状、板状、片状物料难以透过方孔和圆孔，但较易透过长方形孔。所以在实际筛分过程中，可以通过适当选择筛孔形状的方法，减弱颗粒形状对筛分效率的影响。

4.2.4.2　筛分设备的结构与工作参数

A　筛面运动方式

虽然筛分质量首先取决于被筛物料的性质，但同一种物料采用不同类型的筛分设备，可以得到不同的筛分效果。实践证明，筛面固定不动的筛子，筛分效率很低。筛面运动的筛子的筛分效率又和筛面的运动方式有关。若筛面是振动的，颗粒在筛面上接近于垂直筛孔的方向被抖动，而且振动频率高，筛分效果好。在摇动筛面上，颗粒主要是沿筛面滑动，而且摇动的频率一般比振动频率小，所以摇动筛的效果较振动筛差。转动的圆筒筛因筛面易堵，故其筛分效率也低。

筛面的运动可以使物料在筛面上散开，有利于细粒透筛，从而提高筛分效率。但物料在筛面上的运动速度与筛面的运动强度有关。因此，即使同一种运动性质的筛面，由于运动强度不同，效率也有差别。筛面运动强度过大，筛上物料运动过快，颗粒透过筛孔的机会减少，效果变差。筛面运动强度过小，筛上物料达不到一定的松散程度，不能沿筛面分散开，也不利于筛分过程的正常进行。

B　筛面种类

筛子的工作面通常有条缝筛面、编织筛面和冲孔筛面三种。它们对筛分效率的影响，主要和它们的有效面积有关，其中以条缝筛面的有效面积为最大。

有效面积愈大的筛面，筛孔占的面积愈多，矿粒较易透过筛孔，筛分效率就较高，但使用寿命较短。选用什么样的筛面，应结合实际情况考虑。当磨损严重成为主要矛盾时，就应当用耐磨的条缝筛或冲孔筛；在需要精细筛分的场合下，就要用织丝筛。

C　筛孔形状

筛孔形状的选择，取决于对筛分产物粒度和对筛子生产能力的要求。圆形筛孔与其他形状的筛孔比较，在名义尺寸相同的情况下，透过这种筛孔的筛下产物的粒度较小。

一般认为，实际上透过圆形筛孔的颗粒的最大粒度，平均只有透过同样尺寸的正方形筛孔的颗粒的80%~85%。长方形筛孔的筛面，其有效面积较大，生产能力较高；处理含水较多的物料时，能减少筛面堵塞现象。它的缺点是容易使条状及片状粒通过筛孔，使得筛下产物不均匀，因此，在要求筛上物中不含细粒，筛下物中允许有条状和片状粒，物料湿而黏易引起堵塞，以及希望筛下产物较多等情况下，采用长方形筛孔比较有利。

在选择筛孔的形式时，最好与物料的形状相配合，如处理块状物料应采用正方形筛孔，处理板状物料应采用长方形筛孔。

D　筛孔尺寸

筛孔大，单位筛网面积的生产率高，筛分效率也高，但筛孔的大小取决于采用筛分的目的和要求。若希望筛上产物中含小于筛孔的细粒尽量少，就应该用较大的筛孔；反之，若要求筛下产物中尽可能不含大于规定粒度的颗粒，筛孔不宜过大，以规定粒度作为筛孔宽的限度。

E　筛面的长度与宽度

在生产实践中，对于一定的物料，生产率主要取决于筛面宽度，筛分效率主要取决于筛面长度。筛面愈长，物料在筛上被筛分的时间愈长，筛分效率也愈高。筛分时间（或筛面长度）和筛分效率的关系如图4-8所示。最初，稍微增加筛分时间，就有许多易筛粒大量透过筛孔，筛分效率就很快增大。后来，易筛粒大都被筛下去了，剩下些难筛粒，时间虽延长，但它们被筛下的并不多，筛分效率增加也不大。因此，筛分时间太长也是不合理的。因为筛面倾角一定，要增加筛分时间，只有增加筛面长度。筛面太长并不好，

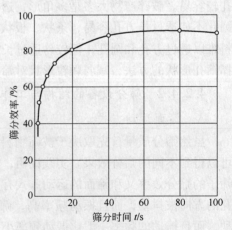

图 4-8　筛分时间与筛分效率的关系

浪费厂房空间，筛子构造笨重，筛分效率提高不多，所以筛子长度必须适当。只有在高负荷下工作的筛子，为了保证较高的筛分效率，如果配置条件许可，适当增加筛子长度，有时是有利的。

筛面的宽度也必须适当，而且必须与筛面长度保持一定比例关系。在筛子负荷相等时，筛子宽度小而长度很大，筛面上物料层厚，细粒难以接近筛面和透过筛孔。相反，当筛面宽度很大而长度小时，物料层厚度固然减小，细粒易于接近筛面，但由于颗粒在筛面上停留时间短，物料通过筛孔的机会就少了，筛分效率必然会降低。一般认为筛子的宽度

与长度之比为 1 : 2.5 ~ 1 : 3。

　　F　筛面的倾角

　　在一般情况下，筛子都是倾斜安装的，便于排出筛上物料，但倾角要合适。角度太小，达不到这个目的；角度太大，物料排出太快，物料被筛分的时间缩短，筛分效率就低。当筛面倾斜时，可以让颗粒顺利通过的筛孔的面积只相当于筛孔的水平投影，如图 4-9 所示。能够无阻碍地透过筛孔的颗粒直径等于

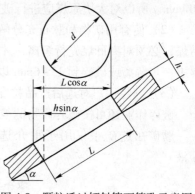

$$d = L\cos\alpha - h\sin\alpha \tag{4-9}$$

式中　$L，h$——分别为筛孔直径和筛板厚度，mm；

　　　　α——筛面与水平面的夹角，(°)。

图 4-9　颗粒透过倾斜筛面筛孔示意图

　　由此可见，筛面倾角越大，颗粒透筛时的通道越窄。各种筛分设备在不同的使用场合，各有自己合适的倾角。选矿厂常见的振动筛的倾角一般为 0° ~ 25°，固定棒条筛的倾角一般为 40° ~ 45°。圆振动筛用于准备筛分时倾角为 15° ~ 25°，用于最终筛分时筛面倾角为 12.5° ~ 17.5°。

4.2.4.3　操作条件

　　A　给料要均匀和连续

　　均匀、连续地将物料给入筛子上，让物料沿整个筛子的宽度布满成一薄层，既充分利用筛面，又便于细粒透过筛孔，因此可以保证获得较高的生产率和筛分效率。

　　B　给料量

　　给料量增加，生产能力增大，但筛分效率就会逐渐降低，原因是筛子产生过负荷。筛子产生过负荷时，就成为一个溜槽，实际上只起到运输物料的作用。因此，对于筛分作业，既要求筛分效率高，又要求处理量大，两者不能偏废。

　　C　及时清理和维修筛面

　　清理和维修也是有利于筛分过程的重要条件。

4.3　破　　碎

　　在外力作用下，使大块物料变成小块物料的过程，称为破碎或磨矿。它是用外力（包括人力、机械力、电力、化学能、原子能或其他方法等）施加于被破碎的物料上，克服物料分子间的内聚力，使大块物料分裂成若干小颗粒的过程。破碎与磨矿在使用的方法及产物粒度上有所不同。破碎使用破碎机，产物粒度较大，一般大于 5 ~ 3mm；磨矿使用磨矿机，产物粒度均小于 5 ~ 3mm。

4.3.1　破碎的作用

　　破碎作业在选煤厂和选矿厂生产中占有重要地位，其作用可概括为：

　　（1）满足分选设备对入料最大粒度的要求。选矿机械要求原矿入选粒度应在一定范围之内，这一粒度范围的上限是最大入选粒度。若入选原矿中有大于该粒度的大块原矿就应

进行预先破碎。目前我国入选原煤粒度一般在 50mm 以下，而从煤矿运来的原煤粒度可达 300mm。所以对大块原煤应进行破碎。

（2）使有用矿物和脉石充分解离。对于夹矸煤，因煤与矸石夹杂共生，为了从中选出精煤，必须对夹矸煤先行解离，才能入选。另外，一些选煤厂，对主选机选出的中煤常常要进一步解离或破碎到 13~6mm 以下，送入再选机再选，以提高精煤产率。

（3）满足用户对选后产品粒度的要求。例如对炼焦用煤需破碎到 5~3mm 以下。

破碎作业还可按破碎产物的粒度分为粗碎、中碎、细碎与磨矿，见表 4-3。

磨矿在选矿中仅用于重介选煤，将加重质磨成一定细度，制成符合要求的重悬浮液。

表 4-3 按产品粒度划分的破碎作业

作业名称	粗碎	中碎	细碎	磨矿
产品粒度/mm	>50	25~6	6~1	<1

4.3.2 破碎方式

破碎要使用外力，即消耗一定能量，从这一角度看，破碎可分为两种：一是机械能破碎，即用机械的方法产生破冲力，施加于物料上使之破裂，这是目前应用最多也是最有效的方法。另一种是非机械能破碎，即应用电能、热能等进行破碎，如热力破碎。

选煤厂常用的都是机械能破碎。机械能破碎有五种基本方式（图 4-10）：

（1）挤压破碎（图 4-10a）。两个破碎工作面对夹于其间的物料施加压力，当物料受到压应力达到其抗压强度极限时而破碎。

（2）劈裂破碎（图 4-10b）。当两个带尖棱的工作面靠近时，尖棱楔入物料而使内部产生拉应力，当其值超过物料抗拉强度极限时，物料裂开，并在尖棱与物料接触点局部产生碎末。

（3）折断破碎（图 4-10c）。夹在工作面之间的物料如受集中作用力的简支梁或多支梁，物料主要由于受弯曲力而折断，但在物料与工作面接触处受到劈力作用。

（4）研磨破碎（图 4-10d）。工作面与物料表面之间存在相对运动，物料受研磨产生剪切变形，当物料受到的剪切力达到抗剪强度极限时而破坏。磨矿多产生细粒。

（5）冲击破碎（图 4-10e）。物料受到足够大的瞬时冲击力而破碎。

破碎机的结构应保证实现上述破碎方式。破碎机设计中一般都有其主要破碎方式。例如齿辊破碎机以劈裂破碎为主，但在连续破碎时，由于物料在破碎空间排列的随机性，所以，物料受力是很复杂的，常常是几种破碎方式并存。

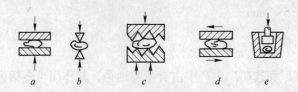

图 4-10 破碎方式

a—挤压破碎；b—劈裂破碎；c—折断破碎；d—研磨破碎；e—冲击破碎

4.3.3 矿石可碎性

矿石在破碎过程中所表现出来的抵抗外力的强度大小，称为矿石破碎的难易程度，它是衡量矿石可碎性的标准，主要取决于矿石的结构特性和矿物的结晶形态。矿物晶格间的作用力越大，硬度就越大，也就越难破碎。矿石或矿物的结构具有某些缺陷、裂隙时，往往首先易在该部位破裂。影响矿石破碎难易程度的最主要因素是矿石的硬度，它是指矿石抵抗其他物质压入或刻划的能力。选矿上常用矿石的极限抗压强度 σ_b、普氏硬度系数 f（$f=\sigma_b/10$）、可碎性系数及可磨性系数表示矿石的硬度，如表 4-4 所示。

表 4-4　矿石硬度、可碎性系数和可磨性系数

硬度等级	σ_b/MPa	普氏硬度系数 f	可碎性系数	可磨性系数	实　例
很软	<20	<2	1.30~1.40	1.40~2.00	石膏、无烟煤
软	20~40	2~4	1.15~1.25	1.25·1.50	页岩、泥炭岩
中等硬度	40~80	4~8	1.00	1.00	硫化矿
硬	80~100	8~10	0.80~0.90	0.75~0.85	一般铁矿
很硬	>100	>10	0.65~0.75	0.50~0.70	玄武岩、含铁石英岩

一般来说，不同矿物集合体之间的结合力比同种矿物内部的结合力要小；同种矿物的集合体内，晶体面上的结合力比晶体内部要小；另外，随着粒度的减小，矿物的不均匀性和不连续性减弱，破碎愈困难，因此矿粒愈细愈难磨碎。

物料的脆性对破碎也有较大影响。破裂前无变形或变形很小的物料称为脆性物料；破碎时先变形而后碎裂的物料称为塑性物料。煤和大多数矿石都是脆性物料，矿石通常都是多种不同性质矿物的共生体，如煤中有精煤、矸石和黄铁矿等，它们的破碎程度不一样，精煤强度最低而最容易破碎，其次是矸石，黄铁矿强度最高而最难破碎。破碎后的产物粒度也依次以精煤最细，矸石次之，黄铁矿最大，这种现象称为选择性破碎，是粒度选矿的典型例子。

矿石的抗压强度最大，抗弯强度次之，抗磨强度再次之，抗拉强度最小。针对矿石这一机械强度特点，实施恰当的破碎方法，可以使破碎更加有效。对于硬物料应采用折断配合冲击来破碎，若采用磨碎，机器将受严重磨损；对煤这样的脆性软物料，则以劈裂与冲击较为合适，若采用磨碎，将产生过多粉煤，给后续的分选作业带来困难。总之，掌握了物料性质与破碎方式相适应的规律，可以正确选择所需的破碎设备。

4.3.4 破碎比

在破碎过程中，入料最大颗粒直径（D_{max}）与产物最大颗粒直径（d_{max}）的比值称为破碎比，它表征了物料被破碎的程度，破碎的能量消耗和处理能力均与破碎比有关。

在选煤实践中，破碎比并不能准确地描述破碎过程，因为粒度特性相同的物料经破碎后，虽然产物中的最大粒度是一样的，但粒度特性未必相同。如图 4-11 所示的两个破碎过程的破碎比是一样的，但凹形曲线 2 的产物要比凸形曲线 1 的产物含细颗粒多，所以完成曲线 2 所表示的破碎，要消耗更多的能量。

为了使破碎比能更准确地表示破碎与能耗的关系，应该寻求另一种破碎比的计算方法。即

$$i = \frac{\sum \gamma D}{\sum \gamma' d} \qquad (4\text{-}10)$$

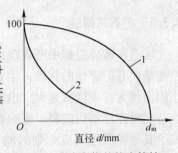

图 4-11　破碎产物的粒度特性

式中　γ, γ'——分别为原料和产物的各粒级产率（按筛分分析），%；

　　　D, d——分别为原料和产物各粒级的平均直径，mm。

对于选煤来说，一般要求破碎比并不大，一段破碎即可满足。但对于选矿，因多使用浮选、磁选和电选，其入选粒度很细，故破碎比 i 值很大，往往需要进行多次（段）破碎，其总破碎比 i 等于各段破碎比（i_1, i_2, $\cdots$, i_n）的乘积，即

$$i = i_1 i_2 \cdots i_n \qquad (4\text{-}11)$$

4.3.5　破碎作业

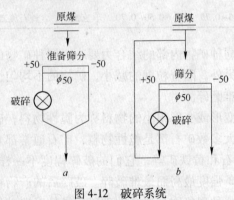

图 4-12　破碎系统

a—开路破碎系统；b—闭路破碎系统

选煤厂的破碎作业多是选前破碎，从煤矿运来的原煤最大粒度可达 300mm，所以应对其破碎，使其粒度小于最大允许入选粒度。我国目前主要采用跳汰与重介选煤，一般入选粒度小于 50mm。为满足要求，一般有两种常用破碎系统，一种是带有准备筛分的开路破碎系统（图 4-12a）；另一种是带有检查筛分的闭路破碎系统（图 4-12b）。

闭路系统的优点是能保证产品粒度小于规定尺寸；其缺点是设备较多，流程复杂，破碎机的负荷量应考虑检查筛分的筛上量。

4.3.6　破碎效果评定方法

选煤厂或选矿厂对破碎作业的要求是：破碎产品达到规定粒度，而且排料中大于规定粒度和小于规定粒度的物料含量都要尽可能少，产品中大于规定粒度的物料含量大多反映破碎效果差，而小于规定粒度的物料含量大多反映物料过粉碎，这两种情况都应尽量避免。

4.3.6.1　定性评定

对原矿、破碎产品（或磨碎产品）取样进行筛分分析（试验方法详见第 2 章），得到粒度特性曲线，根据粒度特性曲线的形状，可以大致判断原矿破碎的难易程度和破碎机的工作效果。如图 4-13 所示，根据试样类型，横坐标为筛孔尺寸与原矿最大粒度（或破碎机排矿口或磨矿产品最大粒度）之比。如果粒度特性曲线为凸形，则为难碎性矿石，矿石中粗粒级物料占多数；如果为凹形，则为易碎性矿石，矿石中细粒级占多数；如果为直线，则为中等可碎性矿石。相同的矿石被不同的破碎机（或磨矿机）粉碎后，根据产品的

粒度特性曲线的凸或凹形状，用来比较破碎机的破碎效果，曲线越凹，则细粒级含量多，破碎程度越严重，同样，曲线越凸，则粗粒级含量多，破碎效果差。

4.3.6.2 定量评定

根据煤炭行业标准《选煤厂破碎设备工艺效果的评定方法（MT/T 2—2005）》，采用破碎效率 η_p 为主要指标，细粒级增量 Δ 为辅助指标，综合评定破碎设备的工艺效果。

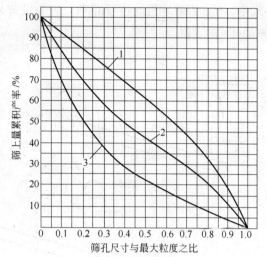

图 4-13　原矿粒度特性曲线
1—难碎性矿石；2—中等可碎性矿石；3—易碎性矿石

$$\eta_p = \frac{\beta_{-d} - \alpha_{-d}}{\alpha_{+d}} \times 100\% \qquad (4\text{-}12)$$

$$\Delta = \beta_{-f} - \alpha_{-f} \qquad (4\text{-}13)$$

式中　η_p——破碎效率（取小数点后一位），%；

α_{+d}，α_{-d}——入料中大于、小于要求破碎粒度 d 的含量，%；

β_{-d}——破碎产品中小于要求破碎粒度 d 的含量，%；

Δ——细粒级增量（取小数点后一位），%；

β_{-f}——破碎产品中的细粒级含量，%；

α_{-f}——入料中的细粒级含量，%。

细粒级的粒度范围规定为：破碎产品粒度 $d \geqslant 50$mm 的粗碎，细粒级粒度范围取 13～0mm，即 $f=13$mm；破碎产品粒度 $d<50$mm 的中碎和细碎，细粒级粒度范围取 0.5～0mm，即 $f=0.5$mm。

4.3.7　筛选厂工艺流程

图 4-14 所示为典型的动力煤筛选厂工艺流程。原煤先由 2 台筛分式破碎机将最大粒度为 800mm 破碎至 250mm 以下，再通过皮带输送机转载至分级筛，分成 3 个粒度级别：小于 25mm 的物料去重介旋流器分选或直接销售，150～250mm 的物料进入对辊破碎机，破碎后的物料与分级筛的 25～150mm 粒度级别的物料混合后到重介浅槽分选机。

筛选厂的任务是通过破碎获得不同粒度的物料，所以必须对破碎设备进行评价，主要考核产品中粗粒含量和过粉碎率。

对于筛分式破碎机，破碎后要求产品粒度小于 250mm，对于双齿辊破碎机，破碎后产品粒度要求小于 150mm。假设破碎后要求产品粒度小于 d（mm），则如果破碎后产品粒度大于 d（mm）的含量 $\gamma_{+d} \leqslant 5\%$ 时，设备合格；$5\% < \gamma_{+d} \leqslant 10\%$ 时，设备基本合格；$10\% < \gamma_{+d} \leqslant 15\%$ 时，设备厂家应及时修理或调整设备；$\gamma_{+d} > 15\%$ 时，属于不合格设备。

过粉碎率的考核：破碎机破碎过程中的过粉碎现象要达到出料后 +25mm 的含量不低于进料前的 95%，计算公式为：

$$\eta_{+25} = 100 - \frac{\gamma_h}{\gamma_0} \times 100\% \qquad (4\text{-}14)$$

式中，η_{+25} 为破碎机的过粉碎率；γ_h 为破碎后出料中 +25mm 的含量；γ_0 为破碎前入料中 +25mm 的含量。

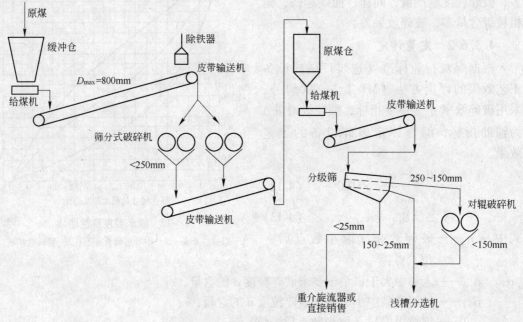

图 4-14　动力煤筛选厂工艺流程

通过 6 次的正常生产取样，每次取样分别取 100kg 的 3 个子样，通过算术平均值计算出平均过粉碎率，过粉碎率≤3% 为合格产品；3%≤过粉碎率≤10%，为基本合格产品；过粉碎率>10%时，属于不合格设备。

4.4　磨　矿

4.4.1　概述

矿石入选前的准备工作包括破碎和磨矿两个作业，其中磨矿更为重要，它不仅能耗高及材料消耗高，磨矿所消耗的动力占选矿厂动力总消耗的30%以上，磨矿作用费用的60%用于能量消耗，约40%用于钢球消耗，而且产品质量直接影响后面分选作业的指标，加上磨矿的处理量实际上决定着选矿厂的处理量，因此，磨矿作业是选矿前重中之重的作业。

选矿之前的磨矿有其特殊要求。水泥行业中的磨矿以粉碎矿料为目的，粉碎得越细，水泥的质量越高，称为粉碎性磨矿。建筑用砂的磨矿及球团原料的磨矿主要目的不是粉碎物料，而是为了擦洗物料以露出新鲜表面，有利于后面物料的黏结，这类以擦洗物料为目的的磨矿称为擦洗性磨矿。而各种选矿之前的磨矿，包括湿法冶金之前的磨矿，它们以解离矿物或暴露矿物为目的，称为解离性磨矿。它不仅以解离矿物为第一目的，而且要使矿料在粒度上符合选矿要求。适当减小矿石的磨矿细度能提高有用矿物的回收率和产量，但要减轻物料过粉碎。

在洁净煤技术领域，磨矿作业用于水煤浆、油煤浆、管输煤浆、煤粉燃烧和煤系伴生矿物综合利用等方面。在重介质选煤厂中，磨矿作业用来制备重介质选煤所用的加重质。

　　磨矿作业所用的机械设备称为磨矿机，按磨矿介质的不同分为球磨机、棒磨机、自磨机和砾磨机。图 4-15 为常用的圆筒形磨矿机的工作原理图。这种磨矿机有一个空心圆筒 1，圆筒两端是端盖 2 和 3，端盖中心是支在轴承上的空心轴颈 4 和 5。圆筒内装有各种直径的研磨介质（钢球、钢棒和砾石等），其装入量约为整个筒体容积的 40%～50%。当圆筒绕水平轴线按规定的转速回转时，在离心力和摩擦力的作用下，装在筒内的研磨介质和矿石随着筒壁上升到一定高度，然后脱离筒壁自由落下或滚下。矿石的磨矿主要是靠研磨介质落下时的冲击、压碎和运动时的磨剥作用。矿石是从圆筒一端的空心轴颈不断地给入，而磨矿以后的产品经圆筒另一端的空心轴颈不断地排出，筒内矿石的运输是利用不断给入矿石的压力来实现的。湿磨时，矿石被水流带出磨矿机；干磨时，矿石被向筒外抽出的气流带出。

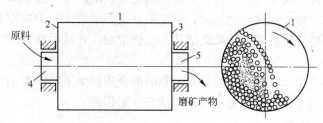

图 4-15　磨矿机的工作原理
1—空心圆筒；2，3—端盖；4，5—空心轴颈

4.4.2　磨矿工艺流程

　　图 4-16a 所示的磨矿和分级工艺联合的流程称为闭路磨矿，它可以提高磨矿效率。与磨矿机配合使用的常用分级设备有螺旋分级机、水力旋流器等。球磨机的排矿不进入分级设备，直接进入下一作业的称为开路磨矿（图 4-16b）。

4.4.3　研磨介质的运动规律

　　磨矿是靠磨矿机内运动的介质来完成的，因此，磨矿介质的工作状态及参数决定着磨机的生

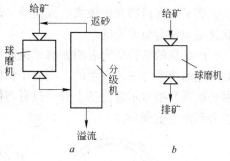

图 4-16　磨矿工艺流程
a—闭路磨矿；b—开路磨矿

产能力和磨矿产品的粒度特性。研磨介质的运动状态主要有三种（图 4-17），与筒体转速、磨机内介质的充填率、筒体衬板类型及摩擦系数等因素有关。

4.4.3.1　泻落运动

　　如图 4-17a 所示，磨矿机在低速运动时，研磨介质随筒体旋转方向转一定的角度，自然形成的各层研磨介质基本上按同心圆分布，并沿着同心圆的轨迹升高。当研磨介质超过自然休止角时，则像雪崩似地泻落下来，如此循环往复。

　　磨矿机在泻落式工作状态下，研磨介质从筒体的上部下落到底部时冲击作用较小，物料主要在研磨介质相互滑动时产生压碎和研磨作用而粉碎，以研磨为主，冲击为辅。棒磨机和管磨机通常在泻落式运动状态下工作。

4.4.3.2　抛落运动

如图 4-17b 所示，当研磨介质在高速旋转的筒体中运动时，任何一层研磨介质的运动轨迹都可以分为两段：上升时，研磨介质从落回点到脱离点是绕圆形轨迹运动；下落时，从脱离点到落回点，则按抛物线轨迹下落。以后又沿圆形轨迹运动，循环往复。在筒体内壁（衬板）与最外层研磨介质之间的摩擦力作用下，外层介质沿圆形轨迹运动。在相邻各层介质之间也有摩擦力，因此，内部各层介质也沿同心圆的圆形轨迹运动，它们好像是一个整体，一起随筒体回转。摩擦力取决于摩擦系数及作用在筒体内壁（或相邻介质层）上的正压力，正压力是由重力的径向分力和离心力产生的。重力的切向分力对筒体中心的力矩使介质产生与筒体旋转方向相反的转动趋势。如果摩擦力对筒体中心的力矩大于重力的切向分力对筒体中心的力矩，那么介质与筒壁或介质层之间便不产生相对滑动，反之则存在相对滑动。在任何一层介质中，每个研磨介质之所以沿圆形轨迹运动，并不是单纯靠这个研磨介质受到的摩擦力而孤立地运动，而是依靠全部研磨介质的摩擦力。这个研磨介质只作为所有回转研磨介质群中的一个组成部分而被带动，并被后面的同一层研磨介质"托住"。

磨矿机在抛落式工作状态下，物料主要靠研磨介质群落下时产生的冲击力而粉碎，同时也靠部分研磨作用。球磨机就是在抛落式状态下工作的。

4.4.3.3　离心运动

如图 4-17c 所示，随着磨矿机旋转速度的进一步提升，研磨介质也就随着筒壁上升得更高。当磨矿机旋转速度超过一定值时，研磨介质就在离心力的作用下不脱离磨矿机筒壁。磨矿机在研磨介质做离心式运动状态下工作，就不产生磨矿作用。因此，离心式运动状态是应该避免发生的。

磨矿机的试验研究表明：磨矿机筒体内研磨介质的上述三种运动状态是在一定的研磨介质充填率条件下才发生的。当磨矿机内只有少量研磨介质时，研磨介质只在筒体最低位置处跳动，根本不随筒壁上升。只有当研磨介质充填率达到一定程度时，才会发生随筒壁上升和抛落的现象。

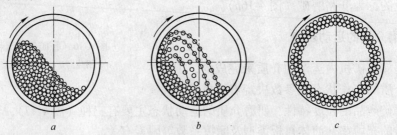

图 4-17　研磨介质的运动状态

a—泻落运动；b—抛落运动；c—离心运动

4.4.4　工作参数的确定

4.4.4.1　临界转速与磨矿机转速

当磨矿机筒体的转速达到某一数值时，作用在研磨介质上的离心力等于研磨介质的重力，研磨介质开始随筒体一起回转，这时的磨矿机转速称为临界转速。我们可以通过研磨介质的受力分析来求得磨矿机的临界转速。磨矿机筒体内研磨介质的受力情况如图 4-18 所示。

设研磨介质的质量为 m、钢球质量为 G，对筒壁的正压力为 N，钢球以速度 v 随筒体一起旋转而受到的离心力为 F，钢球不下落的条件是：

$$N = F - G\cos\alpha = m\frac{v^2}{R} - mg\cos\alpha \geqslant 0 \tag{4-15}$$

即

$$m\frac{v^2}{R} \geqslant mg\cos\alpha \tag{4-16}$$

将 $v = \dfrac{\pi Rn}{30}$ 代入式（4-16），整理后可得

$$n \geqslant \frac{30\sqrt{g}}{\pi\sqrt{R}}\sqrt{\cos\alpha} \tag{4-17}$$

钢球不脱离筒壁的临界条件是 $N = 0$，因 $\pi \approx \sqrt{g}$，则

$$n = \frac{30}{\sqrt{R}}\sqrt{\cos\alpha} \tag{4-18}$$

上式为钢球运动的基本公式。当 $\alpha = 0$ 时，也就是因筒体转动而产生的离心力恰好能将钢球带到筒体的最高点 A_0（$\alpha = 0$）不致下落时，式（4-18）取最大值（筒体达到临界转速 n_L）：

$$n_L = \frac{30}{\sqrt{R}} \tag{4-19}$$

或

$$n_L = \frac{42.5}{\sqrt{D}} \tag{4-20}$$

式中 D——筒体直径，m。

4.4.4.2 钢球的脱离角与最大落下高度

由图 4-18 可以看出，钢球先随筒体做圆运动，然后再做抛落运动，球从点 M 到点 A 是圆运动轨迹，而 A 点到 B 点、C 点再到 M 点是抛落运动轨迹。A 点是钢球的脱离点，而 M 点是钢球的落回点，脱离点和落回点的位置都与磨矿机的转速率有关。脱离角 α 是脱离点 A 到磨矿机中心 O 的连线与 Y 轴的夹角，α 愈小则钢球上升愈高，为零时表示钢球不脱落并进入离心运转。落回角 β 是落回点 M 到磨矿机中心 O 的连线与水平 X 轴的夹角，β 角能表示钢

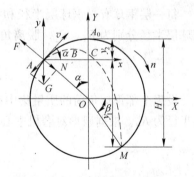

图 4-18 球磨机内研磨介质受力分析

球落下的高度。脱离角 α 和落回角 β 是钢球做抛物运动的两个重要参数。

磨矿机中的钢球负荷由若干球层组成，每一层都有一个脱离点和落回点，其坐标不相同，但根据式（4-18），半径为 R_i 层的钢球满足：

$$R_i = \frac{900}{n^2}\cos\alpha_i \tag{4-21}$$

在抛落式工作的磨矿机中，磨矿作用主要来自钢球到达落回点的动能。此动能大小与钢球的质量和落下高度（H）有关，而 H 与脱离角 α 的大小有关，又决定于磨矿机的转速和直径。从理论上讲，钢球有一个最有利的落下高度，在这个高度下，其冲击矿石的作用最强。

由图 4-18 可知，设钢球最外层的半径为 R，钢球落下高度的绝对值为 $H = y_1 + y_2$，根据推导，$y_1 = -4R\sin^2\alpha\cos\alpha$，$y_2 = -0.5R\sin^2\alpha\cos\alpha$，$H$ 的绝对值为

$$H = 4.5R\sin^2\alpha\cos\alpha \tag{4-22}$$

对式（4-22）取导数，并令其等于零（求极大值），就可以求出使钢球有最大抛物落下高度时的脱离角。

$$\frac{dH}{d\alpha} = 4.5R\sin\alpha(2\cos^2\alpha - \sin^2\alpha) = 0 \tag{4-23}$$

故　　$\alpha = 54°44'$ 　　　　　　　　　　　　　　　　　　　　　　　　(4-24)

因此，$H = 4.5R\sin^2\alpha\cos\alpha = 4.5R\sin^2 54°44'\cos 54°44' = 1.732R$。

4.4.4.3　磨矿机的转速率

磨矿机的实际转速与临界转速之比称为磨矿机的转速率。当磨矿机的直径一定时，根据式（4-20）即可得临界转速，磨矿机的转速率或实际转速的确定有两种方法。

A　用最外层钢球的最大落下高度确定转速

由式（4-18）得

$$n = \frac{30}{\sqrt{R}}\sqrt{\cos\alpha} = \frac{30}{\sqrt{R}}\sqrt{\cos 54°44'} \approx \frac{32}{\sqrt{D}} \tag{4-25}$$

故　　　　　$\psi = \frac{n}{n_L} \times 100\% = \frac{32}{\sqrt{D}} \bigg/ \frac{42.5}{\sqrt{D}} \times 100\% = 76\%$ 　　　(4-26)

B　用钢球负荷的回转半径与脱离角的关系确定转速

每一层钢球有一钢球层半径和相对的脱离角，并满足式（4-21）。设最外层、最内层钢球层半径分别为 R_1、R_2，脱离角分别为 α_1、α_2，磨机转速为 n，则有如下关系：

$$\frac{R_1}{\cos\alpha_1} = \frac{R_2}{\cos\alpha_2} = \frac{900}{n^2} \tag{4-27}$$

设想全部钢球负荷的质量集中在某一层钢球，此层钢球可以代表全部钢球负荷，钢球层半径为 R_0。根据扇形对磨机中心 O 点的极转动惯量半径的求法可以得到：

$$R_0 = \sqrt{\frac{R_1^2 + R_2^2}{2}} \tag{4-28}$$

当此层钢球处于最有利的工作状态时，该层的脱离角 $\alpha_0 = 54°44'$，从而，

$$R_0 = \frac{900}{n^2}\cos\alpha_0 = \frac{520}{n^2} \tag{4-29}$$

因为钢球负荷最内层钢球的脱离角为 $73°44'$，则最内层钢球的回转半径为：

$$R_2 = \frac{900}{n^2}\cos 73°44' = \frac{250}{n^2} \tag{4-30}$$

将式（4-29）和式（4-30）代入式（4-28）得：

$$n = \frac{26.3}{\sqrt{R_1}} = \frac{37.2}{\sqrt{D}} \qquad (4-31)$$

$$\psi = \frac{n}{n_L} \times 100\% = \frac{37.2}{\sqrt{D}} \bigg/ \frac{42.5}{\sqrt{D}} \times 100\% = 88\% \qquad (4-32)$$

第二种方法比前一种方法更合适，因为考虑了全部钢球负荷。实际生产中将 $\psi < 76\%$ 的磨机视为低转速磨机，用于细磨，有利于发挥研磨作用。$\psi > 80\%$ 视为高转速磨机，用于粗磨，机内物料粒度大，需要更多的冲击作用。将 $\psi = 76\% \sim 88\%$ 视为适宜的转速率。

4.4.4.4 钢球的循环次数

磨机转一周时，钢球不只循环运动一次，因为钢球做抛物线运动比做圆周运动快，因而钢球总是超前。设磨机的转速为 n，钢球做圆周运动的时间为 t_1，转过的圆心角为 ϕ，脱离角为 α，钢球做抛物落下的时间为 t_2，水平位移为 x_c。经推导，$\phi = 360° - 4\alpha$，则

$$t_1 = \frac{\phi}{360} \times \frac{60}{n} = \frac{\phi}{6n} = \frac{360° - 4\alpha}{6n} = \frac{90° - \alpha}{1.5n} \quad (\text{s}) \qquad (4-33)$$

$$t_2 = \frac{x_c}{v\cos\alpha} = \frac{4R\cos^2\alpha\sin\alpha}{\frac{\pi Rn}{30}\cos\alpha} = \frac{60}{\pi} \times \frac{2\cos\alpha\sin\alpha}{n} = \frac{19.1\sin2\alpha}{n} \quad (\text{s}) \qquad (4-34)$$

则钢球运动一个循环需要的时间 T 为：

$$T = t_1 + t_2 = \frac{90° - \alpha + 28.6\sin2\alpha}{1.5n} \quad (\text{s}) \qquad (4-35)$$

磨机转一周钢球的循环次数为：

$$J = \frac{60/n}{T} = \frac{90°}{90° - \alpha + 28.6\sin2\alpha} \quad (\text{次}) \qquad (4-36)$$

由此式可知，钢球的循环次数取决于脱离角 α。当磨机转速不变时，不同的钢球层有不同的脱离角，循环次数也不同。磨机转速越高，α 越小，循环次数也越少。到了钢球离心化时，$\alpha = 0$，$J = 1$，钢球贴在衬板上与磨机一起转动。

4.4.4.5 磨机的工作条件

A 研磨介质的形状、密度、尺寸和充填率

生产中多用圆球形和长棒形的磨矿介质，球体的滚动性最好，为点接触，过粉碎能力强。在其他条件不变时，研磨介质密度愈大，磨机的功耗和处理能力也愈高。一般选钢球或铸铁球，但对铁含量要求严格的物料可以使用硬度和耐磨性较好的非金属矿石。研磨介质的尺寸主要取决于矿石的物理、机械性质和粒度组成，处理硬度大和粒度粗的矿石应使用尺寸大的钢球。研磨介质尺寸的确定有很多经验公式，简单的公式有研磨介质尺寸与给矿中最大粒度一次方、n 次方或平方根成正比，复杂的公式考虑了矿石密度、磨机内径、转速率等因素，但都没有公认的准确确定研磨介质尺寸的公式，磨内整体钢球负荷尺寸不是单一的，涉及配比问题，要靠装钢球来解决、靠补钢球来维持。

装钢球过多时，中心部分钢球只做蠕动，不能有效工作，钢球的充填率与转速率、筒体直径、产品粒度和研磨介质尺寸等因素有关，球磨机的钢球充填率一般为 $40\% \sim 50\%$。

B 磨矿浓度

磨矿浓度是磨内矿石质量占整个矿浆质量的百分比，它直接影响筒体内矿浆的流动

性、矿粒停留时间和输送矿粒的能力，也影响介质磨矿作用的发挥。浓的矿浆黏性大、流动性小，通过磨机较慢，钢球受到的浮力大，打击效果也较差。实践证明，最适宜的磨矿浓度为 60%~83%，一般通过试验确定。磨矿浓度通过给水量来调节，浓度过大或过小都将产生不良的影响。

C　返砂比

磨矿机和分级机构成闭路工作时，从分级机返回到磨矿机的粗粒产品称为返砂，返砂的质量与磨矿机原给矿质量的百分比称为返砂比。一定的给矿量具有一定的返砂量，故通过分级机返砂量的变化可以观察判断磨矿机原给矿及其他条件的变化。在一定范围（300%~500%）内增加返砂比可减少过粉碎，促使产物粒度更加均匀，从而提高磨矿机的工作效率（不会增加磨矿机的功耗）。

返砂比可利用对分级机给矿（磨矿机的排矿）和产物（溢流和返砂）的筛析结果来计算。对于一段闭路磨矿，测得分级机的给矿、溢流和返砂中指定粒级的含量百分数分别为 a、b 和 c，则返砂比 S 依据数量平衡关系可求得：

$$S = \frac{b-a}{a-c} \times 100\% \tag{4-37}$$

D　给矿速度

给矿速度是指单位时间内通过磨矿机的矿石量。磨机内矿量小时，生产率低、钢球空打，使磨损和过粉碎严重。为了使磨矿机有效地工作，应当维持充分高的给矿速度，以便在磨机中保持多量的待磨矿石。给矿必须连续、均匀，避免出现太大的波动。

4.5　破　碎　理　论

在选矿厂中，大约 50% 的电能用于破碎矿石，因此深入研究矿石的破碎过程，寻找更有效的破碎方法，提高破碎机械的效率，降低破碎过程的功耗等具有重要的实用价值。破碎过程中外力必须对矿石做功，克服矿石内部质点间的内聚力。破碎过程所消耗的电能称为功耗。破碎耗功理论实质上阐明破碎过程的输入功与破碎前后矿石的潜能变化之间的关系，从而明确输入功是怎样耗去的。经过多年的研究，出现了很多有关破碎耗功的理论。各种功耗学说都必须确定破碎矿石时，外力的强度、给矿粒度、产品粒度和耗功之间的关系。但因每一种耗功学说都从不同的角度看问题，所以它们的物理根据和导出的数学形式也就不同。目前最有代表性的、相对公认的破碎理论有三个：面积学说、体积学说和裂缝学说。

4.5.1　面积学说

面积学说，有的称为雷廷格学说。当物料被破碎后，产生了新的表面积，产物的表面积必然比原物料的表面积增多。位于物体表面上的质点，与内部的质点不同，由于与它相邻的质点数目不够使它平衡，因而存在着不饱和键能。分裂物体时，必须克服它的内部质点间的内聚力，使内部质点变为表面质点，于是表面上的位能增加。因此，破碎矿石要消耗一定数量的功。根据此理，1867 年德国学者 P. R. 雷廷格认为：外力破碎物体所做的功，转化为新生表面积上的表面能，故破碎过程所消耗的功与新生表面积成正比，可以表

示为:

$$\mathrm{d}A_1 = \gamma\mathrm{d}S \tag{4-38}$$

式中 $\mathrm{d}A_1$——生成新表面积 $\mathrm{d}S$ 所需的功;

γ——比例系数,即生成一个单位新表面积所需的功。

对于直径为 D 的矿块,其表面积与 D^2 成正比(系数为 k_1),而体积与 D^3 成正比(系数为 k_2)。设 Q 为被破碎矿石的总质量,δ 为矿石的密度,则该矿石含有直径为 D 的矿块数 n 为:

$$n = \frac{Q}{\delta k_2 D^3} \tag{4-39}$$

根据式(4-38),破碎质量为 Q 的矿石所需的功为:

$$\mathrm{d}A_1 = \gamma n\mathrm{d}S = \gamma\frac{Q}{\delta k_2 D^3}d(k_1 D^2) = K_1 Q\frac{1}{D^2}\mathrm{d}D \tag{4-40}$$

式中,$K_1 = \dfrac{2\gamma k_1}{\delta k_2}$。

设 D_0 为给矿直径,D_F 为破碎产物直径,在 D_F 与 D_0 范围内积分式(4-40),得到:

$$A_1 = K_1 Q\int_{D_F}^{D_0}\frac{1}{D^2}\mathrm{d}D = K_1 Q\left[\frac{1}{D_F} - \frac{1}{D_0}\right] = \frac{K_1 Q}{D_0}[i - 1] \tag{4-41}$$

式中,i 为破碎比。由于给矿和产品均为混合粒群,故 D_0 和 D_F 应当用平均粒度。

由式(4-41)可知,当给矿粒径一定时,破碎功耗与($i-1$)成正比;若破碎比一定时,破碎功耗与给矿粒径成反比,原矿粒度越小,破碎所需的能量越大。面积学说只能近似地计算破碎比很大时的破碎总功耗,也就是只能近似地用在磨矿机的磨矿中,因为面积学说只考虑了生成新表面所需的功。

4.5.2 体积学说

体积学说是由俄国学者吉尔皮切夫在 1874 年、德国学者基克在 1885 年各自独立提出的,因此体积学说又称为吉尔皮切夫学说或基克学说。他们都认为:破碎物体的外力所做的功,完全用于使物体发生变形。当形变达到强度极限时,物体即被破坏;当使几何形状相似的同种物料破碎成同样形状的产品时,其破碎功耗与被破碎物料块的体积或质量成正比,即可以表示为:

$$\mathrm{d}A_2 = M\mathrm{d}V \tag{4-42}$$

式中 $\mathrm{d}A_2$——破碎体积为 $\mathrm{d}V$ 的物体所需要的功;

M——比例系数,即破碎一个单位体积的物体所需的功。

与式(4-40)相同的推证方法,式(4-42)得:

$$\mathrm{d}A_2 = Mn\mathrm{d}V = M\frac{Q}{\delta k_2 D^3}d(k_2 D^3) = K_2 Q\frac{1}{D}\mathrm{d}D \tag{4-43}$$

式中,$K_2 = \dfrac{3M}{\delta}$。

在给矿直径 D_0 和破碎产物直径 D_F 范围内积分式(4-43),得:

$$A_2 = K_2 Q \int_{D_F}^{D_0} \frac{1}{D} \mathrm{d}D = K_2 Q \left[\ln D_0 - \ln D_F \right] = K_2 Q \ln \frac{D_0}{D_F} = K_2 Q \ln i \tag{4-44}$$

由式（4-44）可知，破碎过程的功耗与被破碎物料的质量或破碎比的对数成正比。

体积学说只能近似地计算粗碎和中碎时的破碎总功耗，因为它只考虑了变形功。

4.5.3　裂缝学说

裂缝学说是 1952 年由 F. C. 榜德提出的，因此又称为榜德学说。他根据一般破碎和磨矿设备做实验得到的资料整理而成的经验公式如下：

$$W = W_i \left(\frac{\sqrt{F} - \sqrt{P}}{\sqrt{F}} \right) \sqrt{\frac{100}{P}} = 10 W_i \left(\frac{1}{\sqrt{P}} - \frac{1}{\sqrt{F}} \right) \tag{4-45}$$

式中　W——将一短吨（907.18kg）粒度为 F 给矿破碎到产品粒度为 P 所消耗的功率，kW·h；

F——给矿产品的 80% 能通过的方形筛孔宽，μm；

P——破碎产品的 80% 能通过的方形筛孔宽，μm；

W_i——功耗指标，即将理论上无限大的粒度破碎到 80% 可以通过 100μm 方形筛孔宽（或 67% 可以通过 200 目方形筛孔宽）时所需的功，kW·h。

在建立上面经验公式之后，榜德作了如下的理论解释：破碎矿石时，外力作用的功首先是使物体发生变形，当局部变形超过临界点时，即生成裂口，裂口形成之后，储存在物体内的形变能即使裂口扩展并生成断面。输入功的有用部分转化为新生表面上的表面能，其他部分成为热损失。因此，破碎矿石所需的功，应当考虑形变能和表面能两项。形变能与体积成正比，表面能与表面积成正比。假定等量考虑这两项，所需的功应当同它们的几何平均值成正比，即与 $\sqrt{V \cdot S}$（或 $\sqrt{D^3 \times D^2} = D^{5/2}$）成比例，对于单位体积的物体，与 $D^{5/2}/D^3 = 1/\sqrt{D}$ 成比例。

根据榜德所作的解释，将质量为 Q 的矿物从 D_0 破碎到 D_F 所需的功耗 A_3 为：

$$A_3 = K_3 Q \left[\frac{1}{\sqrt{D_F}} - \frac{1}{\sqrt{D_0}} \right] = K_3 Q \frac{1}{\sqrt{D_0}} (\sqrt{i} - 1) \tag{4-46}$$

式中　K_3——比例系数；

其他符号意义同前。

4.5.4　功耗学说评述

三种破碎功耗学说都有局限性和误差，导出的公式还不能完全用于定量计算，因为在计算破碎功的绝对值时，比例系数为未知数。这些公式只能用于破碎和磨矿过程的定性研究。要准确地选择破碎机和磨矿机的电动机功率，必须在理论计算的基础上广泛地利用实验资料。

这三个学说分别从破碎过程的不同阶段解释功耗因素，每一个学说只能用在一定的破碎范围才较为可靠。体积学说注意的是受外力发生变形的阶段，裂缝学说注意的是裂缝的形成和发展，面积学说注意的是破碎后生成新表面。因此，它们都有片面性，但互不矛盾，却互相补充。

有关功耗理论的文献中都指出：破碎时的破碎比不大，新生表面积不多，形变能占主要部分，因而用体积学说的误差较小；而磨矿时的破碎比大，新生表面积多，表面能是主要的，因而用面积学说较适宜。榜德经验公式是用一般破碎及磨矿设备做试验得出的，在中等破碎比的情况下，榜德公式大致与实际情况相符。

三个假说在适合各自的粒度范围内与实际情况的误差相差不大，因而在应用时，应根据粒度范围正确加以选择，并根据实际资料加以校核。因为面积学说和体积学说公式中的系数 K_1 和 K_2 在目前还无法确定，因此这两个公式的应用受到限制。而裂缝学说使用的是破碎的净功耗，榜德公式中的各项均是可测定的，故具有广泛的实用价值。榜德公式可应用于计算破碎或磨矿功耗、根据所需功耗选择破碎或磨矿设备和比较不同破碎设备的工作效率等方面。

思 考 题

4-1 概念：粒度选矿、筛分、易筛粒、难筛粒、筛分概率、汉考克分离效率、破碎、破碎比、脱离角、洛回角、转速率、返砂比。

4-2 推导筛分效率的计算公式。

4-3 在选矿工艺中，筛分作业可以分为哪几类？

4-4 影响筛分效率主要有哪些因素？

4-5 破碎作业有哪些作用？

4-6 机械能破碎有哪些方式？

4-7 破碎效果有哪些评定方法？

4-8 磨矿介质在磨机中有哪些运动状态？

4-9 试推导磨机的临界转速。

4-10 磨机转速率有哪些确定方法？

4-11 简述磨机的工作条件。

4-12 相对公认的破碎理论有哪些？

5 水力分级

本章提要：本章介绍了水力分级的概念、主要用途、水力分析方法、水力分级效率和常用的水力分级设备等。

5.1 概　述

在选矿工艺中，分级方法有筛分分级、水力分级和风力分级三种。筛分分级在第 2 章和第 4 章已有介绍，而水力分级与风力分级仅是所使用的分级介质不同，其原理是一样的，本章只讨论水力分级。

水力分级是指在水介质中，不同粒度的矿粒按其沉降速度的不同，将宽级别粒群分成两个或多个粒度相近的窄粒级产物的过程。应指出的是，在水力分级过程中，相同粒度或粒度相近的矿粒，若其密度及形状上有差别，则其在水中的沉降速度会受到影响。所以水力分级不是严格依据粒度差别进行分选的过程，矿粒密度及形状上的差异影响矿粒按粒度分级的精确性，这是水力分级与筛分分级的主要区别。

筛分分级通常只能处理粒度大于 2mm 的矿粒，粒度小于 2mm 的矿粒很难用筛分分级。工业生产中要进行粒度为 1mm 以下的矿粒分级作业，多采用水力分级。水力分级的费用一般比筛分分级高。水力分级的给料最大粒度一般不超过 6mm，以小于 2mm 为宜。

水力分级的分级粒度可用两种方法来衡量：一是按理论计算在分级设备中沉降的固体颗粒，以它的最小当量直径来表示。也就是说，根据水力分级机内的水流速度条件，以沉降速度等于上升水流速度的矿石颗粒的当量直径代表分级产品的界限尺寸，即分级粒度的大小。但因计算上存在着误差以及水速难以保持完全稳定，因此用此法求出的分级粒度与实际的分级粒度有所偏离，故所求的分级粒度称为理论分级粒度。二是对分级产品进行筛分分析或水力分析，求出各粒级物料在产物中的分配率，绘制分配曲线（参见第 14 章），以沉砂和溢流中分配率各占 50% 的极窄粒级的平均粒度（即分配粒度或分离粒度）作为分级产品的界限尺寸。后一种方法比较科学，且为实际的分级界限尺寸，但它只能在分级过程之后才能查定。

实现水力分级的过程中，分级介质的运动形式大致有三种：一是介质的流动方向与矿粒沉降方向相反的垂直上升介质流；二是介质流动方向与矿粒沉降方向接近垂直的水平介质流；三是做旋转运动的介质流。

利用垂直上升介质流进行分级时，矿粒在介质中的运动速度 v 等于矿粒在静止介质中沉降末速 v_0 和上升介质流速 u_a 之差，即

$$v = v_0 - u_a \tag{5-1}$$

由式（5-1）可知，$v_0 > u_a$ 时，矿粒在介质中下沉；$v_0 < u_a$ 时，矿粒在介质中下沉；$v_0 = u_a$ 时，矿粒在介质中悬浮。

因此，所有沉降末速大于上升介质流速的矿粒都将下沉在分级设备的底部，作为沉砂或底流排出；所有沉降末速小于上升介质流速的矿粒都随介质一同上升并从上端溢出，称为溢流（图 5-1a）。若需分出两种以上的粒级产物，可将每次分级所得的溢流产物（或底流产物），在流速渐减（或渐增）的上升介质流中依次进行多次分级。

利用水平介质流进行分级时，矿粒在水平方向的速度与水流速度大致相同，而在垂直方向，依据矿粒粒度（还有密度及形状）的不同而有不同的沉降速度，从而导致不同粒度的矿粒，在经历分级过程时具有不同的运动轨迹。沉降速度越大的矿粒，其运动轨迹越陡。所以，粗粒矿粒在距给料口较近处最先沉到底部，细粒矿粒则在距给矿口较远的地方落到底部。至于一部分沉降速度最小的极细矿粒，将随水平介质流而溢流（图 5-1b）。

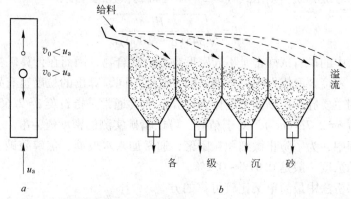

图 5-1　颗粒在垂直介质流及水平介质流中分级示意图

a—垂直上升介质分级；b—在接近水平的介质流中分级

利用旋转介质流进行分级，目的是为了给分级过程提供一个离心力场，从而使分级过程获得强化。在旋转流中，不同粒度的颗粒根据在径向运动速度的差别，得以分离成粗、细粒两种粒级的产物，而介质流的向心流速则是决定分级粒度的基本因素。利用旋转介质流分级的典型设备有水力旋流器、卧式沉降式离心脱水机及旋风集尘器等等。

水力分级在选矿工艺中的主要用途是：

（1）作为磨矿时的检查性分级和预先分级。一般常用它与磨矿作业构成闭路作业，及时分出合格粒度的产物，避免或减少过磨碎现象的出现；

（2）在某些重选作业（如摇床、溜槽选等）之前，作为准备作业。对原料进行分级，分级后的各产物，分别给入不同设备或在不同操作条件下分选；

（3）对原料或选后产物进行脱泥或脱水。在选煤工艺中，水力分级主要用于煤泥水的沉淀与浓缩；

（4）在实验室内利用水力分级的方法，测定微细（多为-200目）物料的粒度组成，进行粒度分析。

5.2　水 力 分 析

水力分析（简称水析）是借助测定颗粒的沉降速度间接度量颗粒粒度的方法。常用来代替筛分分析测定微细矿物原料的粒度组成，在选矿研究和生产中广泛应用。常用的分析方法有沉降法和上升水流法，沉降法又包括重力沉降法和离心沉降法。

水力分析通常要求在容积浓度小于3%的稀悬浮液中进行，以使固体颗粒都有一个自由沉降的条件而不致相互干扰。再有，水力分析一般仅对小于0.1mm的物料进行粒度组成的测定，故可按斯托克斯公式计算其沉降速度，即：

$$v_0 = \frac{H}{t} = \frac{d^2(\delta - \rho)g}{18\mu} \tag{5-2}$$

式中 H——沉降距离，m；

   t——沉降时间，s；

其他符号的物理意义同第2章。

若用水作为分级介质，则由式（5-2）即可得到颗粒的粒度：

$$d = \sqrt{\frac{H}{545(\delta - 1000)t}} \tag{5-3}$$

在实际生产中的矿石试样常是不同密度颗粒的混合物，因而在计算矿粒沉降速度 v_0 和矿粒粒度 d 时，密度 δ 取值大小应合理。因 δ 取值不同，算出的粒度也有别。一般对于原矿和尾矿，可用主要脉石矿物的密度作为计算标准（通常是指石英 $\delta = 2.65\text{g/cm}^3$，其他脉石矿物如方解石 $\delta = 2.7\text{g/cm}^3$）。对于精矿，可以精矿实测的密度值为准。

在水析过程中，为了防止微细颗粒团聚，通常加入水玻璃、焦磷酸钠、偏磷酸钠等分散剂，在水中的浓度一般是0.01%~0.2%。

重力沉降水析法中最简单又比较可靠的方法是淘洗法，即萨巴宁沉降分析法，使用的仪器见图5-2。

沉降分析是在一个带刻度（或标尺）的、直径为70~100mm、高度为150~170mm的玻璃杯1中进行的。杯中装有一根直径6~10mm的虹吸管2，虹吸管一端插入杯中矿浆液面以下某一固定深度处，h 的深度不宜过大，但至少应高于沉淀物5mm，一般可取 $h = 50\text{mm}$。试验前，先按斯托克斯沉降末速公式算出粒度等于分级粒度 d_v 的矿粒在水中沉降距离 h 所需要的时间 t，将一定量的试样配成液固比等于6:1（泥质物料为10:1）的矿浆倒入杯中，并将水加满到规定刻度处，然后用玻璃棒充分搅拌。停止搅拌后使矿浆静置沉降，经过时间

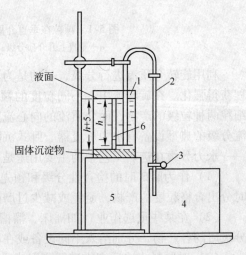

图5-2 萨巴宁沉降分析仪

1—玻璃杯；2—虹吸管；3—夹子；4—溢流收集槽；
5—玻璃杯座；6—标尺

t，用虹吸管将 h 上部的矿浆全部吸出，放入溢流收集槽4中，吸出的矿粒粒度全部小于分级粒度，但是遗留在杯中的沉降物内会含有一部分在第一次未能全部分出的小于分级粒度的颗粒，因悬浮在中间及靠近底部较早地沉降下来而未能吸出。因此，应再在杯中补加清水，然后按照上述方法反复进行，直到吸出的液体中不含颗粒时为止。最后留在玻璃杯中的是粒度大于 d_v 的产物。将每次吸出的矿浆分别按粒级汇合，静置沉淀（为了加速沉降可

加入少量明矾等凝聚剂），然后将水吸出，烘干、称重、化验，即为试料中全部小于分级粒度的粒级产率和品位（或灰分）。如需分出多个粒级产物，则需按预定的分级粒度分别计算出 t 值，由细到粗依次进行上述操作。将各个粒级全部淘洗完为止，即可得出该试样的粒度组成和质量指标。

用淘洗法测定微细物料的粒度组成虽然比较准确，但费工、费时，大多在对其他水析方法进行校核和没有连续水析仪器时使用。

5.3 水力分级效率

水力分级效率是用来评定水力分级设备及操作的工艺效果，指溢流产品中细粒（小于规定粒度的物料）的回收率与粗粒（大于规定粒度的物料）的混杂率之差。用公式计算水力分级效率，和计算筛分效率、浓缩效率和脱水效率等一样，都是按第 4 章式（4-8）所给出的汉考克分离效率公式来解决。

$$\eta_f = \frac{100(\alpha - \theta)(\beta - \alpha)}{\alpha(\beta - \theta)(100 - \alpha)} \tag{5-4}$$

式中　η_f——水力分级效率,%;

　　α——入料中小于规定粒度的细粒含量,%;

　　β——溢流物中小于规定粒度的细粒含量,%;

　　θ——底流物中小于规定粒度的细粒含量,%。

α、β 和 θ 分别由水析法求得。

5.4 水力分级设备

选矿和选煤工业中所使用的水力分级设备繁多，许多水力分级设备还具有浓缩、脱泥及脱水的功能。它们也广泛应用于建材、化工、食品等其他工业部门。

按矿粒在分级过程中所处的力场不同，水力分级设备可分为重力场水力分级设备和离心力场水力分级设备。重力场水力分级设备，按粗粒级产物排出的方式不同，还可分为一般水力分级机和机械分级机。离心力场水力分级设备，根据旋转介质流产生旋转运动的力源方式不同，又可分为水力旋流器和离心沉降分级机。

一般水力分级机中，有上升水流分级设备，它包括自由沉降式水力分级机和干扰沉降式水力分级机，还有水平流分级设备。这类分级设备均是干扰沉降式，其中有角锥形水力分级设备、圆锥形水力分级设备以及煤泥沉淀池。

金属选矿厂的水力分级机用来对入选原料进行分级，以获得几个窄级别物料，分别给入重选设备中进行分级选矿，属于选前准备作业，而更多是用于重选厂摇床选矿前的原矿准备。选矿厂所用的分泥斗、倾斜浓缩箱等脱泥设备也属于选矿厂的水力分级设备。

5.4.1 机械分级机

在众多的水力分级设备中，具有提升运输沉砂机构的分级机，称为机械分级机。它是借助颗粒在水介质中的沉降速度差异而实现分级的。机械分级机主要作为磨矿的辅助设备对物料进行预先分级和检查分级，也可用于含黏土矿石的洗矿以及对矿浆脱泥和脱水。

根据运输沉砂的机构不同，机械分级机可分为螺旋分级机、耙式分级机和浮槽分级机等。螺旋分级机因构造简单、操作方便、分级槽的倾斜角度大，便于同磨矿机作自流连接，故应用较为普遍。后两者因生产效率低和结构复杂而已停产。

螺旋分级机的结构如图5-3所示。分级槽2呈倾斜安置，倾角α一般为12°～18.5°，槽的底部为半圆形。矿浆从槽的中间部位进料口7给入，在分级槽下端的分级带完成分级。细粒级经槽子下端溢流堰8随水流从溢流排出口9流走。粗粒级产物在分级带沉降，然后由螺旋1将其运至槽子上端的沉砂排出口10排出机外。螺旋安装在中空主轴3上，主轴两端由轴承4支撑，轴的上端设有传动装置5，轴的下端置于提升机构之内，必要时可调节螺旋在槽内的高度。连续不断给入矿浆，则溢流与沉砂也就连续分别排出。若分级机与磨矿机构成闭路，则分级机的沉砂经溜槽进入磨矿机再磨。

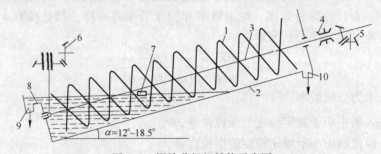

图5-3　螺旋分级机结构示意图

1—螺旋；2—分级槽；3—螺旋轴；4—轴承；5—传动装置；6—螺旋提升机构；7—进料口；
8—溢流堰；9—溢流排出口；10—沉砂排出口

根据螺旋数目的不同，可分为单螺旋分级机和双螺旋分级机。根据分级机溢流堰的高低，又可分为高堰式、沉没式、低堰式三种。

高堰式分级机的溢流堰高于螺旋轴下端轴承的中心，而低于溢流端螺旋叶片的上缘。由于分级液面的长度不大，液面可直接受到螺旋叶片的搅动作用，故适合于粗粒级分级使用，分级粒度多在0.15mm以上。沉没式分级机的下端螺旋叶片完全浸入在液面以下，分级面积大而又平稳，适用于细粒级的分级，分级粒度均在0.15mm以下。低堰式分级机的溢流堰低于下端螺旋轴的中心，分级液面长度短，分级面积小，螺旋搅动对分级液面的影响很大。主要用于含泥矿石的洗矿，一般不作为分级机使用。

螺旋分级机的规格以螺旋的个数和螺旋直径表示。国产螺旋分级螺旋直径最小的为300mm，最大的为3000mm。

5.4.2　云锡式分级箱

云锡式分级箱结构如图5-4所示。其外形呈倒立的锥体，底部的一侧设有压力水管，另一侧有沉砂排出管。分级箱常为4～8个，串联工作。中间用矿浆运输流槽连接起

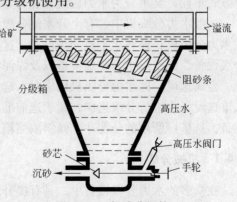

图5-4　云锡式分级箱

来。箱的上表面有五种规格（宽×长）：200mm×800mm、300mm×800mm、400mm×800mm、600mm×800mm 和 800mm×800mm。主体箱高约为 1000mm，各分级箱安装时由小到大排列，沉砂则由粗到细排出。

为了减小矿浆流入分级箱内引起搅动，并使上升液流均匀分布，在箱的上表面约垂直于矿浆流动方向安有一组阻砂条。各阻砂条之间缝隙约 10mm。从矿浆流中沉落的矿粒经过阻砂条间的缝隙时，受到上升水流的冲洗，细颗粒被带出到下一个分级箱中。粗颗粒在箱内继续下降，按干涉沉降规律分层。底层粗粒级由沉砂口排出。每个箱的阻砂条间缝隙宽和深度沿流动方向逐渐增大。沉砂的排出量用手轮旋转砂芯（锥形阀）调节。给水压力应稳定在 3kg/cm^2 左右。用高压水阀门控制水的流量，自首箱至末箱依次减小。

5.4.3 筛板式槽型水力分级机

筛板式槽型水力分级机又称丹佛（Denver）型水力分级机，是利用筛板造成干涉沉降条件的设备，见图 5-5，机体外形为一角锥形箱，箱内用垂直隔板分成 4~8 个分级室。每个室的断面积为 200mm×200mm，在距室底一定高度处设置筛板。筛板上钻有 36~73 个直径为 3~5mm 的筛孔。压力水由筛板下方给入，经筛孔向上流动。在筛板上方悬浮着矿粒群，进行干涉沉降分层。粗颗粒通过筛板中心孔排出，排出量用锥形调节塞控制。

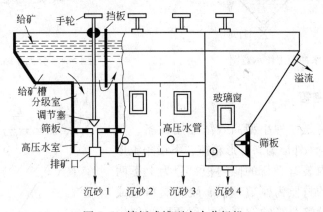

图 5-5 筛板式槽型水力分级机

矿浆由一侧给入，依次进到各室中，各室的上升水速逐渐减小。由此得到由粗到细的各级产物。分级室内上升水速分布是否均匀，对分级效果有重要影响。

该机优点是构造简单、不需用机械动力、高度较小、便于配置。其缺点是沉砂浓度和分级效率均较低。这种分级机在我国中、小型钨矿选矿厂应用较多。

5.4.4 水冲箱

水冲箱是一种小型水力分级设备，在我国锡矿厂应用较多。水冲箱的工作特点是由细到粗地进行分级。上升水流通过床石给入，水速分布较均匀，故分级精确性较高，沉砂中含细颗粒数量很少。沉砂浓度可调范围为 60%~80%。排矿浓度在一小时内的变化值不大于±5%，适合于对密度差小的原料进行窄分级，也可供制备高浓度给矿原料使用。水冲箱可以单独应用，也可由 2~4 个箱串联工作（如图 5-6 所示）。

5.4.5 分泥斗

分泥斗又称圆锥分级机，是一种简单的分级、脱泥及浓缩用设备。它的外形为一倒立的圆锥，如图 5-7 所示。在液面中心设置给矿圆筒，圆筒底缘没入液面以下若干深度。矿浆沿切线方向给入中心圆筒，经缓冲后由底缘流出。流出的矿浆呈放射状向周边溢流堰流出。在这一过程中，沉降速度大于液流上升分速度的粗颗粒将沉在槽内，并经底部沉砂口排出。细颗粒随表层矿浆进入溢流槽内。给矿粒度一般小于 2mm，分级粒度小于 75μm。

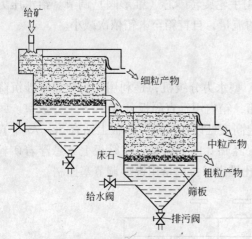

图 5-6 水冲箱工作示意图

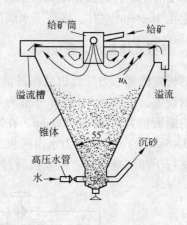

图 5-7 分泥斗结构示意图

5.4.6 倾斜板浓密箱

倾斜板浓密箱是一种小型高效浓缩用设备，其构造如图 5-8 所示。外形为斜方形箱体，下接角锥形漏斗。斜方形箱内装有平行的倾斜板，分为上下两层排列。倾斜板的材质为厚玻璃板、硬质塑料板或薄木板等。矿浆沿整个箱的宽度给入到两层倾斜板之间，然后向上流过上层倾斜板的间隙。在此过程中，矿粒在板间沉降析出，故上层倾斜板被称为浓缩板。沉降到板面上的固体颗粒借助自重向下滑动，并落在下层板的空隙继续沉降浓缩。下层板的用途主要是减少旋涡搅动，使浓缩过程稳定地进行，故下层板又被称为稳定板。沉砂从锥形漏斗的底口排出，用闸阀或不同直径的排砂嘴调节沉砂排出量和浓度。溢流则由上部溢流槽排出。

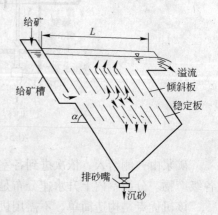

图 5-8 倾斜板浓密箱结构示意图

5.4.7 水力旋流器

水力旋流器是利用旋转矿浆流，使矿浆中的固体颗粒在离心力场中完成分级过程，适用于浓缩、脱水以及分选等作业。

水力旋流器结构十分简单，其本身没有任何运动部件，如图 5-9 所示。主体结构主要是由一个空心圆柱体和空心圆锥体连接而成。圆柱体的直径代表水力旋流器的规格。水力旋流器空心圆柱体的中央，插入一个溢流管，沿圆柱体的切线方向接有给料口。在空心圆锥体的下端有供排放底流用的沉砂口，从溢流管出来的溢流经溢流口流走。国产水力旋流器的基本参数可参见部颁标准（JB/T 9035—1999）。

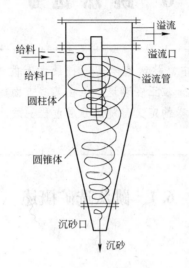

图 5-9　水力旋流器

矿浆在一定给料压力（0.03~0.3MPa）下，从给料口以切线方向射入，因进料压力高，故进料速度快，一般可达 5~12m/s，在旋流器内形成了一个旋转矿浆流。矿浆中的固体颗粒也随之旋转，因而产生惯性离心力，其大小与矿粒的质量成正比。若密度相同或相近的矿粒，则粗粒的惯性离心力大，很快被甩向器壁，并沿器壁下行至底流口作为沉砂排出。而细粒级矿粒的惯性离心力小，被抛向器壁时的离心沉降速度低，若离心沉降速度小于朝中央流动的水速时，被冲向溢流管，最后经溢流口流走，这就实现了按粒度大小分级。

水力旋流器与其他水力分级设备相比，具有许多优点，如结构简单、便于制造、体积小、无运动部件；安装容易、设备费用少；停止生产时，旋流器内滞留量小，处理容易，分级粒度细、分级效率高。当然，旋流器也有它的缺点，如泵和其他动力费用较高；零部件磨损快，维修费用大；影响旋流器工艺效果的因素很多，因此，难以确定和保持最佳的工作条件。

思 考 题

5-1　概念：水力分级、水析、淘洗法、水力分级效率。

5-2　选矿中的分级方法有哪几种，它们之间的区别是什么？

5-3　指出水力分级在选矿工艺中的主要用途。

5-4　常用的水力分析方法有哪些？

5-5　推导水力分级效率的计算公式。

5-6　选矿厂常用水力分级设备有哪些？

6 跳 汰 选 矿

本章提要：在众多的选矿方法中，跳汰选矿是一种最古老的方法，曾经有过辉煌的历史，显然跳汰选矿在矿物加工中的地位正在衰退，但在某些方面的应用仍然是其他选矿方法不可比拟的。本章介绍了跳汰选矿的定义、跳汰分层过程、跳汰周期特性曲线和目前仍在使用的跳汰选矿设备。

6.1 跳汰选矿概述

6.1.1 跳汰选矿的发展

跳汰选矿是指物料主要在垂直升降的变速水流中，按密度进行分选的过程。迄今为止，跳汰选矿已有 500 多年的历史。最初用于选矿的是一种手动的动筛式跳汰机，其实就是把人工淘选矿砂的方法应用于选矿。到了 19 世纪中叶以后，由于冶金、机械工业的兴起，跳汰选矿有了迅速发展。从 1840 年开始，在煤矿中应用了偏心传动的具有固定筛板的活塞式跳汰机。1892 年出现了第一台几乎具有现代形式的用压缩空气驱动的无活塞跳汰机——著名的鲍姆跳汰机。

随着选矿技术的发展，在跳汰机的研制方面，也逐步得到改进和完善。从筛侧空气室式（侧鼓式或鲍姆式）跳汰机到筛下空气室式跳汰机，对提高单机处理量有了较大突破，使每台跳汰机小时处理量由原来的几吨、几十吨发展到如今的几百吨。在一定的跳汰理论指导下，改进了无活塞跳汰机风阀的结构，由原来的滑动风阀（立式风阀）改为旋转风阀（卧式风阀），再到现在广泛使用的数控气动电磁风阀，使跳汰机内脉动水流的运动更趋于合理。在跳汰机结构设计方面，也开始采用最现代化的技术手段，新型跳汰机的自动化水平也有所提高，水流运动特性较合理，沿跳汰机筛板宽度的水流分布均匀，产品排放比较准确畅通，吨煤洗水量下降，分选效果提高。

随着选矿机械的发展，对跳汰理论的研究也日益被人们所重视。从 1867 年奥地利人雷廷智开始研究单个颗粒在流体介质中的运动规律起，至今已有 100 多年的历史。但是由于跳汰过程的影响因素很多，而且各种因素的变化又很大，因而使跳汰科学研究和理论分析都遇到较多的困难，所以至今对跳汰过程机理的认识还不够充分。尽管已提出了许多种跳汰假说，从不同方面对跳汰过程进行了研究、探讨，其中比较好一些的，也只能反映跳汰分选过程中某些方面的规律性，对生产起到一定的指导作用，但是还没有提出一种能为大家所公认的理论。

6.1.2 跳汰选矿的应用范围

跳汰选矿具有系统简单、操作维修方便、单机处理量大、产品多和生产成本低等优点，是处理粗、中粒矿石的有效方法。它广泛应用于选煤、钨矿、锡矿、金矿及稀有金属矿石，还可用于选铁、锰矿石和非金属矿石。

在处理金属矿石时，给矿粒度上限可达 30～50mm，回收粒度下限为 0.2～0.075mm；跳汰选煤的粒度范围为 0.5～100mm，有时可达 150mm，对于 0.5～50mm 的不分级极易选或易选原煤，跳汰机是比较理想的分选设备。

6.2　物料在跳汰机中的运动规律

6.2.1 跳汰选矿的定义

跳汰选矿是指物料主要在垂直方向上按给定振幅和频率在脉动的交变介质流中，按密度分选的过程，如图 6-1 所示。跳汰选矿所用的介质为水或空气，个别也有用悬浮液的。以水作分选介质的称水力跳汰，以空气作分选介质的称风力跳汰，以悬浮液分选介质的称重介跳汰。选煤生产中，水力跳汰用得最多。

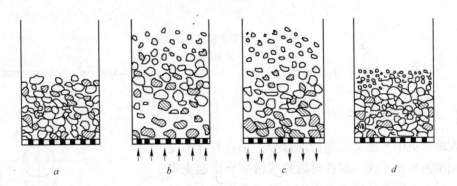

图 6-1　跳汰分层过程

a—分层前粒群；*b*—水流上升期；*c*—水流下降初期；*d*—水流下降末期

物料给到跳汰机筛板上，形成物料层，称为床层。在外力作用下，水流周期性地经筛板孔上升时，物料升起并松散，如图 6-1*b* 所示；水流向下运动时，随着床层松散度的减小，粗粒运动变得困难，仅细粒可穿过床层间隙向下运动，称为钻隙运动，如图 6-1*c* 所示；下降水流停止，分层作用一般暂停，如图 6-1*d* 所示。接着，下个周期开始并继续分层。经过多个跳汰周期后，床层从无序到有序，密度大的颗粒在下层，密度小的集中在上层，并分别排出成为产品。

垂直交变流是跳汰分选的基本条件，产生交变水流有动筛、活塞和压缩空气三种方式，如图 6-2 所示。

动筛式跳汰机的筛板在水中上下运动。当跳汰箱向下运动时，水从筛孔进入箱内，形成上升水流；当箱体向上运动时，水从筛孔外流，形成下降水流。如图 6-2*a* 所示。

活塞式跳汰机内由纵向隔板分为跳汰室和活塞室，跳汰室固定筛板，活塞室装置活塞。当活塞向下运动时，迫使跳汰室水流上升；活塞向上提起时，跳汰室水流下降。如图6-2b所示。

筛侧空气室跳汰机内由纵向隔板分为跳汰室和空气室，跳汰室内固定筛板，空气室安装风阀。脉动水流是借助风阀周期性给入和排出压缩空气来建立的。压缩空气进入空气室时，迫使跳汰室水流上升；压缩空气从空气室排出时，跳汰室形成下降水流。如图6-2c所示。

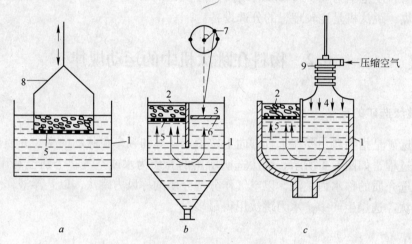

图6-2 交变介质流产生方式

a—动筛；b—活塞；c—压缩空气

1—机壳；2—跳汰室；3—活塞室；4—空气室；5—筛板；6—活塞；7—转轮；8—箱体；9—风阀

6.2.2 水流的运动特性

在跳汰机中水流运动包括两部分：垂直升降的变速脉动水流和水平流。前者对颗粒按密度分层起主要作用，后者对颗粒分层也有影响，但主要作用是运输物料。所以首先分析比较简单的活塞跳汰机的脉动水流特性。

活塞跳汰机工作原理如图6-3所示。纵向隔板2将机体1分成两个相互连通的部分——活塞室（宽度B_1）和跳汰室（宽度B_2），曲柄装置是由偏心轮5和连杆6组成，以此驱动活塞做上下往复运动。跳汰机工作时，机箱中充满水，当活塞向下运动时，水由活塞室被压向跳汰室，产生上升水流；当曲柄装置转过最低点时，活塞开始向上运动，水返回活塞室，在跳汰室产生下降水流。

由图6-3可知，若偏心轮的偏心距为r，连杆的长度为l，且$l \geq r$时，活塞上下运动的速度v可以看作是

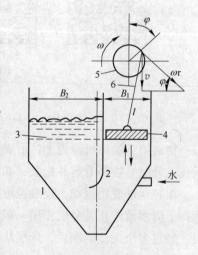

图6-3 活塞跳汰机工作原理

1—机体；2—纵向隔板；3—筛板；

4—活塞；5—偏心轮；6—连杆；

B_1—活塞室宽度；B_2—跳汰室宽度；

l—连杆长度；ω—偏心轮角速度

偏心轮的圆周速度在垂直方向的分速度，即：

$$v = r\omega\sin\varphi \tag{6-1}$$

$$\varphi = \omega t \tag{6-2}$$

$$v = r\omega\sin\omega t \tag{6-3}$$

式中　ω——偏心轮转动的角速度，$\omega = \dfrac{2\pi n}{60}$，rad/s；

　　　t——偏心轮转过 φ 角所需要时间，s；

　　　n——偏心轮转速，r/min。

根据式（6-1），当 $\varphi = 0$ 或 $\varphi = \pi$ 时，$\sin 0 = \sin\pi = 0$，活塞的瞬时速度绝对值最小，即 $v_{\min} = 0$。

当 $\varphi = \dfrac{\pi}{2}$ 或 $\varphi = \dfrac{3\pi}{2}$ 时，$\sin\dfrac{\pi}{2} = 1$，$\sin\dfrac{3\pi}{2} = -1$，活塞的瞬时速度绝对值最大，即：

$$v_{\max} = \omega r = \frac{2\pi n}{60} r = \frac{\pi nr}{30} = 0.105nr \tag{6-4}$$

按绝对值计算，当偏心轮转动一周时，活塞行程为 $2\times 2r$，所需时间为 $T = \dfrac{60}{n}$，所以，在一周内活塞的平均速度 v_{mea} 为：

$$v_{\mathrm{mea}} = \frac{4r}{T} = \frac{nr}{15} \tag{6-5}$$

将式（6-4）代入上式得：

$$v_{\mathrm{mea}} = \frac{1}{15\times 0.105} v_{\max} = 0.635\, v_{\max} \tag{6-6}$$

活塞运动的加速度可由活塞运动速度的一阶导数求出：

$$\dot{v} = r\omega^2\cos\omega t \tag{6-7}$$

经过时间 t 后活塞的行程 h，可由活塞运动速度对时间的积分求出：

$$h = \int_0^t v\mathrm{d}t = \int_0^t r\omega\sin\omega t\mathrm{d}t = r(1 - \cos\omega t) \tag{6-8}$$

在跳汰机室内，水流运动的实际速度比活塞运动的速度小些，因为：

（1）活塞与机壁之间有缝隙，有漏水现象，所以必须加上一个考虑漏水的系数 β（$\beta < 1$）；

（2）跳汰室的面积一般均大于活塞室的面积，所以还必须乘以一个反映两室宽度比例的系数 B_1/B_2，因此，跳汰室内的水流速度 u、水流加速度 $\dot{u}$ 以及水流位移 s（水波高度）分别为：

$$u = \frac{B_1}{B_2}\beta r\omega\sin\omega t \tag{6-9}$$

$$\dot{u} = \frac{B_1}{B_2}\beta r\omega^2\cos\omega t \tag{6-10}$$

$$s = \frac{B_1}{B_2}\beta r(1 - \cos\omega t) \tag{6-11}$$

　　根据公式在直角坐标系中绘制活塞跳汰机内脉动水流的运动速度、加速度以及位移曲线。从（图6-4）可看出活塞跳汰机里水流运动速度是一条正弦函数曲线，水流运动的加速度为余弦函数曲线。通过改变偏心轮转速和活塞行程可以调节水流速度、加速度和位移。

　　活塞跳汰机偏心轮转动一周，水流在跳汰室中上下脉动一次。跳汰机中介质上下脉动一次所经历的时间称为跳汰周期，以 T 表示。而分选介质每分钟的脉动次数 n 称为跳汰频率，它是跳汰周期 T 的倒数。在一个跳汰周期内，跳汰室内脉动水流的速度变化曲线称为跳汰周期特性曲线。

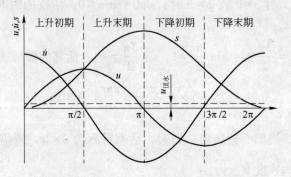

图6-4　水流的速度、加速度及位移曲线

6.2.3　跳汰床层的分层过程

　　以正弦跳汰周期为例，在整个跳汰周期中，水流、矿粒及床层的运动状态如图6-5所示。按照水流运动特性将一个周期分成4个阶段。

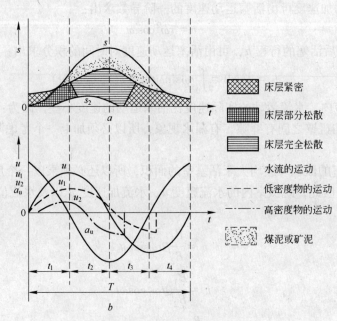

图6-5　床层的运动状态

a—床层松散状况；*b*—运动状态曲线

6.2.3.1 水流上升初期

在水流开始上升的前 $\pi/2$ 周期内，上升水流的速度和加速度为正值，速度由 0 增至正的最大值，而加速度则由正的最大值减小到 0。

开始时床层紧密，随着水流上升，最上层的细小颗粒开始浮动，当速度阻力和加速度附加推力之和超过颗粒在介质中的重力时，床层离开筛面升起，逐渐松散。矿粒开始上升的时间迟于水，但床层一经松散，矿粒便有可能转移。低密度颗粒和高密度细小颗粒较早升起，而大部分高密度颗粒滞后上升，这对按密度分层是有利的。但总的看来，床层较紧，矿粒上升速度小于水速的增大，使矿粒和水流间的相对速度增大，从而增加了矿粒粒度和形状对分层的影响。因此，这一时间不宜长，主要是抬起床层，为颗粒分层创造条件。

6.2.3.2 水流上升末期

偏心轮转角在 $\pi/2 \sim \pi$ 内，水流加速度由 0 增至负的最大值，水流做减速上升，水速由正的最大值降至 0。

床层在水流作用下继续上升，松散度逐渐达最大，最小的颗粒可能被上升流完全推出床层。这时矿粒的上升速度已开始逐渐减小，甚至部分大粒高密度物已转而下降。但矿粒上升速度比水速降得慢，矿粒和水流速度逐渐接近，其相对速度逐渐减小，甚至在某一瞬间为 0。此后，相对速度可能再次增大，但仍比上升初期小。矿粒在干扰条件下沉降，是分层的有利时机。而且，上升水流的负加速度愈小、延续的时间愈长，对分层愈有利。

6.2.3.3 水流下降初期

偏心轮转角在 $\pi \sim 3\pi/2$ 内，水流速度方向向下为负值，加速度方向也向下为负值。

由于水流受强制推动、下降速度迅速增大，甚至超过低密度物的下降速度，与高密度物间的相对速度逐渐减小，是按密度分层的有利时机，是上一阶段的继续。这一时期，床层底部的高密度物已开始落到筛板上，沉降速度迅速为 0。部分轻矿粒由于惯性可能继续上升，随后转而向下沉降，床层逐渐紧密起来。大颗粒失去了活动性，较小颗粒还可在床层间隙中继续下降。在下降初期，水流下降速度不宜增加过快，负加速度不宜过大，否则相对速度增大不利于按密度分层。

6.2.3.4 水流下降末期

偏心轮转角在 $3\pi/2 \sim 2\pi$ 内，水流速度由负的最大值变化到 0，加速度由 0 增至正的最大值。

这时粒群基本上落到筛面上，床层比较紧密，粗粒和中等颗粒已基本停止运动，只有细小矿粒在其重力和下降水流的吸啜作用下仍可通过床层间隙向下移动，使在上升期被冲到上层的高密度细粒重新进入床层底部，甚至可透筛排出，从而改善了分选效果。但若吸啜作用过强，时间过长，也可能将低密度细矿粒吸入底层，以致降低分选效果。过强的吸啜还会使下一阶段的床层松散变得困难。吸啜作用是跳汰分层的特有现象，对不分级或宽分级物料的分选是有利的，但分选窄级别物料时应加以适当控制。

通过以上分析可得出如下结论：

（1）水流速度和加速度是床层松散的重要条件。在上升初期水流必须迅速加速到把床层托起。床层升起的高度决定分选过程中床层的松散度，因此，水流上升初期使床层上升到适当的高度是必要的。

（2）上升初期矿粒与水流间的相对速度较大，不利于矿粒按密度分层，而应采用短而快的上升水流。

（3）床层在上升期被水流举离筛面后，为使床层能迅速松散，水流不应立刻转为下降，而应使床层托起后有一个暂息期间，使床层膨胀，在此期间水流缓慢上升和下降，使床层得到充分的松散和分层。

（4）在水流上升末期和下降初期床层最松散。为改善分层效果和提高跳汰机处理量，应延长这一时期，并在此期间尽量保持矿粒和水流间有较小的相对速度。由于这时矿粒的上升速度已逐渐减小，因此水流也应具有较小的上升速度。矿粒转为下降时，水流也应转为下降，并有较小的下降速度。随着矿粒下降速度的增大，水流下降速度也应逐渐加大。若水速增大过快，还会造成床层过早紧密，缩短了一个周期中的有效分层时间，降低了跳汰机的处理量。因此，在水流上升末期和下降初期，应该采用缓而长的上升和下降水流。

（5）在水流下降末期，床层大部分已紧密，分层作用几乎完全停止，所以这一段时间应缩短。由于这时还有吸啜分层作用的存在，它对不分级物料的分选是有利的，因此，还要根据原料煤性质控制吸啜作用的强度和时间，既保证高密度细粒能充分吸啜至底层，又要防止低密度细粒也混入底层。经多次重复后，床层分层才趋于完善。

以上是对一个跳汰周期各个阶段中床层松散和分层的分析。事实上，除了上述矿粒本身的物理性质和水动力因素外，还有其他一些因素，如各种阻力对跳汰分层的作用等，这是一个比较复杂的过程。

6.2.4　跳汰周期特性曲线

跳汰周期特性曲线反映跳汰室中水流脉动特性，它直接影响跳汰床层的松散和分层。

跳汰周期特性曲线包括对称的正弦跳汰周期和非对称的跳汰周期两类。典型的正弦跳汰周期由活塞跳汰机产生（图6-4），其特点是水流上升和下降的强度与时间完全相同，速度和加速度的变化也相同。为使床层抬起一定高度，采用较大的上升水速和加速度，同时也引起强烈的下降水速，从而缩短了床层的松散时间及高低密度矿粒互相转移的时间。急促的下降水流增大了矿粒与水流之间的相对速度，并产生过强的吸啜作用，不利于矿粒按密度分层。因此，正弦跳汰周期特性曲线并非最佳的跳汰周期特性曲线。

为了改善对称跳汰周期的缺点，不间断地引入筛下补充水（顶水），跳汰周期特性曲线成为如图6-6a所示的非对称形状，从而可以在一定程度上增强上升水流，削弱下降水流的作用，有利于较粗物料，但不利于宽级别物料的分选。

对于压缩空气式跳汰机，如筛侧空气室跳汰机和筛下空气室跳汰机，通过控制压缩空气进入或排出空气室的时间，再配合顶水的作用，即可产生任意形式的非对称跳汰周期特性曲线（图6-6b、c），以适应

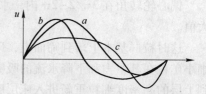

图6-6　几种典型跳汰周期特性曲线

a—上升水速大，作用时间长；
b—上升水速大，作用时间短；
c—上升水速缓，作用时间长

不同性质原矿的分选。因此，空气室跳汰机对原矿的适应性较强，但具体采用何种跳汰周期特性曲线，除了通过理论分析外，还需要现场试验确定。这些非对称跳汰周期特性曲线

的特点，可以按照前述讨论对称式正弦跳汰周期各个阶段对物料分层作用的相似方法进行分析。

6.2.5 跳汰分层机理

长期以来，人们通过研究脉动水流的运动特性和矿粒在床层中的运动规律，从不同角度和分层的不同阶段提出了矿粒分层的各种理论和假说，主要有自由沉降末速分层假说、干扰沉降末速分层假说、初加速度分层假说、吸啜分层假说、悬浮体重介分层假说、概率统计理论、位能假说、等压强同层位假说和矿粒运动微分方程等。目前还没有公认的解释跳汰分层机理的全过程，这些学说都有片面性，尽管如此，它们对于理解跳汰分层过程和指导跳汰选矿的实际操作都具有一定的帮助作用。

6.2.5.1 位能假说

位能假说或能量假说是迈耶尔于1948年提出的。他认为，床层分选前，粒群是无序的，跳汰分选后粒群呈有序状态，低密度处于上层，而高密度物在下层（见图6-7）。根据热力学第二定律，这种现象的发生是由于分选前后位能的变化，自发地降低体系的能量。

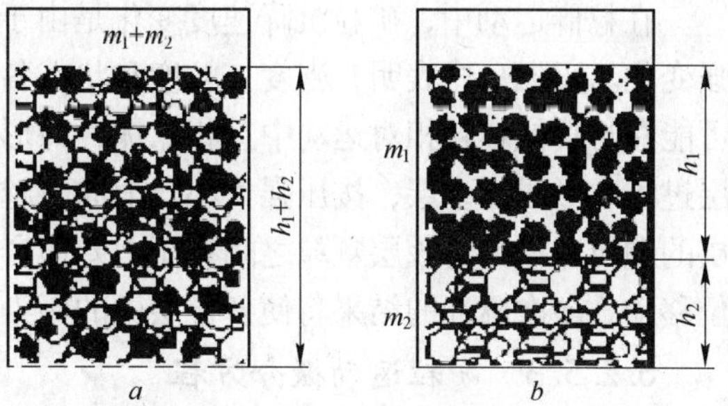

图 6-7 跳汰床层分层前后的变化

a—分层前；b—分层后

分选前后床层的位能分别为 E_1、E_2：

$$E_1 = (m_1 + m_2) \times \frac{h_1 + h_2}{2} \tag{6-12}$$

$$E_2 = m_1\left(h_2 + \frac{h_1}{2}\right) + m_2 \times \frac{h_2}{2} \tag{6-13}$$

式中 m_1, m_2——分别为轻、重矿粒的质量；

h_1, h_2——分别为轻、重矿粒群的厚度。

分选前后的位能变化 ΔE 为：

$$\Delta E = E_1 - E_2 = \frac{1}{2}(m_2 h_1 - m_1 h_2) \tag{6-14}$$

设自然堆积时水平截面面积为 A，轻、重矿物的密度分别为 δ_1、δ_2，容积浓度分别为 λ_1、λ_2，分选介质的密度为 ρ，则：

$$m_1 = A h_1 \lambda_1 \delta_1 \tag{6-15}$$

$$m_2 = A h_2 \lambda_2 \delta_2 \tag{6-16}$$

将式（6-15）、式（6-16）代入式（6-14）得，

$$\Delta E = \frac{A h_1 h_2}{2}(\lambda_2 \delta_2 - \lambda_1 \delta_1) \tag{6-17}$$

由式（6-17）可知，床层位能降低的条件是 $\lambda_2\delta_2 > \lambda_1\delta_1$。因此，跳汰分层的结果不仅取决于矿粒的密度，还与粒群在自然堆积状态时的容积浓度有关，而矿粒形状和粒度组成影响容积浓度。如果轻、重矿粒群的形状和粒度组成相差不大，可认为自然堆积时，$\lambda_1 \approx \lambda_2$，而

$\delta_2 > \delta_1$，因此 ΔE 恒大于 0，位能降低。高低密度粒群的 $\lambda\delta$ 差值越大，ΔE 也越大，分层效果越好。因此，人为地提高底层高密度粒群的 $\lambda\delta$ 乘积（比如设置人工床层）对分层有利。

6.2.5.2 等压强同层位假说

陈迹教授认为，颗粒在水中沉降时的压强等于其压力与迎流截面面积之比，即：

$$p = \frac{F}{S} = \frac{(\delta - \rho)V}{S} = (\delta - \rho)d \qquad (6\text{-}18)$$

式中　p，F——分别为矿粒在水中的压强和压力；

　　　δ，ρ——分别为颗粒和介质的密度；

　　　d，V——分别为颗粒的粒度和体积；

　　　S——颗粒在水中沉降时迎流截面面积。

在粒群运动中，矿粒沉降速度变化是由于运动状态差别引起迎流截面变化，导致矿粒压强变化。压强公式表明，密度、粒度和状态各不相同的矿粒，只要它们的压强相同，就完全可能在与其他颗粒相对运动中互相靠拢，并形成等压强颗粒层。压强不同的颗粒在床层的分层过程中形成许多层，按压强大小自上向下越来越大。夹杂在任何分层中的、压强不同于该层的颗粒，将因与该层颗粒之间有压力差而产生相对运动，并脱离该层向与其压强相同的层位移动。多次脉冲的结果将使各分层中的污染颗粒逐渐离去，直到达到动平衡为止。

6.2.5.3 矿粒运动微分方程

1952 年维诺格拉道夫和维尔霍夫斯基等对跳汰床层中质量为 m 的球形矿粒的受力进行分析，忽略颗粒之间和颗粒与器壁之间的机械阻力，建立了以下的矿粒运动微分方程：

$$m\frac{\mathrm{d}v}{\mathrm{d}t} = G_0 \pm R_H + P + F \qquad (6\text{-}19)$$

上式中等号右边的参数分别为矿粒在介质中的有效重力 G_0、矿粒与介质做相对运动产生的阻力 R_H、加速运动的介质流对矿粒的附加推力 P 和颗粒表面的介质被颗粒带着运动而产生对颗粒的附加质量惯性阻力 F。将各项的表达式代入式（6-19）并经整理得加速度方程：

$$\frac{\mathrm{d}v}{\mathrm{d}t} = \frac{\delta - \rho}{\delta}g \pm \frac{6\phi_H\rho(v-u)^2}{\pi\delta d} + \frac{\rho}{\delta}\dot{u} - j\frac{\rho}{\delta}\dot{v}_c \qquad (6\text{-}20)$$

上式右侧各项的意义如下：

（1）由重力而产生的初加速度，与矿粒的密度、矿粒与介质的密度差有关，与粒度和形状无关。

（2）由矿粒与介质做相对运动，介质的速度阻力因素引起的颗粒运动加速度（阻力加速度）。它与矿粒的密度、粒度、形状以及矿粒与介质的相对速度有关。在一个跳汰周期内，水流由上升转变为下降的过渡阶段（即膨胀期），矿粒与介质的相对速度较小，在实际生产中可适当地延长这个阶段，减小矿粒粒度和形状对分层的不利影响。

（3）加速运动的介质流对矿粒的附加推力而产生的加速度（附加推力加速度），与矿粒的粒度及形状无关。在上升前期和下降后期，介质加速度 $\dot{u}$ 方向向上，对矿粒按密度分层有利，应加大 $\dot{u}$。而在上升后期和下降前期，$\dot{u}$ 方向向下，这时的附加推力加速度是破坏颗粒按密度分层的，应减小 $\dot{u}$。跳汰周期应具有由上升水流缓慢地过渡到下降水流的特点。

（4）附加质量惯性阻力所产生的矿粒运动加速度（附加惯性阻力加速度），与颗粒的粒度无关,而只与其密度有关。它和附加推力加速度一样,在上升前期或下降后期该加速度方向向下,促使低密度颗粒比高密度颗粒上升得更快或下降得更慢,有利于颗粒按密度分层。但是在上升水流后期或下降水流的前期,它的方向也是向下的,促使低密度颗粒比高密度颗粒上升得慢或下降得更快,因而不利于按密度分层。因此跳汰周期也应具有由上升期到下降期期间有一个缓慢的过渡阶段。

6.3 跳汰机类型

6.3.1 跳汰机分类

实现跳汰分选过程的设备称为跳汰机,跳汰机按照不同的方法划分有不同的形式。

(1)按分选介质的种类来分:水力跳汰、风力跳汰和重介质跳汰。在当前实际应用中,无论是选煤还是选矿,国内外应用最为普遍的是以水为介质的水力跳汰机。以空气作为介质的风力跳汰机由于分选效率较低,一般只用于干旱缺水地区或不能被水浸湿的物料,使用范围较小。

(2)按入选物料的粒度来分:块煤跳汰机(入选物料粒度为10mm或13mm以上的)、末煤跳汰机(入选物料粒度为10mm或13mm以下的)、不分级煤跳汰机(入选物料粒度为50mm或100mm以下的)和煤泥跳汰机等。末煤跳汰机也常用于分选不分级原煤。

(3)按所选出的产品种类来分:单段跳汰机(仅选出两种最终产品)、两段跳汰机(能选出三种最终产品)和三段跳汰机(能选出四种最终产品)。

(4)按其在流程中的位置来分:主选跳汰机(入选原煤)和再选跳汰机(处理主选中煤)。

(5)按重产物的水平移动方向来分:正排矸式(矸石层水平移动方与煤流方向一致的排料方式)和倒排矸式(矸石层水平移动方向与煤流方向相反的排料方式)。

(6)按跳汰机脉动水流的形成方法来分:动筛跳汰机、活塞式跳汰机、隔膜跳汰机和空气脉动跳汰机。其中动筛跳汰机的筛板是活动的,而活塞式跳汰机、隔膜跳汰机和空气脉动跳汰机的筛板是固定不动的,又称为定筛跳汰机。

6.3.2 常用的跳汰机

常用的跳汰机示意图见图6-8。

6.3.2.1 活塞跳汰机

如图6-8a所示,活塞跳汰机是较早出现的机型,它以活塞上下往复运动,使跳汰机产生一个垂直升降的脉动水流。现在,在我国一些小型简易选煤厂还使用它。

6.3.2.2 隔膜跳汰机

如图6-8b所示,隔膜跳汰机是以隔膜鼓动水流,其传动装置与活塞跳汰机类似,多采用偏心连杆机构,也有采用凸轮杠杆或液压传动装置的。跳汰机外形多为矩形,也有采用梯形或圆形结构的。隔膜跳汰机主要用于金属矿石的分选,个别用于选煤厂脱硫。

6.3.2.3 筛侧空气室跳汰机

如图6-8c所示,筛侧空气室跳汰机由活塞跳汰机发展而来,空气室位于跳汰机机体的一侧，又称为鲍姆跳汰机、侧鼓风式跳汰机或者侧鼓跳汰机，其历史较长，技术上较为成熟。但由于空气室在跳汰室一侧，对于跳汰室宽度大于 2.5m 的宽体大型跳汰机而言，会造成沿跳汰室宽度各点水流受力不均，波高不等，影响分选效果。随着选煤技术的不断提高，选煤设备日趋大型化，对于大型选煤厂而言，筛侧空气室跳汰机的应用受到了限制。目前，在我国一些中、小型选煤厂和早期建的选煤厂中仍有这种形式跳汰机的应用。

6.3.2.4　筛下空气室跳汰机

如图 6-8d 所示，筛下空气室跳汰机，是指空气室位于跳汰筛板下的跳汰设备。采用这种筛下空气室的跳汰机，不但使跳汰室床层上液面各点的波高一致，提高了分选效果，而且在占有相同空间的情况下，与筛侧空气室跳汰机相比，增加了跳汰面积，使处理能力得到提高。现在，世界各国相继研制了各种不同型号的筛下空气室跳汰机。

6.3.2.5　动筛跳汰机

如图 6-8e 所示，动筛跳汰机是筛板相对槽体运动的分选设备，有机械驱动动筛跳汰机和液压驱动动筛跳汰机两种。机械驱动动筛跳汰机结构简单，可调参数范围较小。液压驱动动筛跳汰机参数可调范围相对较大，自动化程度较高。动筛跳汰机在选煤厂可用于块煤排矸代替手选，在中小型动力煤选煤厂和简易选煤厂也可作为主选设备，或者用于块煤的分选。

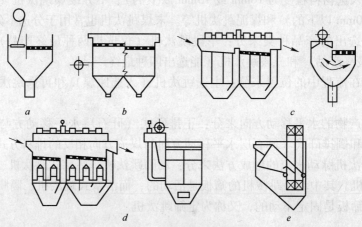

图 6-8　跳汰机示意图

a—活塞跳汰机；b—隔膜跳汰机；c—筛侧空气室跳汰机；d—筛下空气室跳汰机；e—动筛跳汰机

从总体来看，由于结构等因素的影响，筛下空气室跳汰机比筛侧空气室跳汰机发展快，选煤厂采用的主要是筛下空气室跳汰机和动筛跳汰机。在动力煤分选，尤其是原煤排矸方面，动筛跳汰机具有绝对的优势，因此本书也将主要介绍这两种机型。

6.4　筛下空气室跳汰机

6.4.1　筛下空气室跳汰机结构

跳汰机自问世以来已经有 100 多年的历史，结构上经过了多次的改进和发展，其中德国巴达克型跳汰机、国产 X 型筛下空气室跳汰机以及俄罗斯 OM 型跳汰机是在不同时期生产的有代表性的三种跳汰机机型。尽管各类跳汰机结构有所变化，但其基本组成和功能却大体相同。

如图 6-9 所示，跳汰机的基本组成部件是机体、筛板、空气室、风阀、排料装置和相应的控制系统等。压缩空气通过风阀周期性地进入或排出空气室，推动空气室的水面形成脉动水流，产生跳汰周期，以此作为床层运动和物料分选的动力。

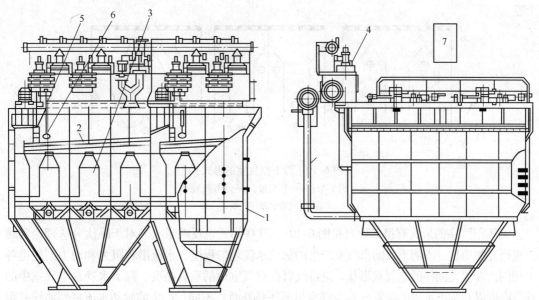

图 6-9　跳汰机结构简图

1—机体；2—筛板；3—空气室；4—风阀；5—排料装置；6—浮标；7—控制系统

水介质跳汰机主要使用循环水和少量的清水，从两处加入，一处是在跳汰机的下侧部，称为筛下顶水（简称顶水），分室加入，而且沿纵向从原煤端到精煤端给水量逐渐减少，其作用是补充洗水，改变跳汰机水流运动特性。另一处是从机头与原煤一起加入，称为水平冲水（简称冲水），主要用于润湿原煤，防止原煤进入跳汰机内来不及与水混合而造成"打团"。跳汰机补水的另一作用是水平输送物料。

物料在跳汰机内经过多次的松散、换位后，实现按密度分层，矸石和中煤分别经过矸石段和中煤段的排料闸板排到机体下部，并与从筛孔透过的小颗粒的矸石或中煤汇合，并用斗式提升机排出，精煤自跳汰机末端的溢流口排至机外。

6.4.1.1　机体

机体的作用是用于承受跳汰机的全部质量（包括水和物料）和脉动水流产生的动负荷。一般说来，跳汰机机体一旦确定，整机的轮廓大局已定，而且也很难再改变。

机体一般用 10~20mm 厚的钢板焊制而成，包括上机体和下机体。上机体由风箱、跳汰室和空气室组成；下机体主要作为矸石和中煤的排放通道，多为倒置四方锥形。机体一面开有一个圆形的检查孔，便于检修工进入机体内检修和清理杂物。

机体沿长度方向有单段、两段和多段，每段又可分成两个或三个隔室，每个隔室都有单独的风阀和筛下补充水管，可以单独调节每个隔室床层的松散状态，而且便于设备运输和安装。每段在顺煤流方向的末端设有排矸道，每段长度根据入选原煤的性质和产品的质量要求进行选取。各隔室之间以及隔室与排矿道之间设有隔板，为减小跳汰机工作时水流的相互窜扰，隔板几乎伸到机体底部，只留下物料的通道。

6.4.1.2 空气室

空气室位于跳汰机筛板的下面（图6-10），解决了筛侧空气室跳汰机跳汰室中水波沿宽度方向的不均匀问题。一个跳汰室的空气室面积一般为筛板面积的一半，包括一个或两个空气室。

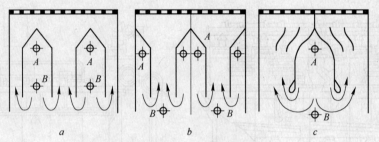

图6-10 筛下空气室的形式
a—倒V形；b—半V形；c—倒U流线形
A—进气管；B—进水管

筛下空气室的形式有很多种（见图6-10），这些形式也反映了人们对于跳汰分选理论和跳汰机研究的历程。不同形状的空气室产生的脉动水流均匀程度、水流沿程阻力和动力消耗也各不相同，即使是同样的空气室形状，进排气管在空气室中的垂直高度、筛下水管在空气室中的垂直高度以及筛下水管的位置（在空气室里面还是外面）不同，产生的脉动水流特性曲线差距也很大，导致跳汰分选效果也不一样，它们之间的关系值得进一步研究。

6.4.1.3 筛板

筛板的作用是承托床层，与机体一起形成床层分层的空间，控制透筛排料速度和重产物床层的水平移动速度。因此筛板要有足够的力学性能和工艺性能，力学性能包括筛板的刚性、耐磨性，使之坚固耐用；工艺性能包括筛板的穿透性，有适当的开孔率，以减小对水流运动的阻力，合理的倾角和孔形，使物料便于运输，筛孔不易堵塞和便于清理。

A 筛板的形式

筛板的结构形式见图6-11，目前使用较多的是冲孔筛板和条缝筛板。冲孔筛板用厚度为3~6mm的低碳钢板冲制，孔形有正方形、长方形和圆形，冲孔间距 m 为4~6mm，这种筛板的开孔率为25%~35%。圆柱形筛孔容易加工，但圆锥形筛孔有利于物料透筛和减少堵塞现象。长方形筛孔也不易堵塞，安装时应使长边与物料的运动方向一致。

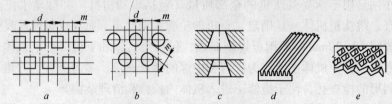

图6-11 筛板的结构形式
a—方形筛孔；b—圆形筛孔；c—筛孔剖面；d—条缝筛；e—方孔筛

条缝筛的筛面坚固、刚性好、开孔率大，能达70%，为冲孔筛板的1~2倍。条缝筛一般采用不锈钢钢条焊接而成。这种筛板对脉动水流上升的阻力小，但较容易损坏，缝隙小，适合于洗选末煤。

B 筛板的倾角

筛板的倾角主要有维护床层和促进输送两种作用。筛板的倾角与原煤中重产物的含量有关，重产物含量大时，需要筛板倾角大些，反之则小些，以保持床层中重产物层运动速度、床层的厚度及其透筛量在适当的范围内。通常，矸石段筛板倾角要大于中煤段。在处理含黄铁矿和矸石量特别高的原煤或矸石容易泥化时，筛板倾角甚至可采用倒排矸（入料端低于出料端）。筛板倾角的选择可参考表6-1。

C 筛孔尺寸

筛孔尺寸可参考表6-1，增大筛孔能加强下降水流的吸啜作用，加强透筛排料，但筛孔过大会使精煤透筛损失增加。

表 6-1 筛板的倾角和孔径

项 目	块煤和混煤跳汰机		末煤跳汰机	
	矸石段	中煤段	人工床层	自然床层
筛板倾角/(°)	2~5	1~2.5	0	0~2.5
筛孔直径/mm	10~20	10~15	d_{max} + (2~5)	d_{max}/2+(2~5)

绝大多数跳汰机采用不锈钢焊接筛网筛板，筛板的开孔率达75%以上，不仅使床层很快托起，而且减小了上冲水阻力。不锈钢钢条经冷拉成形，上宽下窄，从而使两根钢条形成的筛孔成上窄下宽的锥状，有利于增大上升水流的速度，使床层很快托起；同时筛孔不易堵塞，有利于透筛物料的透筛。

6.4.1.4 风阀系统

风阀的作用是使压缩空气周期性地进入和排出空气室，从而在跳汰室造成脉动水流。风阀的结构及其工作制度在很大程度上影响水流在跳汰机中的脉动特性，因此，风阀是空气室跳汰机最关键的部件。

筛下空气室跳汰机采用电控气动风阀，它是20世纪70年代设计的一种风阀结构。这种风阀调整灵活，可以无级调整跳汰周期，进气、排气交换速度极快，可以得到任意的水流脉动特性，精确地控制脉动周期和吸啜过程的时间，获得良好的床层松散度和精度较高的分选效果。

A 风阀的结构形式

目前，筛下空气室跳汰机主要采用如图6-12所示的风阀结构形式，分别是盖板式风阀、数控气动立式圆柱形滑动风阀、碟式风阀和摆动式风阀。这四种风阀都是数控气动的，即能够通过数字信号控制电磁换向阀线圈的通、断电，改变高压风的气路，通过相应的风阀部件，控制工作风进出空气室。改变通、断电的时序，即可灵活调整跳汰周期。

B 风阀的工作系统

数控气动盖板式风阀工作系统见图6-13。跳汰机通常有5个隔室，每个隔室有一个空气室，空气室由两组电子数控气动风阀单元进行控制，整机由10组电控气动风阀单元构成。目前，筛下空气室跳汰机也有使用2组电控气动风阀单元的，矸石段和中煤段各用一组，各空气室的进排气量采用碟阀进行调节。

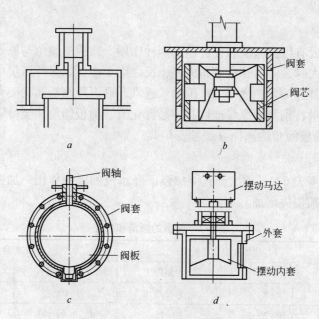

图 6-12 常用的风阀结构形式

a—盖板式风阀；b—立式滑阀；c—碟式风阀；d—摆动式风阀

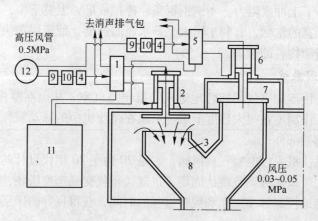

图 6-13 数控气动盖板式风阀工作系统

1—进气电磁阀；2，6—进气阀；3—分配箱；4—油雾器；5—排气电磁阀；7—排气管；
8—进气管；9—滤气器；10—调压阀；11—电子数控装置；12—高压风管

C 数控风阀的工作原理

如图 6-13 所示，数控风阀系统由电子数控装置、控制风动部分和工作风动部分三部分组成。电子数控装置是通过单片微处理器控制电磁阀的通电和断电时间，从而控制跳汰频率和周期。

控制风动部分由高压风（0.5MPa）、高压风管、气源三联体（滤气器 9，调压阀 10，油雾器4)、二位四通电磁阀和气缸构成。其作用是将高压风滤清、调压、油雾后送入气缸，驱动气缸内活塞的上下运动。气源三联体的结构见图6-14。

工作风动部分主要有板阀、工作风（0.03~0.05MPa）、管路、低压风箱和排气风箱等几部分，装在工作风包上，排气阀装在气箱上，排气箱与消声包相连，消声包与大气相通。

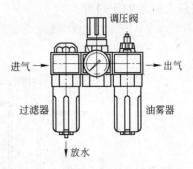

图 6-14　气源三联体结构示意图

数控风阀的工作过程是，当电磁阀通电时，高压风包中高压空气经气源三联体和电磁阀进入气缸下腔，推动活塞向上运动，打开进气阀，活塞上部气体经电磁阀排入消声包；电磁阀断电时，高压空气进入气缸上腔，推动活塞向下运动，关闭进气阀。排气过程类似。

当进气阀打开时。风包中的低压空气经风管进入跳汰机空气室；排气阀打开时，空气经排气箱、消声包排至大气。改变电磁阀的通、断时间，从而调节跳汰频率及风阀特性曲线。

6.4.1.5 跳汰机排料装置

排料机构是将床层按密度分好层后的物料准确、及时和连续地排出，以保证床层稳定和产品分离的部件，使跳汰机能得到较高的生产率和较好的分选效果。

各段轻产物的排料方式，依靠水平流的运输作用，随水流一起运动。在矸石段和中煤段的末端设有溢流堰，它的作用是使筛上重产物排放装置保持一定的床层厚度，并使轻产物随溢流排出。跳汰机的溢流口有高溢流堰、半溢流堰和无溢流堰三种不同的结构，目前的跳汰机多采用无溢流堰结构。

各段的重产物（矸石和中煤）则有筛上排料和透筛排料两种方式，筛上排料是指重产物粗粒进入排料道排出；而透筛排料是指重产物细粒穿过筛板的筛孔进入下机体的分离。块煤或不分级入选物料的重产物以筛上排料为主；末煤跳汰机重产物可以以透筛排料为主，或者两者并用；煤泥跳汰机重产物几乎全部采用透筛排料。

生产实践中所采用的各种筛上排料装置之间的区别，主要表现在传动结构和调节系统等方面。目前所采用的自动排料装置形式繁多，常用的主要有以下两种：

（1）图6-15a所示的是叶轮式排料装置（也称排料轮）。它是一种连续式自动排料装置，叶轮位于机体宽度较小的下端，对筛板上的床层干扰小，排料轮长度较短，轴不易变形，而且只有在叶轮转动时才能排料，不易卡料，且易于实现自动控制。绝大多数跳汰机都使用这种排料装置。

（2）图6-15b所示的是液压排料机构。根据浮标检测的床层重产物的厚度，控制液压机构提升（或下降）排料闸板，从而调节重产物排料的开口，达到控制排料量的目的。

透筛排料是使床层中分离出来的重产物透过粗粒的矸石层和筛板排入跳汰机的机箱内。如要使全部重矿粒都能透筛排料，筛孔尺寸必须大于给料中最大重矿粒的粒度，但这又易使过多的矿粒由筛面上漏下去，影响床层稳定分层。为了控制透筛速度，既要使全部需透的高密度矿粒能透筛排出，又要防止低密度矿粒混入其中，一般在筛面上人为地铺设一层密度较高、粒度较粗的物料层，称为人工床层。一般选用石英或长石颗粒，粒度为给料最大粒度的 3~4 倍。

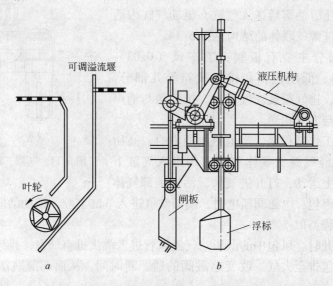

图 6-15 跳汰机筛上排料装置

a—叶轮式排料；b—液压式排料

人工床层在跳汰分选过程中起到相当于排料闸门的作用，用以控制重产物的透排速度和质量。在上升水流作用下，人工床层也受到松散作用，在下降水流作用下，又恢复紧密。由于人工床层的粒度和密度都较大，因此总是位于床层的底层。为使人工床层在跳汰机过程中不做水平移动，并保持厚度均一，在筛面上设有格框，石英或长石颗粒充填于格框中。

6.4.2 跳汰系统配套设备

要使跳汰机分选获得好的效果，做到多选煤、选好煤，必须为跳汰机创造一个好的分选条件。这要由跳汰系统配套设备，如跳汰机的供风、供水设备、给料以及重产物运输设备等来提供。

6.4.2.1 跳汰机的供风设备

筛下空气室跳汰机需要高压风和低压风（或工作风）两种风源：高压风的压强约为 0.5MPa，工作风的压强为 0.03~0.05MPa，二者相差约 10 个数量级。

高压风用于推动气缸内活塞的运动，从而通过合适的风阀机构控制工作风进出空气室，在实际应用中高压风的用量很少。工作风是跳汰机产生脉动水流的动力，是松散床层的主要因素。不同类型的跳汰机对风量和风压的要求也有差异。即使同一种跳汰机，由于原料煤性质以及跳汰机处理能力的不同，所需的风量和风压也不一样。

产生高压风的设备一般是空气压缩机，工作风一般选用各种类型的鼓风机来提供，具体类型与跳汰机工作的台数和总用风量有关。由于工作风的耗量很大，所以为了保证一定的风量和风压，从鼓风机出来的低压风需要先进入一定容量的风包后，再与跳汰机连接。当单台鼓风机风量满足不了跳汰机用风量时，应采用多台鼓风机并联安装联合供风。跳汰机供风系统参见图 6-16。

6.4.2.2　跳汰机的供水设备

跳汰选煤要求用水量稳定，并有一定的水量和水压。水量不足，床层脱离不开，无法提高跳汰机处理量，产品指标难以完成，分选效果变坏。水量过多，不仅使分选效果变坏，还给煤泥水处理带来困难。跳汰用有压顶水在进气期和膨胀期能冲散床层，使物料悬浮，颗粒间有充分的空间来置换位置；在排气期可降低吸唼力，使下降水流缓和，可以减少透筛物料的损失，提高分选效果。

为了达到跳汰机用水量稳定和所需水压的要求，最为普遍的是采用定压水箱。定压水箱包括定压循环水箱和定压清水箱，建筑在安装跳汰机楼层的上层，其定压高度（距跳汰机水面的高度）$H_2 = 8 \sim 10\text{m}$。定压循环水箱的有效容积为 $3 \sim 5\text{min}$ 的循环水量，定压清水箱有效容积为 $5 \sim 15\text{min}$ 的补充清水用量。一些选煤厂还采用了倒 U 形管代替定压水箱，它是由定压管、回水管和通气管三部分组成，其工作原理很简单，只要水泵有足够的扬程（H）和流量并保证有一定的回水量，就能使跳汰机用水的压力稳定。如图 6-17 所示。

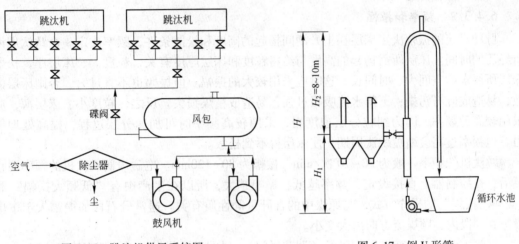

图 6-16　跳汰机供风系统图　　　　　　　　　图 6-17　倒 U 形管

6.4.2.3　跳汰机的给料设备

跳汰选煤要求给料连续、均匀、稳定，为此，在每台主选机前都设有缓冲仓，其容量一般可容纳跳汰机 $5 \sim 10\text{min}$ 处理量。在缓冲仓下由给煤机把物料定量、均匀、连续地给到跳汰机中。选煤厂常用的给煤机有板式给煤机、叶轮式给煤机、电磁振动给煤机、圆盘给煤机和往复式给煤机，其中，使用电磁振动给煤机居多。

6.4.2.4　跳汰选重产物运输脱水设备

跳汰分选出的重产物的运输普遍采用脱水斗式提升机。此设备在运输物料的过程中，可同时对物料进行在料斗内自行脱水，具有结构简单、运转可靠的优点，是湿法分选中重产物运输的最理想设备。

6.4.3　影响跳汰选矿的因素

影响跳汰机分选效果的因素很多，主要有入料性质（煤种、粒度组成、密度组成、形状、硬度、泥化程度）、设备特征（结构特征、筛板倾角、筛孔形状和大小、人工床层、排料方式、风阀形式）和操作管理（给料状况、洗水浓度、周期特性、风量、水量、闸门和透筛排料）。在实际生产过程中，入料性质和设备特征是不可调节的，因此，跳汰机的操作管理是决定分选效果和选煤厂效益的关键因素，这也是选煤厂重视跳汰岗位的主要原因。

6.4.3.1 原料和给料

入选原料均质是保证跳汰制度稳定、减少设备过载或负荷不足、提高分选效率等的重要条件。国外几乎所有选煤厂都设有大容量贮煤场（仓）和混煤措施，使入选物料质量均匀。当分选性质差别较大的几个矿井或煤层的原煤时，应尽量采取配煤措施入选，条件不具备时实行轮换入选。

除原料均质化外，给料速度也应均匀，以保持跳汰床层稳定，并在一定风水制度下保持床层处在最优的分选状态。相反，如果给料时多、时少、时断、时续，导致床层不稳定并经常变化，对分选不利。此外，沿跳汰机入料宽度分布不均匀，也会造成床层局部松散度不一样，降低分选效果。

6.4.3.2 频率和振幅

脉动水流的振幅决定床层在上升期间扬起的高度和松散条件，频率决定一个跳汰周期所经历的时间。床层所需扬起的高度与给料粒度和床层厚度有关，粒度大、床层厚，松散床层所要求的空间大、时间长，这时应采用较大的振幅。但振幅也不宜过大，否则床层太散，易造成矸石污染；下降水流吸嗽过强，易造成精煤损失。反之，粒度小、床层薄，应采用较高的频率，因为细粒分层速度慢，采用较高频率时可加速分层过程，提高处理能力。但频率过高会缩短跳汰周期，使床层得不到松散。

跳汰机的频率一般为 30~70 次/min，振幅为 80~120mm。电磁风阀跳汰机的频率调整灵活，在控制器上直接设定，频率越低，振幅越大，所以在生产中有"低频大振幅"和"高频小振幅"的操作方式，与原煤中的含矸量等性质有关。通常矸石段的振幅大于中煤段。在同段内，顺煤流方向由大变小。

振幅主要通过改变风压、风量（调节风门）、风阀进排气时间以及频率加以控制。

6.4.3.3 风量和水量

风量可改变脉动水流的振幅，从而调节床层的松散度和透筛吸嗽力。通常跳汰机第一段的风量要比第二段大些，同段各分室的风量由入料到排料依次减少。

跳汰选煤用水分顶水和冲水两项。冲水的作用是润湿给料和运输分选物料，冲水用量为总水量的 20%~30%。顶水的作用是补充筛下水量，从而增强上升水流，减弱下降水流。前段的顶水将成为后段的运输水，顶水量占总水量的 70%~80%。增加顶水，能提高床层松散度，减弱吸嗽作用和透筛排料。跳汰机分选不分级煤时循环水用量为 2~3m³/t；选块煤时为 3~3.5m³/t；选末煤时为 2~2.5m³/t。在顶水分配上，第一段用量比第二段大，而且每段的分室通常也是由入料端到排料端依次减少。

风量和水量的正确配合使用，对分选过程极为重要。虽然在一定范围内增加风量或增加顶水都能提高床层松散度，但加风能提高下降期的吸嗽作用，加顶水却能减弱下降期的吸嗽作用。因此，应在实际操作中根据具体情况和工作经验灵活运用。

6.4.3.4 风阀周期

风阀周期特性决定脉动水流的特性。电控气动风阀调整灵活，可以根据物料的变化创造良好的床层松散、分层条件，获得较好的分选效果。

6.4.3.5 床层状态

床层的运动状态决定矿粒按密度分层的效果。因此，要保持床层处于有利于分选的工作状态且稳定。床层愈厚，床层松散所需的时间愈长。若床层太厚，在风压或风量不足的情况下不容易达到要求的松散度。减薄床层，能增强吸啜作用，有利于细粒级分选并得到较纯净的精煤。但如果床层太薄，吸啜作用过强，精煤透筛损失将增加，同时床层不稳定，带来操作困难。

在某一具体条件下所需的床层松散度应该通过实验确定。一般规律是：提高床层松散度可以提高分层速度，但同时又增大矿粒粒度和形状对分层的影响，不利于矿粒按密度分层。所以，分选不分级煤时，床层松散度要小一些；分选分级煤时，床层松散度可适当提高些。

6.4.3.6 产物排放

按密度分层的床层，应及时、连续、合理地排出跳汰机。重产物的排放速度应与床层分层速度、矸石（或中煤）床层的水平移动速度相适应。如果重产物排放不及时产生堆积，将污染精煤，影响精煤质量；如果重产物排放太快，又会出现矸石（或中煤）床层过薄，甚至排空，使整个床层不稳定，从而破坏分层、增加精煤损失。

在保证矸石中精煤损失不超过规定指标的条件下，矸石段排矸量要尽量彻底，使排矸量达到入选矸石量的 70%~80%，以改善第二段的分选条件。一般情况下，6mm 以上的矸石排出率容易达到要求，因而要着重提高 6mm 以下矸石的排出率。

6.4.4 跳汰机操作经验

跳汰机床层分离的好坏，除了通过技术检查抽样测定煤炭质量情况来判断外，最常用的也是比较及时的方法是靠跳汰司机多年积累的丰富经验来进行判断。这种方法概括起来就是"听、看、摸、探"。

6.4.4.1 "听"的经验

根据风阀的排气声音来判断床层和矸石层的厚薄情况；从手攒中煤而产生的声音判断中煤灰分和损失量的大小；从脱水斗式提升机卸料于溜槽中所产生的声音判断卸出物料粒度组成、质量好坏及数量的多少。

6.4.4.2 "看"的经验

首先是对原料煤性质的判断。这种判断方法主要是通过对给煤机中原料煤的观察与分析来确定，包括对原料煤中块煤多少的判断、对原料煤中粉煤多少的判断、对原料煤干湿程度的判断、对原料煤矸石含量的判断和对原料煤中含粉矸多少的判断。

跳汰机床层跳动的判断。跳汰机床层跳动情况，直接反映了床层分离的好坏，通常是根据两方面来判断：一是床层的跳形；二是床层跳动振幅的大小。包括对矸石段和中煤段床层跳动的判断、看床层波形、看床层跳动的高度（振幅）。

通过"看"判断重产物排放量多少。包括从脱水斗式提升机的漏水情况来判断重产物排放量的多少、从脱水斗式提升机下部箱子水位的上升或下降来判断重产物排放量的多少。

从脱水斗式提升机中物料的颜色、光泽等方面来判断产品质量情况；判断水层厚度和水流走动情况；以及对精煤情况的判断，从精煤溢流堰溢出的煤水量判断精煤量，并根据精煤分级筛筛上物多少情况判断精煤块、末量的多少。

6.4.4.3 "摸"的经验

"摸"就是选煤司机用手摸一些产品或床层之后凭手的感觉来判断。用手抓一部分中煤凭其重和黏性来判断中煤质量的好坏；用手抓一部分溢流精煤可以判断出精煤的好坏；将手伸入床层中可以直接判断床层的分层情况。

6.4.4.4 "探"的经验

"探"就是用探杆来探测床层的分层情况。跳汰机司机应用探杆等触觉手段检验床层状态，并作为调整依据。

(1) 探测床层松散情况。跳汰选煤床层松散情况是分选好坏的重要因素之一。为了了解床层的松散情况，选煤司机用探杆进行探测。此探测的方法是：当床层向上跳动时，将探杆插入床层中，根据平时的感觉，如果很容易将探杆伸入到床层的底部，则说明松散；如果在伸入床层过程中感到困难，则说明床层松散程度差。所需注意的是，探杆插入的速度要一定，不可太快或太慢，否则会使探测结果发生偏差。

(2) 探测矸石厚薄情况。在用探杆向矸石层或精煤层、中煤层插入时有个明显的区别：矸石层插入时非常困难，有时矸多无法插进去；而中煤层易插入，精煤层更容易。

(3) 探测床层各部位粒度分布情况。床层中各部位粒度，往往因某些原因分布不均匀。这对分选极为有害。因此必须了解床层各部位粒度分布情况。

(4) 探测溢流口溢出的精煤量多少及粒度组成等情况。如果用探杆在溢流口处左右来回滑动，就会感觉到有时很顺利，毫无变化，这表明煤少；如果有些阻力，则表明有煤；如果遇到的阻力基本相同，则表明末煤多；如果有间断冲击探杆的情况，这是块煤阻力较大所致。其块煤多少应视其间断冲击探杆的次数而定。

(5) 探测筛板孔眼是否堵塞。探测时将探杆垂直插入床层底部筛板上，用手扶住探杆并允许探杆上下活动，在正常情况下，可以看到，探杆随着床层的上下跳动而跳动；但是，当所探测的地方筛孔被煤粒堵塞时床层上下跳动，而探杆是不会动的。

(6) 探测筛板螺丝有无松动和脱落现象。探测时，将探杆插入床层底部的筛板上，并用手按着不动，正常情况下，探杆一点也不跳动。但是，当探杆随着筛板上下跳动，这种感觉十分明显时，这表明筛板松动，应马上停车处理。

探杆是选煤司机用来探测跳汰床层的主要工具，各选煤厂使用探杆的种类和形式很多，规格也不统一，应该注意的是，选煤司机使用的探杆要保持一定的规格，不可经常改变，探杆探测床层时全凭感觉，若改变探杆，会使探测发生偏差。对于探杆的使用，必须不断地去体会，去试验总结，只有这样，才能使探杆的探测结果准确无误。

6.5　动筛跳汰机

6.5.1　动筛跳汰机概述

动筛跳汰本是先于定筛跳汰的古老选矿方法，1556 年格奥尔格·阿格里科拉介绍过

"跳汰动筛"，其工作方式是将盛有待选物料的筛筐放在水箱中颠动，后来改用杠杆装置代替手工操作，发展为动筛跳汰箱，即动筛跳汰机的雏形。19 世纪后期随着钢铁工业对炼焦煤的需求增加，为处理细粒级煤炭，定筛式跳汰机应运而生，特别是使用压缩空气驱动水流的鲍姆式跳汰机的问世，大大推动了选煤业的发展，用压缩空气产生脉动水流的定筛跳汰机成为主流，取代了定筛跳汰机。

尽管定筛跳汰机被广泛应用，但其入选上限一般是 50mm 或 100mm，而毛煤常需预选排除大块矸石。早期用人工手拣，20 世纪 60～70 年代选煤厂采用重介质排矸。然而，近几十年来，随着采煤机械化的大力发展和用户对煤质要求的提高，各种原煤几乎都需加工，特别是块煤需要排矸。在此形势下，适于分选块煤的动筛跳汰法被重新启用。当然，历史不是简单地重复，而是利用现代技术手段，重新开发动筛跳汰机。1985 年，德国KHD 公司推出液压驱动的 ROMJIG 动筛跳汰机。这种跳汰机用于分选块煤的效果良好，具有一系列优点：设备结构紧凑，工艺简单，分选效率高，用水量极少，基建投资省，营运费用低。首台设备当年在埃米尔梅里斯矿选煤厂使用。

我国选煤业对这种新型块煤排矸设备极感兴趣。借鉴德国经验，1986 年原东煤公司与煤炭科学研究总院唐山分院合作研制自主品牌的 TD14/2.5 型动筛跳汰机，首台样机于1989 年在北票矿务局制作，并在冠山矿选煤厂试验成功，获得满意效果。在此基础上，又相继开发出改进型产品 TD14/2.8 型和 TD16/3.2 液压动筛跳汰机。

在 20 世纪 90 年代初，原东煤公司总结了动筛跳汰机的开发经验，认为动筛跳汰确实是理想的块煤排矸设备，只是限于我国液压件的质量尚待提高，建议研制机械驱动的动筛跳汰机。沈阳煤炭研究所从 1993 年开始研制，1995 年 4 月首台 GDT 14/2.5 型机械驱动式动筛跳汰机样机用于阜新矿务局八道壕矿选煤厂。1995 年，抚顺老虎台矿选煤厂引进德国KHD 公司 ROMJIG 型液压动筛跳汰机，接着兖州兴隆庄矿选煤厂与泰安煤矿机械厂合作制造 ROMJIG 型动筛跳汰机，获得满意的技术经济效果。

动筛跳汰机在我国已由研发的成长期走向成熟期，在动力煤选煤厂作为主要分选设备，在炼焦煤选煤厂作为预排矸设备，为大力发展选煤提供了节能节水的新型分选设备。

6.5.2 动筛跳汰机的工作原理

动筛跳汰机主要由盛水的机体 1、驱动装置 2、双道提升轮 3、排料溜槽 4、带有筛板的筛箱 5 等组成，见图 6-18。根据驱动装置的不同，动筛跳汰机分为液压驱动式和机械驱动式两类。

动筛跳汰机的筛箱在排料端铰接在固定轴上，另一端与驱动装置（液压缸或曲柄杆）相连接，带动装有筛板的筛箱以排料端为圆心做上、下往复运动，使筛板上的物料形成周期性的松散。筛板的运动频率为 38～53 次/min，可根据不同煤质进行调

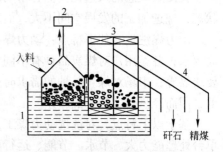

图 6-18 动筛跳汰机工作原理
1—机体；2—驱动装置；3—双道提升轮；
4—排料溜槽；5—筛箱

节。原料由给料端喂入，在筛板上铺成床层，动筛入料端行程为 500～200mm。当筛箱和筛板向上运动时，物料随筛板上升，物料与筛板没有相对运动，而水介质相对于物料是向下运动的；当筛板快速下降时，物料颗粒因重力和水介质的阻力作用，所产生的加速度小

于筛板下降的加速度时，水介质形成相对于动筛筛板的上升流，床层因而悬浮，为床层的松散和颗粒的分离创造了空间，高密度颗粒首先落到筛板上，而低密度颗粒下降速度较慢、留在上层。当颗粒下降速度小于动筛筛板的下降速度时，物料在水中作干扰沉降，并使床层有足够的松散度和松散时间，实现物料按密度有效分层。筛板向排料端倾料，加之上、下振动，使得床层在分离的同时向排料端移动。物料床层经过如此的数次跳动后，当其移至排料端时，完成了轻重颗粒的分离，即重物料紧贴筛板，而轻物料位于上层。底层的重物料经排料口落入双道提升轮的前段，而上层的轻物料则越过溢流堰落入双道提升轮的后段。提升轮是个转动的大轮子，中间隔成两部分，每部分都用筛板（提料板）分割成若干隔室，分别用于由水中捞取轻重物料。双道提升轮脱去水分后，将其卸入各自的排料溜槽中即为轻重两种产物。筛板行程越小、频率越低，物料在动筛内周期性运动次数越多，停留时间越长；反之，物料在动筛内周期性运动次数越少，停留时间越短。

动筛跳汰机的入料虽然是分级后的块煤，但难免带有少量细粒。这些细粒在跳汰过程中将透过筛板落入筛下，需要单独排放。在 ROMJIG 跳汰机上，筛下装有交替开闭的板阀，将透筛物排出机外，并用脱水筛脱水。几种国产动筛跳汰机都是采用斗式提升机排出透筛物并脱水。

6.5.3 动筛跳汰机的应用范围

动筛跳汰机主要用于动力块煤分选、原煤准备车间排矸、从掘进煤和脏杂煤中回收煤炭资源、干旱缺水地区降灰提质、替代重介和选择性破碎机排矸、取代人工拣矸等。

6.5.3.1 井口（或井下）毛煤排矸

据初步统计，全国的煤矿除部分矿井具有排矸车间外，大部分矿井的矸石与原煤一同破碎后销售；另有部分矿井仍采用人工拣矸，劳动强度大，效率低。若用动筛跳汰机对毛煤进行预排矸，不仅可改善原煤质量，降低工人劳动强度，而且能增加矿井经济效益。

6.5.3.2 动力煤（或块煤）分选

我国煤炭总的入选比例低，市场调查显示，我国炼焦煤洗选加工产品已处于市场饱和状态，洗选加工的发展空间不大，而动力煤洗选加工则存在巨大的发展空间。

动力煤洗选有如下特点：动力煤及民用煤用户，通常只要求排除矸石，对煤质没有过高要求；各类用户对煤炭品种有不同要求，如电厂需要末煤，而有些工业和民用锅炉则需要块煤等；市场对煤炭品种的需求时有变化，选煤厂须有相应的应变能力；动力煤价格稍低，因而经济效益较炼焦煤差。

基于以上特点，对洗选动力煤工艺的要求一般是：尽可能采用简单的工艺流程；选用单台处理能力大、节水、节能、运行可靠且便于操作维护的设备；视原煤质量的不同，多数情况下只是对块煤洗选排矸，分级下限可能是 50mm、25mm 或 13mm；工艺流程灵活，具有适应市场需求的应变能力；力求降低基建投资，提高工效，减少运营费用，以降低加工成本，增强市场竞争能力。由此可见，动筛跳汰机是最佳选择。

6.5.3.3 干旱缺水地区的煤炭分选

中国煤炭资源主要分布在干旱缺水地区，而传统的选煤方法耗水量大，投资及生产费用高，造成大量的原煤不能入洗，影响了煤矿的经济效益，限制了部分中小煤矿企业的发展。

目前，有些干法选煤技术由于种种原因尚未大规模的工业应用，而省水型的动筛跳汰机分选 25mm 以上块煤已属成熟技术，且有诸多优点。因此，对提高西部干旱缺水地区的煤炭分选比例，采用动筛分选法也是一个良好的技术途径。

6.5.4 动筛跳汰分选的特点

动筛跳汰分选的特点有以下几个方面：

（1）动筛跳汰机工艺简单，无需供风，也不采用顶水和冲水，辅助设备少，生产工艺简单，投资少，工期短，营运成本低。

（2）处理粒度上限高，分选粒度范围宽。动筛跳汰机入料上限达 300~400mm，是大块煤排矸的理想设备。动筛跳汰机入选粒度范围通常为 25~300mm，下限最低可达 13mm，适用于多数动力煤选煤厂，可解决选前煤和矸石混合破碎这一难题；还可用于处理低质煤，或用于井下（露天坑内）选煤。

（3）分选精度高。动筛跳汰机分选块煤时，分选精度不完善度一般小于 0.1，数量效率可达 95% 以上，分选 25~300mm 原煤时，分选精度也远远高于普通空气脉动跳汰机，与重介质分选机分选精度相当。

（4）省水省电，是节水节能型设备。循环水用量少，吨煤用水量为 $0.08~0.1m^3$。动筛跳汰机的洗水可自身循环，不需另设煤泥水系统，因此能够用于井下原煤排矸。

（5）与采掘机械化程度提高相配套。目前，煤矿采掘机械化程度越来越高，产生了大量矸石，用动筛跳汰方法可排除大部分矸石而不至于影响煤质。

（6）可取代人工手选。

（7）对矸石易泥化的矿井更为有利。对分选除泥岩含量高、遇水易泥化的矸石，动筛选矸工艺要优于其他工艺设备。

（8）动筛跳汰机操作简单，便于掌握。

（9）动筛跳汰机单位面积生产能力大，单台设备即可满足年生产能力 300 万 t 选煤厂配套的需要。

（10）液压型动筛跳汰机便于在线调节，自动化程度较高，适用于大型选煤厂，机械型动筛跳汰机价格便宜，适用于中小型煤矿。

总之，在处理非难选和高含矸块煤时，无论是老厂拣矸系统改造，还是新系统设计，动筛跳汰排矸工艺都应是机械排矸的首选方案，它既克服了重介质分选工艺复杂、运行费用高、难以被中小厂所普遍接受的缺点，又弥补了普通跳汰机耗水量大、煤泥水处理工艺复杂的不足，更消除了采用碎选机噪声大、粉尘污染严重、排矸效率低的弊端。

当然，动筛跳汰机与其他分选设备一样，也有其自身限制条件。例如，由于动筛机构笨重，设备的大型化受限；由于筛板长度的限制，加之调节参数少，不适合于处理 20 mm 以下的物料等。

6.5.5 动筛跳汰机的类型

6.5.5.1 液压动筛跳汰机

目前国内外生产液压动筛跳汰机的厂家较多，结构和外形大同小异，但基本原理相似，这里主要介绍 TD 系列动筛跳汰机。它由煤炭科学研究总院唐山分院研发，采用先进的液压驱动并带有自动排矸控制系统，分选参数和运动特性可在线无级调整。

A 结构特征

TD 系列动筛跳汰机的结构特征如图 6-19 所示。动筛跳汰机由主机、液压系统和电控系统 3 大部分组成。

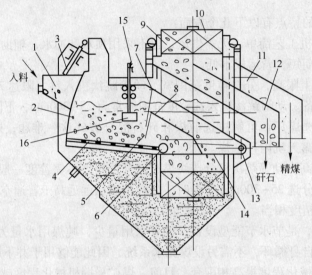

图 6-19 TD 型液压动筛跳汰机结构

1—槽体；2—动筛机构；3—液压油缸；4—筛板；5—闸板；6—排料轮；7—手轮；8—溢流堰；
9—提升轮前段；10—提升轮后段；11—精煤溜槽；12—矸石溜槽；
13—销轴；14—传动链；15—传感器；16—浮标

a 主机

主机主要由槽体、动筛机构、提升轮装置、产品溜槽、驱动执行机构等部件组成。槽体用于盛水介质，同时作为提升轮、动筛机构、油缸托架和油马达等部件的支承体。动筛机构作为动筛跳汰机的分选槽，在其中部设有溢流堰，在溢流堰前端设有可调闸门，可以调节排矸口大小。在溢流堰下方设有提升轮，由液压马达驱动以控制排矸量。提升轮装置由提升轮及传动装置组成。提升轮内设有提料板，可将分选好的轻、重产品提起后倒入产品溜槽。产品流槽设计成双层结构，上层为轻产品，下层为重产品。驱动执行机构的液压油缸安装在油缸托架的主横梁上，用来驱动动筛机构上下运动；液压马达安装在槽体上驱动排料轮转动。通过液压系统和电控系统可调节它们的速率变化，以满足分选要求。

b 液压驱动系统

液压系统主要由油箱、油泵-电机组、主油缸控制阀块、油马达控制阀块、冷却系统等组成。液压系统由液压站提供动力，以完成动筛和排矸装置的运行。国内自主研发的液压驱动系统采用国际先进的二通插装阀控制技术，又因其主要元件全部采用进口件，因而已经具有相当高的可靠性和先进性，而且价格比进口液压系统要便宜很多。

c 电控系统

电控系统包括设备主控（强电控制）和自动排矸检测控制两大部分，用于控制动筛机构和排矸轮的动作。置于床层中的浮标是测量矸石层高度的传感器，它将实测值送入调节器与设定值比较，通过液压马达驱动排矸轮，实现自动排料。

　　B　技术特征

　　TD 型液压动筛跳汰的主要技术特征列于表 6-2。

表 6-2　TD 型液压动筛跳汰机的主要技术特征

型　号	入料粒度 /mm	处理能力 /t·h⁻¹	筛板面积 /m²	筛板宽度 /m	循环水用量 /m³·t⁻¹	不完善度 I
TD10/2.0	≤400	80~120	2.0	1.0	0.1~0.3	0.07~0.12
TD12/2.4	≤400	105~150	2.4	1.2	0.1~0.3	0.07~0.12
TD14/2.8	≤400	130~185	2.8	1.4	0.1~0.3	0.07~0.12
TD16/3.2	≤400	160~225	3.2	1.6	0.1~0.3	0.07~0.12
TD18/3.6	≤400	200~275	3.6	1.8	0.1~0.3	0.07~0.12
TD20/4.0	≤400	250~330	4.0	2.0	0.1~0.3	0.07~0.12
TD24/4.4	≤400	310~400	4.4	2.4	0.1~0.3	0.07~0.12

　　C　应用效果

　　TD14/2.8 动筛跳汰机在龙凤选煤厂的工业性试验中，检查各粒级的分选效果（见表 6-3）。结果表明，25 mm 以上各粒级的分选效果数量效率在 98% 以上，可能偏差 E_p 值为 0.06~0.08。

　　龙凤选煤厂的生产实践说明，动筛跳汰机工艺简单、节水、节电，营运费低。每吨入料只使用 0.08m³ 循环水，这是由于轻产品不是靠冲水运送的缘故。

表 6-3　各粒度级在动筛跳汰机中的分选效果

指标＼粒级/mm	150~100	100~50	50~25	25~13	13~0.5
可能偏差 E_p	0.060	0.070	0.080	0.117	0.353
不完善度 I	0.070	0.079	0.087	0.092	0.293
数量效率/%	99.75	99.28	98.58	—	—

6.5.5.2　机械动筛跳汰机

　　下面以沈阳煤炭研究所自主研发的机械驱动式 GDT 型动筛跳汰机为例进行说明。

　　A　结构特征

　　如图 6-20 所示，该机由机体、筛箱、机械驱动机构、排矸机构和提升轮 5 大部分组成。机体是盛洗水的容器，也是其他各构件的支承体。带有筛板的筛箱是设备的核心，其上下往复运动，使物料在反复松散并向前移动过程中，实现按密度分层。筛箱的运动参数直接关系到分选效果。机械驱动机构提供动力，决定动筛机构的运动规律。根据选煤工艺的要求，驱动机构能调节跳汰频率，筛箱振幅和上升、下降的速比。排矸机构按矸石床层的厚度变化，自动调节排矸轮转速的大小，从而保持矸石床层的厚度稳定，实现煤层与矸石层的正确分割。提升轮是将已经分选好的精煤和矸石从洗水中提起，脱水并送入溜槽排出。

机械动筛跳汰机共有 3 个动力系统,通过 3 个电机直接驱动动筛体、提升轮和排矸轮。

　　a　主驱动系统

主驱动系统主要驱动动筛体。它由主驱动电机驱动,通过减速机总成减速,经曲柄轮总成和摆轴总成传动,变化为摆轴的往复摆动,摆轴的摆动通过可调连杆连接动筛体,就形成了动筛体的上、下往复运动。机械驱动机构总成如图 6-21 所示。

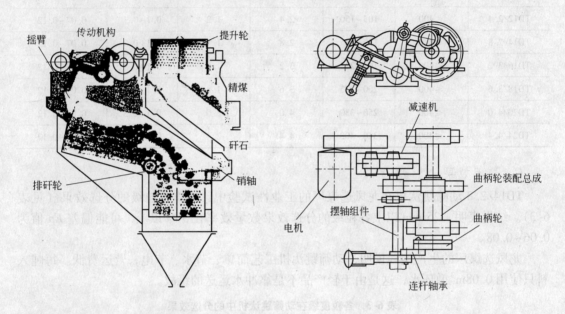

图 6-20　GDT 型动筛跳汰机　　　　　　　图 6-21　机械驱动机构示意图

机械动筛跳汰机采用曲柄连杆传动机构,通过变频电机直接驱动,机构简单可靠,运动特性好,且上升下降速比、振幅和频率均连续可调。

　　b　提升系统

该系统用于驱动提升轮。它由电机、减速机和提升轮等组成。提升轮分前、后两段,分别盛装由动筛体分离的块煤和矸石。提升机构由驱动电机经减速机总成传动,与提升轮外圆的销排啮合,从而控制其转动,将物料从机体内转动提升出来。

根据不同的入料条件和分选产物比例,提升机构驱动电机可以由变频电机进行控制,从而实现提料速度的控制。在动筛体的分选能力接近上限的情况下,仍然可以通过适当提高提升轮转速来应对块煤和矸石比例相差较大的情况,避免在提升轮内部的煤与矸石二次混合情况。

　　c　排矸系统

该系统用于驱动排矸机构。动筛跳汰机的排矸效果直接影响着整机分选效果。GDT 机械动筛跳汰机的控制系统通过监测主驱动机构负荷或浮标位移传感机构来判断动筛体内矸石量的多少,采用 PLC 控制变频调速电机,实现了以电信号反馈进行排矸调速的自动控制,实时控制矸石床层的厚度。

B 技术特征

GTD 型动筛跳汰机技术指标见表 6-4。

表 6-4 GDT 系列动筛跳汰机技术指标

技术特征	GDT12/2.2	GDT14/2.5	GDT14/2.5G	GDT14/2.8	GDT16/3.2	GDT20/40
入料粒度/mm	20~150	20~150	25~350	25~350	25~350	25~350
排矸方式	浮标闸门	浮标闸门	排矸轮	排矸轮	排矸轮	排矸轮
入料端振幅/mm	200~400	200~400	200~400	200~400	200~400	200~400
跳汰频率/min^{-1}	20~60	20~60	20~60	20~60	20~60	20~60
频率调节	皮带轮	皮带轮	皮带轮	变频调速	变频调速	变频调速
筛面面积/m^2	2.2	2.5	2.5	2.8	3.2	4.0
处理量/t·h^{-1}	50~60	70~80	90~120	100~120	120~150	240~300
不完善度 I	0.11~0.13	0.11~0.13	0.11~0.13	0.11~0.13	0.11~0.13	0.11~0.13
循环水用量/m^3·h^{-1}	≤0.3	≤0.3	≤0.3	≤0.3	≤0.3	≤0.3
总功率/kW	48	48	53.5	53.5	61.5	95.5
整机质量/t	38	44	48	50	55	75

C 应用效果

阜新矿务局八道壕选煤厂采用 GDT 机械动筛跳汰机，入选原料煤粒级为 25~100mm，含矸率为 45%，灰分为 52.50%，矸石主要为页岩和少量砂、砾岩。分选密度为 1.65g/cm^3，分选后精煤灰分为 21.65%，洗煤数量效率为 95.98%，不完善度 I 值为 0.095。原煤中的矸石泥化严重，洗水密度较大，为 50~70g/L，但用水量较少，每 1t 煤仅耗水 0.09m^3。

6.5.6 动筛跳汰机的比较

6.5.6.1 与空气室跳汰机的区别

动筛跳汰机和空气室跳汰机均属水力跳汰选煤，均是在水介质中按密度差别进行分选。两者的区别如下：一是动筛跳汰机入选的物料粒度较大；二是动筛跳汰床层的托起（或下降水流）是靠筛板的向上运动，而空气室跳汰机是靠压缩空气推动水流的运动。

由于空气是可压缩的，故空气室跳汰机脉动水流的特性复杂。又因空气室跳汰机入洗的物料粒度较小（一般小于 100mm）、跳汰振幅较小（一般为 80~120mm），物料床层难以彻底松散。为保证床层松散，使不同密度的矿粒在床层中获得相互转换位置所必需的空间和时间，在空气室跳汰机的分选中非常注重进气、排气的变换速度和脉动水流特性，使分选物料在跳汰过程中的上升期、膨胀期、下降期和密集期的合理时间比例中得到最佳的分选效果。而上升期之后的膨胀期尤其必要。

在动筛跳汰分选中，其床层的托起是靠筛板的上升运动。动筛机构上升时，物料相对筛板来说，总体上没有相对运动；动筛机构下降时，水介质形成相对于动筛机构的上升流，这时床层脱离筛板，在水介质中作干扰沉降，实现按密度分层。

动筛跳汰分选中，物料的松散主要是因为入料的粒度较大，而更主要的是床层的振幅大（可达 400mm）。从而使物料在每一跳汰周期中获得充足的松散空间和时间。因此，动筛跳汰分选中，动筛的间歇期不是必要的。也正是由于动筛上升过程中，物料与筛板总体上没有相对运动，而动筛下降时是迅速脱离物料，这时物料在水中作干扰沉降。因此，动筛体在上升、下降过程中的运动曲线对煤炭的分选影响不大，而上升与下降的速比及周期、振幅对分选效果起决定作用。

动筛跳汰机的处理量取决于动筛筛面宽度和物料通过筛面的速度。由于动筛的运动是绕固定轴摆动，动筛每一次上下运动，既将物料垂直托起，又使物料水平前移。动筛的处理量与动筛的运动曲线无关，主要取决于动筛的振幅、摆角、跳汰周期及筛面宽度。而在每一周期内，动筛上、下运动的速比是使动筛能否在下降期迅速脱离床层，给床层在水介质中松散、沉降、分层提供足够时间和空间的关键。

6.5.6.2 液压式与机械式动筛跳汰机的区别

动筛跳汰机是动筛跳汰排矸工艺中的关键设备，根据驱动方式可分为液压动筛跳汰机与机械动筛跳汰机两种，它们均是块煤排矸的理想设备。但二者存在以下差别。

A 结构不同

机械式动筛跳汰机不靠液压系统驱动筛箱，而是通过电机、皮带轮、减速器、曲柄摆杆等一系列机械机构实现驱动。机械动筛跳汰机的传动系统零部件少，结构简单，维护简便可靠，生产费用低。液压动筛跳汰机需冷却水系统，液压件多而复杂，维护保养复杂，故障率高、费用高。机械动筛跳汰机比相同处理量的液压动筛汰机体积大，占用空间大，在入料粒度小于 50mm，特别是 25mm 左右时，比液压动筛跳汰机更容易跑煤。机械动筛跳汰机一般投资为液压动筛跳汰机的一半，但从实际使用来看，对+50mm 以上物料分选，其分选精度基本相同。

B 参数调节方法不同

各种运动参数的调节，液压式动筛跳汰机比机械式动筛跳汰机方便，液压动筛跳汰机动筛板的振幅和频率可以在线调节，电液系统保护齐全，但两种跳汰机的运动参数调节范围相同。而且在实际生产中，各项运动参数很少变动，所以机械式动筛跳汰机在应用中并无明显不便。

机械式动筛跳汰机的跳汰频率可通过更换皮带轮调节，或采用变频调速电机实现。两种方式各有利弊，用户应酌情选择。采用更换皮带轮调频造价低，但调频时必须停机，且比较麻烦；采用调速电机可在线调节，调频简单且连续，但造价略高。

机械式动筛跳汰机的筛箱振幅的调节，是通过手轮调节摆杆长度来实现的。可以连续调节，调节范围与液压动筛相同，但需停机进行。机械式动筛跳汰机调节筛箱上升与下降速比，是通过改变连杆长度来实现的。

C 自动化程度不同

从控制理论上看，液压容易实现自动控制，便于实现高自动化控制。通过传感器能精确检测到各执行元件的动态运行参数，而机械动筛跳汰机则无法做到。

液压动筛跳汰机能够在线显示床层的动态运行曲线，可根据煤质情况调整床层的运行特性，使其运行按选煤理论曲线运行，保证分层精度，同时它可以调整床层上行及下行的速度和速比，运行速度稳定；机械动筛跳汰机是通过曲轴摆杆机构将圆周运动变换成直线运动，角速度是恒定的，筛床在各点的运行是变化的，它不能调整上行、下行运行速度和良好的分层速比，更无法调整筛床的动态运行曲线，因此不能保证高分选精度，一旦煤质发生变化，无法做到完善、及时的调整，对煤质的适应性差。

D 排矸控制方式不同

排矸装置是随动筛跳汰机入料的含矸量变化而频繁调节排放量的关键机构。

德国的液压动筛是通过床层上升时，矸石层对床层产生的重力变化值确定矸石排放量和排放时间，这一信号通过压力传感器检测获得。它采用压力传感、比例控制技术，信号的采集是在液压管路上进行的。这种方式及时准确，床层稳定性好。同时因为是闭环控制，对煤质适应性强。我国的液压动筛跳汰机，是采用浮标传感器来调节排矸轮的转速。当入料粒度大时，往往阻碍浮标的上下运动，使传感器不能真实反映矸石床层厚度。

机械式动筛跳汰机的排矸装置有两种：一种是自平衡式浮标闸门，可用于入料上限100～150mm 的情况。该闸门结构简单，运行可靠，但不能检测到准确的排矸信号，因此无法准确稳定床层。另一种是排矸轮结构，通过测量主驱动电机电流反映矸石床层的厚度，从而控制排矸轮电机的转速。这种装置用于入料粒度大的情况。

无论是采用质量传感器还是利用主电机的电流测值，都是通过测定筛箱的负荷，即筛板上全部物料层质量而间接确定矸石层厚度，因为当料层全厚度一定时，矸石层越厚则负荷越重。显而易见，这种测量方法，只是在物料层厚度保持为一定的常数时，测值才有意义。为此，需在动筛跳汰机前设缓冲仓，以保证给料均匀稳定。

E 矸石带煤比率不同

机械动筛跳汰机的分选精度低于液压动筛跳汰机，因此机械动筛跳汰机的矸石带走煤的比率比液压动筛跳汰机高。机械动筛跳汰机带走煤的比率为5%左右，液压动筛跳汰机带走煤的比率小于1%。

F 噪声不同

液压动筛跳汰机采用液压软缓冲控制，对设备的冲击力小，噪声低；机械动筛跳汰机采用曲轴摆杆机构的运行方式，无法做到良好的抗机械冲击性，因此噪声大。

总之，液压动筛跳汰机和机械动筛跳汰机各有优缺点，在设计选型时应该根据实际情况，比如设备的安装位置空间、总投资、技术力量、原煤特性和用户对产品质量要求等综合考虑，选用合适的动筛跳汰设备。

6.6 隔膜跳汰机

隔膜跳汰机有多种类型，按照隔膜的位置划分为上动型（又称旁动型）隔膜跳汰机、下动型隔膜跳汰机和垂直侧动隔膜跳汰机。隔膜跳汰机的传动装置多是偏心连杆机构，但也有的用凸轮杠杆或液压传动装置。

6.6.1 上动型隔膜跳汰机

上动型隔膜跳汰机在我国应用最早，由 Denver（典瓦或丹佛）型跳汰机改制而成，设备结构见图 6-22。它由机架、跳汰室、隔膜室、网室、橡皮隔膜、分水阀、传动装置（偏心机构）和角锥形底箱等部分组成。电动机通过三角皮带带动主轴旋转，由偏心连杆机构传动使摇臂摇动，于是两个连杆带动两室隔膜做交替的上升下降往复运动，迫使跳汰室内的水也产生上下交变运动。跳汰室共有两个，给料经第一室分选后再进入第二室分选。每个室的水流分别由设在旁侧的隔膜推动运动。隔膜呈椭圆，借周边的橡皮膜与机体连接，将水密封。在隔膜的下方设有筛下补加水管，补加水量由阀门控制。隔膜的冲程和冲次均可由传动系统根据需要调节。

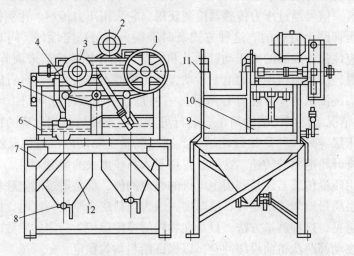

图 6-22　上动型隔膜跳汰机

1—传动部分；2—电动机；3—分水阀；4—摇臂；5—连杆；6—橡皮隔膜；7—机架；
8—排矿阀门；9—跳汰室；10—隔膜室；11—网室；12—角锥形底箱

跳汰机的隔膜面积与筛网面积接近、冲程系数 β 约为 0.7。机械冲程与脉动水的实际冲程相差不大。分选粒度上限可达到 12~18mm，处理的粒度下限约为 0.2mm。由于隔膜是位于跳汰室的旁侧压水，容易引起水速分布不均，故跳汰室的宽度不能做得太大，一般不超过 600mm。

分层后的轻产物随上部水流越过尾矿堰板排出，重产物的排出方式则有多种。处理粗、中粒原料时（$d>2~3mm$），重产物停留在筛网上面，此时可采用中心管排料法排出。在处理细粒物料时，如果将筛孔尺寸也相应地减小，那么筛板的有效面积便会严重地降低，水流通过筛板的阻力随之大为增加，因此常在粗筛孔条件下采用人工床层透筛排料法排矿。

6.6.2　下动型隔膜跳汰机

下动型隔膜跳汰机原属前苏联米哈诺布尔型，后在我国又进行了改造，设备结构见图6-23。它的特点是传动装置安装在跳汰室下方，隔膜为圆锥状，用环形橡皮膜与跳汰室连接。电动机及皮带轮设在设备一端，通过杠杆推动隔膜上下运动，在跳汰室产生脉动水流。跳汰机没有单独的隔膜室，占地面积小。下部圆锥形隔膜的运动直接指向跳汰室，水速分布较均匀。但隔膜承受着整个设备内的水和筛下精矿的质量，负荷较大。受隔膜形状限制机械冲程只能调到 20~22mm。隔膜断面积也小，冲程系数只有 0.47 左右。跳汰室内脉动水速较弱，对粗粒床层松散较困难。故这种跳汰机不适于处理粗粒原料，一般只用于分选小于 6mm 的中、细粒级矿石。由于传动机构设置在设备下部，容易遭受水砂侵蚀，这也是这种设备的主要缺点。

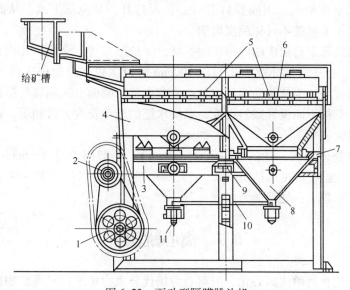

图 6-23　下动型隔膜跳汰机

1—皮带轮；2—电动机；3—活动机架；4—机体；5—筛格；6—筛板；7—隔膜；
8—可动锥底；9—支承轴；10—弹簧板；11—排矿阀门

6.6.3　侧动型隔膜跳汰机

侧动型隔膜跳汰机的隔膜垂直地安装在跳汰室筛板下面的侧壁上。按隔膜的运动方向区分，与矿浆流动方向一致的，称为纵向侧动隔膜跳汰机，与矿浆流动方向垂直的，称为横向侧动隔膜跳汰机，也称梯形跳汰机。

梯形跳汰机的结构如图 6-24 所示。全机共有 8 个跳汰室，分为两列，每列四个室。两列背靠背用螺栓连接起来形成一个整体。每两个相对的跳汰室为一组，由一个传动箱伸

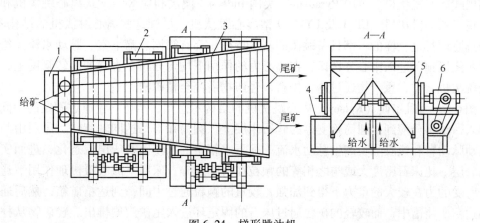

图 6-24　梯形跳汰机

1—给矿槽；2—中间轴；3—筛框；4—机架；5—隔膜；6—传动箱

出通长的轴带动两侧垂直隔膜运动。全机共有两台电机，每台驱动两个传动箱。传动箱内装有偏心连杆机构。改变轴上偏心套的相对位置即可调节冲程。筛下补加水由两列设在中间的水管引入到各室中。在水流进口处有弹性的盖板，当隔膜前进时，借水的压力使盖板遮住进水口，水不再给入；当隔膜后退时，盖板打开，补充筛下水，从而造成下降水速弱、上升水速又不太强的不对称跳汰周期。

整个跳汰机的筛面自给矿端向排矿端扩展，呈梯形布置。全机工作面积很大，一台给矿端宽 1200mm，排矿端宽 2000mm，长 3600mm 的跳汰机，总面积达到 5.76m^2。重产物采用透筛排料法排出。为使脉动水流均匀地分布在整个筛面上，隔膜与筛板间保持着一定的高度差，并在筛板下面设置倾斜挡板，以使水流的流动长度大致相等，避免靠近隔膜的部分床层鼓动过大。

梯形跳汰机处理量大，达到 15～30t/（台·h）。一般用于分选-6mm 的钨、锡、金、铁、锰矿石，最大给矿粒度可达 10mm。一台梯形跳汰机可以代替 10～14 台摇床，大幅度地提高了选矿厂单位面积处理能力。

6.7 离心跳汰机

离心跳汰是把普通跳汰离心化，用离心力场代替重力场进行轻重矿物颗粒分选的选矿技术。为了回收嵌布粒度很细的矿物，磨矿细度要求绝大部分为-74μm。事实上对于-74μm 矿粒，由于黏滞阻力增加，沉降速度下降，轻、重矿粒沉降速度差减小，在普通重力场中很难甚至不能分选。在离心力场中，由于作用在矿粒上的离心力比重力大几十甚至几百倍，足以克服在重力场中相对很大的黏滞阻力，增加矿粒沉降速度及轻重矿粒沉降速度差，使得在重力场中不能分选的细粒矿物得以分选。

应运而生的各种离心设备有云锡式离心选矿机、射流离心选矿机、尼尔森离心选矿机、MGS 多重力分选机等。这些设备都能够有效分选细粒级矿物，其中射流离心机的回收下限可达 5μm。但这类设备属"流膜选矿"（详见第 8 章），处理量低。而离心跳汰机为"体积"分选，单位面积处理量大大提高，因而各国竞相研制这种跳汰机，比如前苏联米哈诺巴式离心跳汰机、英国 Pyradyne、美国 Indeco、澳大利亚 Kelsey 式离心跳汰机和我国的云锡式离心跳汰机、LT-1 及 LY-750 型离心跳汰机。尽管这些离心跳汰机的结构不同，但分选原理都是一样的，都具备跳汰的基本特征，都有筛网、筛下室、脉动水流。给矿从离心跳汰机顶部进入中心分选区，在离心力的作用下均匀分布在直立的旋转筛网上，像传统的跳汰机一样，重产物通过透筛排料，轻产物溢流至精矿槽。

图 6-25 为凯尔西（Kelsey）离心跳汰机的结构示意图，给矿料流通过固定的中间管向下给入，给料分配到由圆筒筛支撑的碎石床层上，圆筒筛与马达同轴旋转。床层由凸轮机构推动脉动臂和橡胶隔膜产生脉动水流，筛下水箱中的水使碎石床层流态化，进而实现给料的分层。比床石密度大或与之相等的颗粒在沉降或碎石床层空隙吸啜机理作用下通过床层，所受的力在较大的重力下得到加强。较重的颗粒通过中间筛到达精矿箱，然后通过套管到达精矿溜槽中，而较轻的矿粒通过床石的固定环进入尾矿溜槽排出。轻矿物从柱体上部排出，重矿物必须通过筛网脱离分选腔再经排矿嘴排出，筛网孔隙大小相当于有效床石的最小颗粒尺寸。

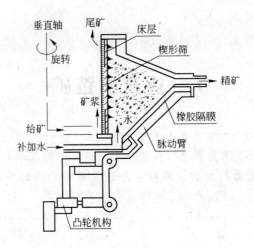

图 6-25　凯尔西（Kelsey）离心跳汰机侧边腔体结构示意图

思 考 题

6-1　概念：跳汰选矿、跳汰周期特性曲线、人工床层、探杆、透筛排料。

6-2　产生脉动水流有哪几种方式？

6-3　简述正弦跳汰周期四个阶段的作用。

6-4　任意给定一个跳汰周期特性曲线，试分析其特点。

6-5　常用的跳汰机有哪些类型？

6-6　阐述筛下空气室跳汰机的基本结构。

6-7　影响跳汰分选效果的因素有哪些？

6-8　简述动筛跳汰机的工作原理、特点、应用范围及其分类。

6-9　简述隔膜跳汰机的类型及特点。

7 重介质选矿

本章提要： 本章首先介绍了重悬浮液的性质、重介质选矿的基本原理，其次分别介绍了重介质分选机和重介质旋流器的结构、颗粒在分选设备中的运动规律，重介质选煤工艺流程、操作要点和自动控制，详细介绍了悬浮液的回收与净化。

7.1 重介质选矿概述

重介质选矿是以一定密度的流体作为介质进行分选的过程，分选密度介于组成入料的轻、重物料密度之间。密度低于分选密度的物料漂浮成为轻产物，而密度高于分选密度的物料下沉成为重产物。由此可见，分选介质的特性决定物料的去向和分离的效果，长期以来，许多学者对介质的种类和工艺性质做了大量研究，构成了重介质选矿技术发展的一个重要部分。重介质选矿最早用于分选煤炭，在煤炭行业应用广泛且发展较为成熟。

7.1.1 重介质选煤的发展

7.1.1.1 分选介质的发展

在重介质选煤发展历史上曾用过两类重介质：

(1) 密度大于水的有机重液和无机盐溶液。它的成分组成均匀。可用的有机重液有三氯乙烷（$C_2H_3Cl_3$，密度 1460kg/m³）、四氯化碳（CCl_4，密度 1600kg/m³）、五氯乙烷（C_2HCl_5，密度 1680kg/m³）、二溴乙烷（$C_2H_4Br_2$，密度 2170kg/m³）、三溴甲烷（$CHBr_3$，密度 2810kg/m³）等。用过的无机盐溶液有氯化铁、氯化锰、氯化钡和氯化钙等金属的氯化物水溶液。在 1942 年曾有多达 25 个选煤厂用氯化钙溶液选煤。采用有机液体或无机盐溶液选煤，因其黏度小，常常可以取得较好的分选效率。但是有机重液和无机盐溶液价格高、回收复用困难，导致生产成本昂贵，很快就退出了工业性生产领域。目前，该方法主要用于实验室分析煤的密度组成以及检验重力分选设备的实际分选效果。

(2) 重悬浮液。一般是由较高密度的固体，经细粉碎后与水配制成的一定浓度的悬浮液。试验和使用过的重介质有砂子、磁铁矿、重晶石、黄铁矿和黄土等，但国内外重介质选煤几乎都以磁铁矿悬浮液作为分选介质。

磁铁矿来源丰富，价格便宜，化学性质比较稳定。它的密度接近于 5000kg/m³，用其配制的悬浮液的密度可在 1200~2000kg/m³ 的范围内调节。磁铁矿属于铁磁性矿物，容易用磁选机回收复用。用磨细的磁铁矿粉配制的重介质是一种半稳定的悬浮液。当磁铁矿粉粒度较细（如 -0.074mm）、并有少量煤泥和矸石泥化物存在时，可以达到比较适宜的稳定性和黏度。在分选设备中只要有少量的扰动就可以保持相对稳定。

7.1.1.2 重介分选设备的发展

早期所用的重介质选煤设备是各种形状的分选槽，或称重力分选机。通常只用于块煤分选。1945年荷兰国营煤矿开发出分选末煤的重介质旋流器（DSM旋流器），使重介质选煤方法能延伸到末煤。尽管当时块、末煤需要在不同的设备中分选，这一发明仍然成为重介质选煤发展史中的一个重要里程碑。

1956年美国Dynawhirlpool开发出中心给料的圆筒形重介质旋流器。在此基础上，1985年英国煤炭局开发出直径1.2m的中心给料圆筒形重介质旋流器LARCODEMS，单台通过能力达250~300t/h。更重要的是使重介质选煤入料粒度上限达到100mm，这样就可以实现全粒级（块和末）煤炭在一台重介质分选机中分选。

我国从20世纪50年代中期开始试验重介质选煤方法。起初采用黄土和高炉灰之类作为加重质，成效不大。到50年代末60年代初开始研究以磁铁矿粉作为加重质选煤，1959年煤炭科学研究总院唐山分院在通化铁厂选煤厂建立了用斜轮分选机处理槽洗中煤和6~100mm块煤的工业性生产系统，1960年北京矿业学院与阜新海州露天矿合作建成斜轮重介质分选系统，1966年唐山分院与彩屯选煤厂合作建成了重介质旋流器分选系统。此后重介质选煤的理论研究、设备开发、设计和生产在国内逐步发展起来。到1983年国内先后建立了28座重介质选煤厂（车间），其中包括4座采用国外引进设备并主要由国外设计的大型选煤厂，即：吕家坨选煤厂（240万吨/a）、大武口选煤厂（300万吨/a）、范各庄选煤厂（400万吨/a）和兴隆庄选煤厂（300万吨/a）。到1986年，我国重介质选煤占各种选煤方法的比重为23%左右。

三产品重介质旋流器在我国选煤工艺中获得了迅速的发展和广泛的应用，在国内逐渐形成了各种规格的有压给料及无压给料三产品重介质旋流器系列。同时，重介质选煤的辅助设备和耐磨材料的生产技术也取得了长足进步，为我国重介质选煤技术的大规模工业化推广提供了成熟的外部条件。

7.1.2 重介质选煤的优点

重介质选煤具有以下优点：

（1）重介质选煤的分选效率高。与跳汰选煤方法相比，重介质分选精度最高，可以应用于难选和极难选煤的分选。分选精度高就意味着在相同产品质量条件下精煤的产率高。

（2）重介质选煤的分选原理明显，有利于实现自动化。与跳汰选煤相比较，重介质选煤的分选原理要清楚得多，影响分选密度和分选精度的参数已比较明确，易于实现自动化。

（3）重介质选煤的产出与投入比高。重介选的分选精度高，能最大程度地回收更多的精煤，特别对于难选煤和极难选煤，更能体现重介选的优势。

（4）重介质选煤分选密度调节的范围宽。跳汰选煤的分选密度范围为1400~1900kg/m³，当精煤灰分要求较低时，跳汰机的分选效率会迅速降低，而且精煤质量不稳定。但对于重介质选煤，分选密度范围为1300~2200kg/m³，能选出很纯的矸石和灰分很低的精煤。

7.2　重悬浮液的性质

重介质选煤是在规定密度的悬浮液中将有用矿物与脉石矿物分开。当重介质的密度超过规定值时，精煤灰分将超过要求的指标；而密度低于规定值时，则使浮物在沉物中的损失量增大。因此，介质性质直接影响分选效果。

选煤用的重悬浮液既要达到要求的悬浮液密度，又要使悬浮液有一定的稳定性，同时要有较好的流动性（黏度不能过高），而加重质的性质直接决定悬浮液的性质，因此必须对加重质和悬浮液的性质作进一步的探讨。

7.2.1　加重质的粒度

加重质的粒度大小决定了它在水中沉降速度的快慢；代表着悬浮液的稳定性。悬浮液的稳定性和黏度是随加重质颗粒平均直径减小而增大。

目前选煤厂普遍以磁铁矿粉作为加重质。如果磁铁矿和水的混合物是静止的，那么磁铁矿粉会很快沉淀，不能形成悬浮液。只有在磁铁矿粒度很细，分选机中有水平-上升或水平-下降介质复合流运动的情况下，磁铁矿粒才能悬浮起来，在分选机内形成一个密度较均匀的分选区。同样，磁铁矿粒度过细，会使悬浮液的黏度过高，不但使分选效果降低，还会恶化悬浮液的净化回收条件。在确定合理的磁铁矿粉粒度时，还应考虑分选设备的形式和悬浮液密度的高低等因素。

生产实践表明，重介质块煤分选机要求磁铁矿中粒度小于 0.028mm 级含量应不低于 50%，而对于末煤重介质旋流器，则要求磁铁矿中粒度小于 0.028mm 级含量应不低于 90%。磁铁矿粒度与悬浮液密度的关系是密度低的比密度高的要更细些。选煤用磁铁矿粉已经商品化，购买后可以直接使用，不需要选煤厂再加工。

7.2.2　悬浮液的密度

在实际选煤过程中，悬浮液分为三种：合格悬浮液，或称工作悬浮液（给入分选设备的具有给定密度的悬浮液）、稀悬浮液（在产品脱介筛第二段加喷水后筛下获得的密度低于分选密度的悬浮液）、循环悬浮液（在产品脱介筛第一段筛下获得的，密度接近或等于分选密度的悬浮液）。在生产实践中，必须严格测定和控制工作悬浮液的密度。由于选煤过程中的实际分选密度与给入分选设备的工作悬浮液密度有差异，这个差值大小除与原料煤的粒度组成有关外，还与分选设备、分选条件等因素有关。因此，工作悬浮液的密度需根据分选设备、分选条件、原料煤粒度组成以及分选产品的质量要求来确定。

悬浮液的密度 ρ_{su} 与加重质的密度及其容积浓度有关，可由下列公式求得：

$$\rho_{su} = \lambda(\delta-\rho)+\rho \tag{7-1}$$

式中　λ——悬浮液中加重质的容积浓度，%；

　　　δ——加重质的密度，g/cm^3；

　　　ρ——水的密度，g/cm^3。

当以加重质的质量来计算悬浮液密度时，上式可改写成下列计算式：

$$\rho_{su} = \frac{m(\delta-\rho)}{\delta V}+\rho \tag{7-2}$$

式中　m——加重质的质量，g；

　　　V——悬浮液体积，cm^3；

　　　ρ——水的密度，g/cm^3。

以磁铁矿粉作为加重质时，磁铁矿密度范围为 $4.30 \sim 5.00 \text{g/cm}^3$，用此配制的悬浮液容积浓度一般上限不超过 35%，下限不低于 15%。超过最大值时，悬浮液黏度增高失去流动性，入选物料在悬浮液中不能自由运动；低于最小值时，又会造成悬浮液中加重质迅速沉降，使悬浮液密度不稳定，分选效果变坏。采用磁铁矿粉配制的悬浮液密度可达 $1.3 \sim 2.2 \text{g/cm}^3$，低密度的悬浮液用来选精煤，高密度的悬浮液用来排矸。如果在允许的容积浓度范围内悬浮液仍不稳定时，可以加入一定量的煤泥来达到稳定悬浮液的目的。

配制工作悬浮液密度时所需磁铁矿的质量和煤泥的质量可按下列公式计算：

$$m = \frac{(\rho_{su} - \rho)\delta\delta_c\beta}{\delta(\delta_c - \rho) - \beta(\delta_c - \delta)\rho} \times V_{su} \tag{7-3}$$

$$m_c = \frac{1 - \beta}{\beta} \times m \tag{7-4}$$

式中 m, m_c——分别为磁铁矿和煤泥的质量，g；

ρ_{su}, ρ, δ, δ_c——分别为悬浮液、水、磁铁矿、煤泥的密度，g/cm^3；

V_{su}——悬浮液的体积，cm^3；

β——悬浮液中磁性物含量。

磁性物含量是指悬浮液中磁铁矿粉量与固体总量之比，$\beta = \dfrac{m}{m + m_c}$。

磁性物含量可用磁选管测定。

悬浮液中的煤泥含量有一定的范围，一般情况下，悬浮液密度小于 1.7g/cm^3 时，其含量可达 $35\% \sim 45\%$，当悬浮液密度大于 1.7g/cm^3 时，其含量为 $15\% \sim 25\%$，总的含量范围为 $15\% \sim 45\%$。

7.2.3 悬浮液的流变黏度

悬浮液的流变黏度是表征悬浮液流动变形的一个重要的特性参数。

当液体流动时，其内部质点沿流层间的接触面相对运动而产生内摩擦力的性质，称为流体的黏性。黏性是流体的一个重要物理性质，以黏滞系数 μ 这个物理量来度量。黏滞系数又称动力黏性系数，简称动力黏度或黏度。黏度 μ 越大，液体流动时的阻力就越大。

7.2.3.1 悬浮液的流变特性

悬浮液是非均质的固-液两相液体，具有流体特性，在外力作用下会发生流动和变形。根据流体流动时流体内切应力与速度梯度的关系可将流体分为牛顿流体、黏塑性流体、假塑性流体和膨胀性流体。

A 牛顿流体

它通常指单相均质流体，如水、溶液、稀胶体和稀悬浮液等。根据牛顿研究结果：

$$\tau = \mu \frac{\mathrm{d}u}{\mathrm{d}y} \tag{7-5}$$

式中 μ——黏度，$\text{Pa} \cdot \text{s}$；

τ——切应力，N/m^2；

$\dfrac{\mathrm{d}u}{\mathrm{d}y}$——速度梯度，$1/\text{s}$。

从图 7-1 可以看出，牛顿流体的切应力与速度梯度的关系为一条通过坐标原点的直线，直线的斜率的倒数为流体黏度 μ。同一种流体，在一定温度和压力下，μ 为常数。

B　黏塑性流体

当流体中的固体颗粒含量比较多时，流体中颗粒之间相互结合，形成结构化，如高浓度的矿浆、泥浆、沥青、水泥浆和油漆等，这种流体称为黏塑性流体，又称为宾汉体。选矿用重悬浮液多属于这类流体。黏塑性流体既有黏性又有塑性。当外力较小时，它仅发生变形而不流动，因此，流变曲线不通过原点（见图 7-1）。

对于塑性占主导地位的黏塑性流体，当外力大于静切应力 τ_{in} 时，流体才流动。在低速度梯度时为曲线，高速度梯度时为直线。流动是由于结构化破坏所致。当颗粒相互碰撞和聚合形成平衡时，流体有一稳定黏度值，称为塑性黏度 μ_p。高速度梯度时的关系式为：

$$\tau = \tau_0 + \mu_p \frac{du}{dy} \tag{7-6}$$

式中，τ_0 为动切应力，N/m^2，τ_0 为黏塑性流体流动，黏度成为常数时所需要的最小切应力，这时 $\tau_0 > \tau_{in}$。

C　假塑性流体

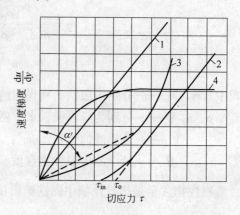

图 7-1　流体的流速梯度与切应力的关系
1—牛顿流体；2—黏塑性流体；3—假塑性流体；
4—膨胀性流体

这类流体有高分子聚合物溶液、乳状液、牙膏、糨糊等，其颗粒之间有着不连续的脆弱的联系。在外力作用下流体即开始流动，随着速度梯度的增加，颗粒间连接被破坏，视黏度（流变黏度）减小，故流变特性为一凸向 τ 轴的曲线，它没有固定的黏度值。切应力计算式为：

$$\tau = k\left(\frac{du}{dy}\right)^n \tag{7-7}$$

式中，k 为稠度系数，黏度越大，该值也越大；n 为指数，$n < 1$。

D　膨胀性流体

这类流体有流沙、某些高浓度固相悬浮液、浓淀粉糊等。颗粒间无网状结构，随着速度梯度的增加，切应力增加，在高流速梯度下，流速梯度增加很小，几乎与 τ 轴平行。故流变特性为一凸向 du/dy 轴的曲线，切应力表达式与式（7-7）相同，但此时 $n > 1$。

在选煤或选矿中，悬浮液呈网状结构时（颗粒的容积浓度过大），属塑性流体，容积浓度较高时，悬浮液具有膨胀性流体特性。

选煤用悬浮液的黏度取决于水的黏度与加重质所引起的附加黏度，表现为液体与液体、固体与固体、液体与固体之间的内摩擦力。因此，悬浮液的黏度 μ_b 比水的黏度 μ 大，悬浮液流动时的阻力也就大。

在一定的温度和压力下，均质液体的黏度 μ 是一个常数，悬浮液的黏度 μ_b 一般情况下是常数，与流体的流速梯度无关。但是，当悬浮液中固体的容积浓度过大时，固体粒子外面的水化膜彼此聚合成具有一定机械强度的网状结构物，并将大量的水充填在网状结构物的空腔内，这就形成了结构化。结构化的悬浮液会使黏度显著增大，此时，悬浮液的黏度称为结构黏度。该黏度随悬浮液流速梯度的减小而增大。根据试验，用磁铁矿粉配制的悬浮液中，加重质的容积浓度超过 30% 时，悬浮液才会产生结构化。

悬浮液黏度越大，物料在悬浮液中运动所受的阻力就越大，按密度分层越慢。尤其是结构化的悬浮液，对沉降末速小的细粒级煤是很难分选的。

7.2.3.2　悬浮液流变特性的测量

选矿用重悬浮液为非牛顿流体，其黏度的测定是在实验室中进行的，常用搅拌式毛细管黏度计或圆筒式旋转黏度计对悬浮液的流变特性进行研究。

图 7-2 为带搅拌器的毛细管黏度计的结构图。由直径约 40mm 的粗玻璃管、直径为 1.5~2.5mm 的毛细管、隔板及装在粗玻璃管中的搅拌器（转速 200~500次/min）组成。隔板的作用是防止悬浮液在粗管中随搅拌器一起旋转。测定时将悬浮液放在粗玻璃管中，开动搅拌器，测定一定体积的悬浮液流出毛细管的时间，计算悬浮液的黏度。

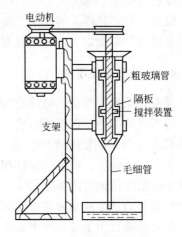

图 7-2　毛细管黏度计

用同一黏度计在相同条件下操作，分别测出已知黏度的液体（如水）和待测悬浮液的流出时间（t 及 t_{su}），由于二者流量不变，当 Re<1200 时，则

$$\mu_b = \frac{\rho_{su} t_{su}}{\rho t} \cdot \mu \qquad (7\text{-}8)$$

或悬浮液相对黏度

$$\frac{\mu_b}{\mu} = \frac{\rho_{su} t_{su}}{\rho t} \qquad (7\text{-}9)$$

式中　μ_b——悬浮液的黏度，Pa·s；

ρ_{su}——悬浮液的密度，g/cm^3；

μ——水或其他液体的黏度，Pa·s；

ρ——水或其他液体的密度，g/cm^3；

t_{su}——悬浮液流出一定体积所需的时间，s；

t——水或其他液体流出一定体积所需的时间，s。

因此，测出 t 和 t_{su} 即可求出悬浮液的黏度。毛细管黏度计一般用于测量非结构化悬浮液的黏度。

7.2.3.3　悬浮液流变参数的影响因素

黏度、塑性黏度、切应力、静切应力、动切应力、流速梯度等均为流变参数，对选矿有直接意义的，对于非结构化悬浮液只是黏度，对于结构化悬浮液则除黏度外，还有静切应力和动切应力。

影响悬浮液流变参数的主要因素有加重质容积浓度、粒度、形状、外加的表面活性剂及机械力等。

当悬浮液的容积浓度过大时，固体粒子外面的水化膜彼此聚合成为具有一定机械强度的网状结构体，并将大量的水填在网状结构的空腔内，会使悬浮液的流变黏度显著增加，此时，悬浮液的流变黏度为结构黏度。该黏度为流速的函数，随悬浮液流速减小，结构黏度增加。根据试验,当悬浮液中固体的容积浓度超过35%时,悬浮液的流变黏度会显著上升并产生结构化,这种情况对重介分选是不利的,尤其是细颗粒在结构化的悬浮液中很难分层。但对于大于50mm的块煤排矸或在重介旋流器中分选时,这个不利因素并不突出。

　　某些阴离子和阳离子表面活性剂可以降低悬浮液的黏度、静切应力和动切应力。这些表面活性剂有长碳链碳氢化合物,如脂肪酸盐、烷基硫酸盐、纤维素衍生物及氢氧化钠、碳酸钠、六偏磷酸钠和硅酸钠等。

　　药剂加入后,在加重质表面吸附药剂分子或离子后,改变了颗粒表面的电动电位和水化性,破坏悬浮液中的网状结构,或使颗粒聚集成大粒子,改善流体的流动性,从而降低了黏度和切应力。

　　煤泥含量、悬浮液的振动、温度等对悬浮液的流变性也有一定的影响。当煤泥含量高时,悬浮液的黏度加大,但当煤泥含量增加到一定程度时,黏度变化很大。

7.2.4　悬浮液的稳定性

　　就重介质选煤而言,悬浮液的稳定性是指悬浮液在分选设备中各点的密度在一定时间内保持不变的能力。悬浮液的稳定性不仅与加重质和加重剂的性质有关,而且与悬浮液所处的状态(静止还是流动)有关。因此,必须区分静态稳定性和动态稳定性两个概念。

　　在一定条件下,动态稳定性和静态稳定性是成正比的。但是同一悬浮液的静态稳定性和动态稳定性指标可能相差很大。例如,当悬浮液按一定方向和速度流动时,可以使静态稳定性很差的悬浮液变为动态稳定的悬浮液。悬浮液在分选设备中能否保持动态稳定,是衡量悬浮液能否用于分选的主要指标,因为它直接影响分选效果。静态稳定性指标只能作为参考,用来比较不同悬浮液的性质。

7.2.4.1　悬浮液稳定性的影响因素

　　图7-3反映了固体容积浓度、加重质的密度、加重质的粒度与悬浮液流变黏度及稳定性的关系。影响悬浮液稳定性的因素很多,当悬浮液的容积浓度增加、悬浮液的密度增

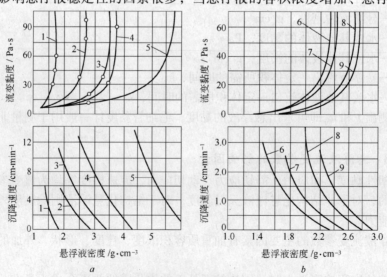

图 7-3　悬浮液黏度及稳定性影响因素

a—粒度为 0.044~0.074mm 的不同加重质;b—不同粒度的磁铁矿粉

1—石英;2—磁铁矿;3—硅铁;4—方铅矿;5—铅;6—粒径 16μm;7—粒径 26μm;8—粒径 38μm;9—粒径 51μm

加、悬浮液的非磁性物含量增加时，悬浮液的稳定性都要变好，但流变黏度却要增加（图7-3a）。悬浮液中固体的粒度越细，形状越不规则，稳定性越好，但流变黏度越大（图7-3b）。加重质密度增加，容积浓度减小，悬浮液黏度下降，稳定性会变差。易于泥化的黏土矿物加入悬浮液将会增加悬浮液的流变黏度。对于同一种悬浮液，黏度越大则稳定性越好，反之黏度越小稳定性越差。

7.2.4.2　稳定性的测定

评价悬浮液稳定性的方法很多，目前尚无统一标准，常用的测定方法可分为两类：

（1）根据加重质的沉降速度测定稳定性；

（2）根据悬浮液密度的变化测定稳定性。

第一类方法包括按悬浮液澄清层的形成速度测定法和按沉淀层的形成速度测定法。在实验室条件下，观察量筒中澄清水层高度的变化，当澄清水层达到某一稳定值时，计算出澄清速度，从而可测定悬浮液的稳定性。用上述相似的方法，也可以按沉淀物形成的速度来测定悬浮液的稳定性。这时，稳定性的数值以沉淀物在单位时间内的下沉距离来表示。

第二类方法的具体测定方法较多，其主要区别在于测定条件和稳定性指标的不同。例如，杨西等人建议用直径为37.5mm的量筒，按悬浮液静止1min后上层（距液面100mm）的密度变化测定静态稳定性。悬浮液稳定性系数 θ 用下式计算：

$$\theta = \frac{\rho'_{su}}{\rho_{su}} \times 100\% \tag{7-10}$$

式中　θ——悬浮液稳定性系数；

　　ρ'_{su}——静止后上层悬浮液的密度，g/cm^3；

　　ρ_{su}——悬浮液的平均密度，g/cm^3。

如果在静止1min后悬浮液密度不变，则 $\theta=100\%$，在静止1min后加重质在上层完全下沉时，则 $\theta=0$。用此方法对小于0.06mm的各种加重质进行了测定，结果见表7-1。由表7-1看出，磁铁矿悬浮液在密度较低时，即使磁铁矿粉小于0.06mm，稳定性仍然不好。

表7-1　选煤用悬浮液的稳定性系数

密度/g·cm⁻³	矸石	赤铁矿	重晶石	铁屑	磁铁矿
1.3	89.8	81.5	77.2	9.9	29.8
1.4	91.9	86.5	90.0	14.3	57.5
1.5	100.0	92.8	94.8	32.9	79.0
1.6	100.0	97.7	96.8	56.0	87.1
1.7	100.0	100.0	97.0	76.0	91.0
1.8	100.0	100.0	100.0	83.0	94.0

这种测定方法简单易行，也便于实际应用。但缺点是所得稳定性系数 θ 只说明悬浮液静止1min后的密度变化，无法看出悬浮液密度在不同静止时间后的变化。评定悬浮液动态稳定性较好的方法是在分选机内各点测定悬浮液的密度。这样，可以把所有影响稳定性的因素全部考虑在内。

7.2.4.3　提高稳定性方法

提高悬浮液稳定性的方法可分为两类，即提高静态稳定性的方法和提高动态稳定性的方法。

A　提高悬浮液静态稳定性的方法

这类方法有减小加重质的粒度、选择密度低的加重质、提高加重质的容积浓度、掺入煤泥和黏土、应用化学药剂。

减小加重质的粒度是提高悬浮液静态稳定性的有效方法。但是，用过细的加重质配制悬浮液会带来生产费用的增加和悬浮液黏度的急剧上升。用降低加重质密度和提高加重质的容积浓度也可提高悬浮液的稳定性，但同样会使悬浮液的黏度增加。

往悬浮液中掺入黏土或煤泥可以有效地提高悬浮液的静态稳定性。例如，在-0.06mm的磁铁矿粉中掺入20%的矸石粉，然后配制成密度为 1.4 g/cm³ 的悬浮液，其稳定性系数可由原来的12%增加到70%。在同样的情况下，只要掺入2%的黏土也可以得到同样的效果。实际上，工作悬浮液中混入煤泥和黏土的现象是不可避免的。然而，必须根据具体情况控制煤泥和黏土含量，不能使其过高，否则悬浮液的流变性将显著变坏。

应用化学药剂来提高悬浮液的稳定性是一种成本昂贵的方法，其作用机理是改变加重质粒子的表面能量和电荷，可使用的药剂有六聚偏磷酸钠、水玻璃、焦磷酸钠、磺化剂及碱性溶液中的木质等，这种方法在生产上很少使用。

B　提高悬浮液动态稳定性的方法

这类方法有利用机械搅拌、利用水平液流、利用上冲液流、利用水平-垂直复合液流。

利用机械搅拌是增加悬浮液动态稳定性的有效方法。然而，强有力的搅拌只能在调剂和贮存悬浮液的容器中使用。在绝大多数分选机中，运输装置（如提升机、刮板等）的运动都能起到机械搅拌的作用。

水平涡流不妨碍加重质的下沉。但是，如果悬浮液通过分选机的流速很慢，则悬浮液密度有可能随分选机的长度方向发生变化。由于水平流速从液面往下一定距离以外越来越小，所以沿分选槽的高度方向加重质不可避免地要发生沉淀现象。

上冲液流与水平流不同，上冲流速度与加重质的沉降速度正好相反。因此，当上冲流速度等于或大于加重质中最大颗粒的下沉速度时，悬浮液即可达到动稳定状态。

利用复合液流来提高悬浮液的动态稳定性是20世纪50年代以来一项重要的变革。利用复合液流不但易于提高悬浮液的稳定性，而且合理的液流制度还能提高分选效率和分选机的处理量。常用的复合液流是水平-上升液流和水平-下降液流。利用复合液流的特点在于，可以单独地调整悬浮液沿分选机长度方向和高度方向的动态稳定性。因此，可以设计成更有利于分选的分选槽形式。

生产实践证明，水平液流在提高分选机上层悬浮液稳定性方面是有效的，分选机下部的悬浮液稳定性则以利用垂直液流最为有效。垂直液流的方向既可以向上也可以向下。

比较各种提高悬浮液稳定性的方法，可以得出以下结论：

（1）选择适宜的加重质粒度，同时控制悬浮液中的煤泥含量，在不引起悬浮液流变特性变坏的情况下，尽量提高悬浮液的静态稳定性。

（2）利用复合液流提高悬浮液的动态稳定性。但液流的速度要控制在不影响分选精度的范围内。如在重力作用下进行分选的分选机中，上升液流造成的实际分选密度与悬浮液密度的差值应控制在 $0.05g/cm^3$ 左右；否则精煤中错配物将会过多。同理，下降液流过大会造成细粒精煤的损失。而水平流速过快，则会缩短分选时间。

7.3　重介质选矿基本原理

重介质选矿法是当前分选效果最佳的一种重力选矿方法。它的基本原理是阿基米德原理，即浸没在介质中的物体受到的浮力等于物体所排开的同体积的介质的质量。

颗粒在重力场和离心力场所受的合力分别为：

$$F_Z = V(\delta - \rho)g \tag{7-11}$$

$$F_L = V(\delta - \rho)\frac{v^2}{r} \tag{7-12}$$

式中，F_Z 为重力场中的合力；F_L 为离心力场中的合力；V 和 δ 分别为颗粒的体积、密度；ρ 为悬浮液的密度；v 为颗粒的切向速度；r 为颗粒的旋转半径。

由此可见，在重力场，当 $\delta > \rho$ 时，颗粒下沉；当 $\delta < \rho$ 时，颗粒上浮；当 $\delta = \rho$ 时，颗粒处于悬浮状态。在离心力场，当 $\delta > \rho$ 时，F_L 为正值，颗粒被甩向外螺旋流；当 $\delta < \rho$ 时，F_L 为负值，颗粒移向内螺旋流，从而把密度大于介质的颗粒和密度小于介质的颗粒分开。

在旋流器中，离心加速度可比重力加速度大几倍到几十倍，因而大大加快末煤的分选速度并改善分选效果。

7.4　重介质分选机

随着重介选矿工艺的发展，重介质分选设备的种类也越来越多，而且为了保证产品的质量均匀和便于生产管理，这些设备正朝着大型化和高效化方向发展。按照重介质分选设备的某一特征的不同可以有不同的分类方法。

根据物料分选环境的不同，重介质分选设备可分为重介质分选机和重介质旋流器。对于重介质分选机，物料是在重力场中按分选介质的密度实现分层，而且重力加速度 g 是恒定的；而物料在重介质旋流器中的分选环境为离心力场，离心加速度是变化的，与物料的旋转速度和旋转半径有关。按分选设备排出产品的数目分，有两产品和三产品重介质分选设备。按分选粒度的不同有块煤、末煤和不分级煤重介质分选设备，其中块煤常采用重介质分选机分选，而末煤则使用重介质旋流器较多。本节介绍重介质分选机。

重介质分选机是在重力场中实现重介选矿的设备，其种类很多（见图7-4），分类方法也不一样。按分选槽的深度分，有深槽式及浅槽式重介质分选机；按排料方式分，有提升轮排料、空气提升排料、刮板排料、带式排料和链式排料等重介质分选机；按分选介质的流动方向分，有上升流、下降流和复合流分选机；按产品的数目分，有两产品和三产品重介质分选机。

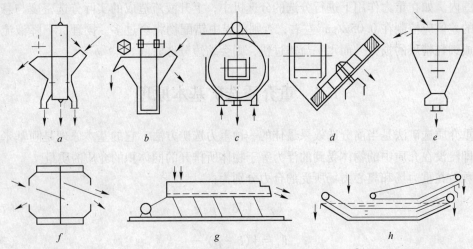

图 7-4　块煤重介质分选机类型

a—Teska 型立轮分选机；b—JL 型立轮分选机；c—Disa 型立轮分选机；d—斜轮分选机；e—圆锥形分选机；

f—圆筒形分选机；g—振动溜槽；h—浅槽分选机

7.4.1　斜轮重介质分选机

20 世纪 50 年代初斜轮重介质分选机由法国韦诺—皮克公司研制，原名为德鲁鲍依重介质分选机。我国制造的斜轮重介质分选机型号为 LZX 型，广泛用于选块煤，也可以用于分选大块原煤，代替人工拣矸石，提高产品质量。

斜轮重介质分选机的构造（如图 7-5 所示），主要由容纳悬浮液的分选槽 1、排出重产物的倾斜提升轮 2、排出轻产物的排煤轮 3 和传动装置等组成。

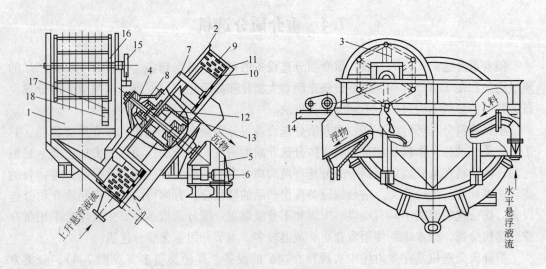

图 7-5　斜轮重介质分选机

1—分选槽；2—提升轮；3—排煤轮；4—提升轮轴；5—减速装置；6，14—电动机；7—提升轮骨架；

8—转轮盖；9—立式筛板；10—筛底；11—叶板；12—支座；13—轴承座；

15—链轮；16—骨架；17—橡胶带；18—重锤

分选槽 1 是由多块钢板焊接而成的多边形箱体，上部呈矩形，底部槽体的两壁为两块倾角为 40°或 45°的钢板，顺煤流方向安装。提升轮 2 装在分选槽旁侧的机壳内，传动部分设在分选槽下部，包括提升轮轴 4、圆柱圆锥齿轮减速器 5 和电动机 6，提升轮轴 4 经减速器 5 由电动机 6 带动旋转。提升轮下部与分选槽底相通，提升轮骨架 7 用螺栓与转轮盖 8 固定在一起，转轮盖用键安装在轴上。提升轮轮盘的边帮和盘底分别由数块立式筛板 9 和筛底 10 组成。在提升轮整个圆面上，沿径向装有冲孔筛板制成的若干块叶板 11，主要用来刮取和提取沉物。提升轮的轴由支座 12 支撑，支座是用螺栓固定在机壳支架上，轴的上部装有单列推力球面轴承和双列向心球面滚子轴承各一个，两轴承用定位套定位，轴承座 13 用螺栓与支座相连。轴的下部仅装一个双列向心球面滚子轴承，轴端通过滑动联轴节与减速器的出轴连接。排煤轮 3 呈六角形，其轴是焊接件，轴两端装有轴头，电动机 14 通过链轮 15 带动其转动，轴两端装有六边形骨架 16，在对应角处分别有 6 根卸料轴相连，每根卸料轴上装有若干用橡胶带 17 吊挂的重锤 18，轻产物靠排煤轮转动时重锤逐次拨出分选槽。

该分选机兼有水平和上升介质流，在给料端下部位于分选带的高度引入水平悬浮液流，在分选槽的下部引入上升悬浮液流。水平悬浮液流不断给分选带补充合格悬浮液，防止分选带密度降低，上升悬浮液流造成微弱的上升水速，防止悬浮液沉淀。水平和上升悬浮液流补充分选槽内的悬浮液，使悬浮液密度保持均匀稳定，并造成水平流运输浮物。

原煤进入分选机后，按密度分为浮物和沉物两部分。浮物被水平流运送至溢流堰，由排煤轮 3 刮出，经条缝式固定筛或弧形筛初步脱水脱介后进入下一个脱介作业。沉物沉到分选槽底部，由提升轮上的叶板 11 提升至排料口排出。提升轮及叶板上的孔眼将沉物携带的悬浮液脱出，进行一次预先脱介作业。

斜轮重介质分选机的缺点是外形尺寸大，占地面积大。

斜轮重介质分选机的规格以分选槽的宽度表示，主要技术特征见表 7-2。

表 7-2　斜轮重介质分选机技术特征

型　号		LZX-1.2	LZX-1.6	LZX-2.0	LZX-2.6	LZX-3.2	LZX-4.0	LZX-5.0
处理能力	原煤处理量/t·h⁻¹	65~95	100~150	150~200	200~300	250~350	350~500	450~600
	最大排煤量/t·h⁻¹	45	88	110	143	232	325	662
	最大排矸量/t·h⁻¹	190	147	202	196	277	429	560
分选槽	宽度/mm	1200	1600	2000	2600	3200	4000	5000
	容积/m³	2.0	5.5	8.0	13.0	19.0	30.0	64.0
排矸轮	直径 D/mm	3200	4000	4500	4500	5500	6660	7800
	转数/r·min⁻¹	5.0	2.3	2.3	1.6	1.6	1.6	1.0
	电动机功率/kW	7.5	7.5	7.5	10.0	10.0	10.0	22.0
排煤轮	直径 d/mm	1100	1650	1650	2000	2000	2200	2200
	转数/r·min⁻¹	9.0	7.0	7.0	6.0	5.8	5.3	5.3
	电动机功率/kW	2.2	2.2	2.2	2.2	4.0	4.0	4.0

处理能力对应的三行指原煤处理量/t·h⁻¹ 为该列的数值。

型　　号		LZX-1.2	LZX-1.6	LZX-2.0	LZX-2.6	LZX-3.2	LZX-4.0	LZX-5.0
外形尺寸	长 L/mm	4440	5130	5770	5740	6720	6990	10200
	宽 W/mm	3310	4350	4990	5590	6450	7730	8350
	高 H/mm	3600	4460	4690	5430	5780	6690	7450
设备重量/t		11.5	17.5	22.0	24.5	33.5	43.0	99.0

7.4.2　立轮重介质分选机

立轮重介质分选机类型较多，国内外应用也较广泛，如前联邦德国的太司卡（Teska）、波兰的滴萨（Disa）和我国的 JL 型立轮分选机。不同立轮重介质分选机的主要部件提升轮和分选槽的结构大体相同，但提升轮的传动方式不同。如太司卡分选机采用圆圈链条链轮传动，滴萨分选机采用悬挂式胶带传动，我国 JL 型分选机采用棒齿圈传动。

立轮重介质分选机和斜轮重介质分选机的主要区别是排矸轮垂直安装并与悬浮液流动方向呈 90°，其他结构基本相似。与斜轮重介质分选机相比，立轮重介质分选机具有结构简单、占地面积小、传动机构简单等优点。

太司卡立轮分选机是前联邦德国洪堡特-维达格公司在 1958 年研制的（见图 7-6）。

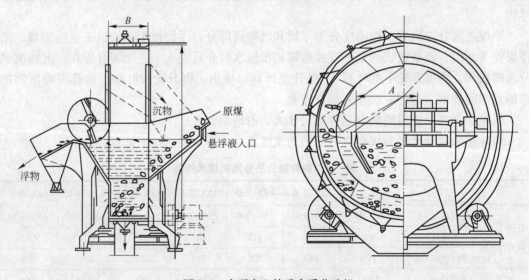

图 7-6　太司卡立轮重介质分选机

原煤从分选槽给料端给入，悬浮液从给料溜槽下方给入，形成水平流和下降流进行分选。浮物随水平流至溢流堰处由刮板刮出，沉物下沉至分选槽底部由叶板提升至顶部经溜槽排出。

该机的结构特点是采用链轮链条传动，传动机构设在机体底部。提升轮支撑在四个托轮上，经固定在提升轮外壳上的链轮和链条带动提升轮回转，一般每分钟一转。提升轮外壳分两层，内层用筛板分成许多间隔用于脱介和分割提升沉物，外壳则设有若干个悬浮液排放嘴，提升轮直径为 6.5m 的分选机有 20 个排放嘴，排放嘴用于排放沉物中带走的悬浮液，位于分选槽底部的悬浮液也经过排放嘴流至循环（合格）介质桶中，这部分在分选机中形成了下降介质流，其流量占总悬浮液的20%（包括从密封圈间隙流出的一小部分悬浮液）。提升轮与分选槽之间的密封装置是由充气橡胶圈涨紧和橡胶块用螺栓紧固的双重密封方式。

橡胶圈类似轮胎那样内部充气，压力为 $0.3 \sim 0.4 \mathrm{kg/cm^2}$。橡胶密封件不应密封太紧，应留有一定间隙，其大小以不严重磨损为限，一般为 $1 \sim 2 \mathrm{mm}$，允许从间隙流出少量悬浮液，起润滑作用，流出的悬浮液返回循环介质桶循环使用。

该分选机主要优点是采用下降介质流的方式保持分选机悬浮液稳定，因此可采用较粗的磁铁矿粉（ $0.06 \sim 0.2 \mathrm{mm}$ 占90%）用作加重质，同样可以得到良好的分选效果，同时避免因为粗颗粒在分选槽中沉淀而影响提升轮旋转。回收加重质可用静力法。此外，排放嘴的直径可根据煤的可选性不同进行调节。易选煤介质循环量少，排放嘴直径减小，反之加大些。主要缺点是介质循环量大。按入料计为 $1.2 \mathrm{m^3/t \cdot h}$，提升轮的高度大，需要检修高度高，因而增加厂房高度，密封装置所用的胶块磨损快，$1 \sim 2$ 年需要更换一次。

两产品太司卡型重介质分选机主要技术规格为：槽宽有 $1.5 \mathrm{m}$、$2.25 \mathrm{m}$、$3.0 \mathrm{m}$、$3.5 \mathrm{m}$ 四种。提升轮直径有 $3.2 \mathrm{m}$、$4.0 \mathrm{m}$、$4.3 \mathrm{m}$、$4.7 \mathrm{m}$、$5.4 \mathrm{m}$、$5.6 \mathrm{m}$、$6.2 \mathrm{m}$，最大为 $7.2 \mathrm{m}$。入料粒度最大可达 $1.2 \mathrm{m}$，下限可达 $4.8 \mathrm{mm}$，处理能力按浮煤计算为 $110 \sim 360 \mathrm{t/h}$。

当分选密度 ± 0.1 含量为 $30\% \sim 40\%$ 时，$Ep = 0.02 \sim 0.03$，数量效率为 $98\% \sim 99\%$；当分选密度 ± 0.1 含量为 $70\% \sim 90\%$ 时，$Ep = 0.03 \sim 0.05$，数量效率为 $70\% \sim 80\%$。介质消耗量较少，一般为 $50 \sim 100 \mathrm{g/t}$。

7.4.3　浅槽分选机

浅槽分选机，即浅槽刮板重介质分选机，简称浅槽。作为块煤重介质分选设备，它是根据阿基米德原理，将被分选原煤在一定密度的悬浮液中按密度差异进行分层和分离的，适用于重介质选煤厂对原煤、块煤分选和排矸。

浅槽刮板重介质分选机早在20世纪40年代就开始在欧美各国得到推广和不断完善，我国研究浅槽始于50年代，但进展比较缓慢。我国大规模应用浅槽分选机始于平朔安太堡选煤厂。90年代，安太堡选煤厂首次从美国引进了丹尼尔重介质分选机，用于分选 $13 \sim 150 \mathrm{mm}$ 级块煤，处理量为1500万吨/a。由于该设备具有易操作、易维护、低投资和高效率等特点，在我国很快得到推广。现在浅槽有替代重介斜轮、立轮分选机的趋势。

进入21世纪，美国彼德斯浅槽分选机开始在神东地区使用，2002年，孙家沟选煤厂首次在神东地区使用浅槽分选机分选块煤。在此之后，神东地区新建选煤厂基本为块煤重介质浅槽工艺，一种是以孙家沟、哈拉沟、石气台、黑岱沟选煤厂为代表的工艺：大于 $13 \mathrm{mm}$ 级块煤采用重介浅槽分选，$13 \sim 1.5$（1） mm 级末煤采用有压两产品重介旋流器分选，小于 1.5（1） mm 级采用煤泥螺旋分选机或分级旋流器粗煤泥回收的联合工艺；另一种是以上湾、榆家梁、锦界、韩家村选煤厂为代表的工艺：采用大于 13（25） mm 重介浅槽分选，小于 13（25） mm 不分选，直接作为商品煤出售的浅槽排矸工艺。

7.4.3.1　浅槽分选机结构

如图7-7所示，W22F54型彼得斯刮板分选机主要由槽体、水平流及上升流系统、排矸刮板系统、驱动装置等部分组成。

槽体是钢外壳的槽式结构，在槽体底部并排设有五个漏斗提供上升介质流，槽内漏斗

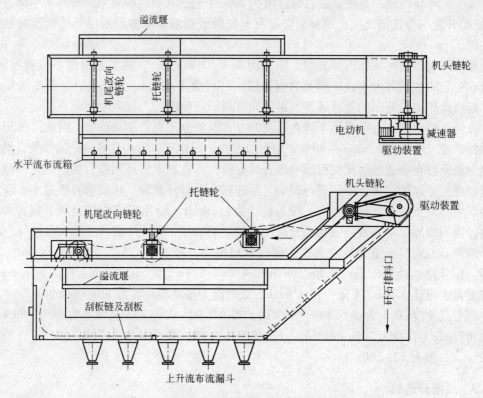

图 7-7　W22F54 型彼得斯刮板分选机结构图

上整体铺设一层带孔的耐磨衬板，通过沉头螺栓与槽体底板固定；入料口设在槽体侧板的一方，与脱泥筛的出料溜槽相连，入料口的下方并排设有八个水平流进口，由此泵入水平流以保证物料层向排料方向运行，并维持槽内液面的高度；在与入料口相对的槽体的另一侧为溢流槽，轻物料通过溢流槽口进入溜槽和后续工序。

排矸刮板系统由头轮组、尾轮组、两组随动轮组、刮板、链条、连接板、导轨等组成。刮板通过连接板固定在两侧链条之间，链条挂在头轮组、尾轮组及随动轮组两侧的链轮上，链条的下端嵌入导轨滑槽内；头轮组、尾轮组、随动轮组均由轴、两片链轮、轮毂、滚动轴承组成，通过轴承座固定在槽体侧板的相应位置上；为调整刮板链条垂度，尾轮组轴承座装在滑块上，利用液压张紧油缸调整尾轮的位置，进而张紧链条。

驱动装置则由电机、减速机、三角带等组成。

7.4.3.2　浅槽分选机的工作原理

浅槽分选机内悬浮液通过浅槽底部和侧面两个部位给入分选槽体内。下部给入的称为上升流，通过带孔的布流板进入槽内，使其分散均匀。上升流的作用是保持悬浮液稳定、均匀，同时有分散入料的作用。从侧面给入的称为水平流。通过布料箱的反击和限制，可以使水平流全宽、均匀的进入分选槽内。水平流的作用是保持槽体上部悬浮液密度稳定，同时形成由入料端向排料端的水平介质流，对上浮精煤起运输的作用。当入洗原煤经脱泥筛脱泥后由入料口进入浅槽内后，在调节挡板的作用下全部浸入悬浮液中。此时在浮力的作用下开始出现分层。精煤等低密度物料浮在上层，矸石等高密度物料沉到槽子底部。在下沉的过程中,与矸石混杂的低密度物由于上升流的作用而充分分散后继续上浮。在水平流的作用下,浮在悬浮液上部的低密度物由排料溢流口排出成为精煤产品。在刮板的作用下,沉到槽底的高密度物由机头溜槽排出成为矸石产品。从而完成入洗原煤的分选过程。

7.4.3.3 浅槽分选机的特点

该机具有以下特点:

(1) 浅槽分选机结构简单、处理量大,每米槽宽处理量达到 100t/h。

(2) 分选精度及产品回收率高,适用于难选煤的分选,Ep 值在 0.05 以下。

(3) 分选密度与分选粒度范围宽,分选密度调整范围为 1.30~1.90g/cm³,对原煤的粒度要求为 6~300mm,最佳分选粒度为 13~150mm。

(4) 对煤质波动适应性强,操作成本低,排矸范围大,在入洗原煤数量、质量发生变化时不需对任何操作参数进行调整即可实现正常生产,大大降低该因素造成的影响。

(5) 有效分选时间短,次生煤泥量低,最大限度地减轻矸石泥化程度。

(6) 全厂自动化程度高,悬浮液密度可自动调节,运行稳定,便于管理。

(7) 与重介质旋流器配合在大型选煤厂对煤炭进行全级入洗,浅槽和重介质旋流器单机处理能力大,且系统小、基建投资节省,生产系统灵活,块、末煤系统可同时运行,也可只开块煤系统。既可弥补重介质旋流器只选小粒度级煤炭的缺陷,也可使小于 13mm 的末煤不进入系统,直接作为商品煤,煤泥水处理系统就相对简单,减少了基建投资。

7.4.4 圆筒形重介质分选机

20 世纪 50 年代,圆筒形重介质分选机曾在欧美一些国家用于处理分选密度为 1.25~3.80g/cm³ 的煤或金属矿石。其中由美国维姆科公司制造的圆筒形重介质分选机(简称维姆科分选机)应用较为广泛。如图 7-8 所示,该机的外壳是一个两端开口的圆筒形转筒,圆筒内部装有带孔的纵向隔板用来提升沉物,中间设有固定的沉物排放溜槽。圆筒外部有两个轮缘支持在滚轮上,轮缘之间装有传动齿圈,由链条带动旋转。原煤和悬浮液从入料口的溜槽给入,精煤从溢流口排出,重产物被纵向隔板捞起,落入中间的溜槽,直接作为产品或加入下一室再选。维姆科分选机有四种结构形式,见图 7-9。

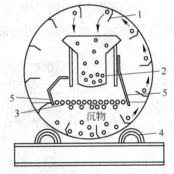

图 7-8 维姆科分选机结构示意图
1—纵向隔板;2—沉物排放溜槽;
3—溢流排出口;4—滚轮;
5—沉物与浮物分隔板

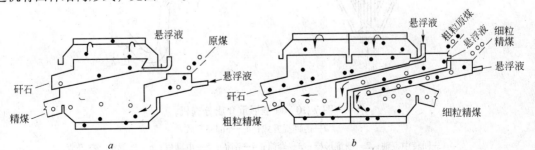

a   *b*

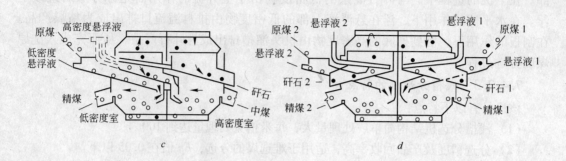

图 7-9 维姆科分选机的结构形式

a—单室两产品型；*b*—双室两产品型；*c*—双室三产品型；*d*—双室四产品型

　　维姆科分选机的优点是结构简单，紧凑，运动部件少；工作可靠，分选精度高，可能偏差 E_p 值为 0.02~0.03。其缺点是精煤和中煤均靠溢流排出，故悬浮液循环量大，按每吨入料计约为 1.8m³/h。另外，加重质粒度要较细。工作时只有水平介质流，无上升和下降介质流，因此需要-325 目占 50% 左右的细粒度磁铁矿粉。同时因为圆筒入料口不能太大，所以入料粒度最大只能达到 200mm。

7.4.5 圆锥形重介质分选机

　　这种设备主要用于有色金属矿石的预选，它有内部提升式和外部提升式两种，结构如图 7-10 所示。图 7-10*a* 为内部提升式圆锥形重介质分选机，在倒置的圆锥形分选槽内，安

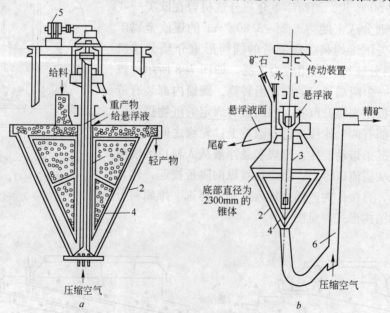

图 7-10 圆锥形重介质分选机

a—内部提升式；*b*—外部提升式

1—回转中空轴；2—圆锥形槽；3—套筒；4—刮板；5—电动机；6—外部空气提升管

装有空心回转轴。空心轴同时又作为排出重产物的空气提升管。中空轴外面有一个带孔的套管，重悬浮液给入套管内，穿过孔眼流入分选圆锥内。套管外面固定有两扇三角形刮板，以 4~5r/min 的速度旋转，借以维持悬浮液密度均匀并防止矿石沉积。入选矿石由上表面给入，轻矿物浮在表层由四周溢流堰排出，重产物沉向底部。压缩空气由中空轴的下部给入。当中空轴内重产物、重悬浮液和空气组成的气-固-液三相混合物的密度低于外部重悬浮液的密度时，中空轴内混合物即向上流动，提升重产物到一定高度处排出。外部提升式圆锥形重介质分选机的工作过程与此相同，只是重产物是由外部提升管排出（见图 7-10b）。

这种选矿机属于深槽形设备，它的分选面积大、工作稳定、分离精确性较高。给矿粒度范围为 50~5mm。适合于处理轻产物量大的原料。它的主要缺点是需要使用微细粒加重质，介质循环量大，增加了回收和净化的工作量，而且需配备辅助的压气装置。

该设备的分选圆锥直径为 2~6m。我国制造的设备规格为 $\phi2400$mm，锥角 65°，曾在柴河铅锌矿用于预选 30~10mm 的原矿、矿石中方铅矿、闪锌矿等呈集合体嵌布，脉石矿物主要是白云石、石英等。实际操作中以硅铁作为加重质，配制的悬浮液密度为 2870~2900 kg/m^3。每吨原矿加重质损耗量为 0.815kg。

7.4.6 重介质振动溜槽

重介质振动溜槽属于动态型重介质设备，又称斯特利帕（Stripa）选矿机。设备的外形为一摇动的长槽（图 7-11），槽体支承在倾斜的弹簧板上，由曲柄连杆机构带动做往复运动，槽体向排矿方向倾斜 2°~3°。长槽底部为冲孔筛板，筛板下有 5~6 个独立的水室分别与压力水管相通。矿石和介质由给矿端给入，介质在槽中受到摇动和上升水流的作用下，介质呈松散悬浮状态并形成具有一定密度的悬浮介质床层。矿粒在其中向排矿端运动，同时按密度分层。分层后的重产物由槽的末端分离隔板的下方排出，轻产品则由隔板上方流出。

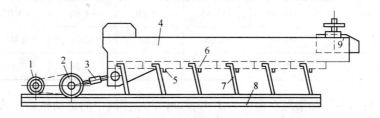

图 7-11 重介质振动溜槽结构示意图

1—电动机；2—传动装置；3—连杆；4—槽体；5—给水管；6—槽底水室；

7—支承板弹簧；8—机架；9—分离隔板

该设备的主要优点是：床层在振动下易松散，可以使用粗粒（1.5~0.15mm）加重质。加重质在槽的底部浓集，浓度可达 60%，可提高分选密度。因此又可采用密度较低的加重质，例如在预选铁矿石时，即可采用细粒铁精矿作为加重质。

重介质振动溜槽的处理能力很大，每 100mm 槽宽处理量达 7t/h，适合于预选粗粒矿石，给矿粒度为 75~6mm。设备的机体笨重，工作时振动力很大，尤以宽槽体为甚，需要安装在坚固的地面基础上。

　　槽底的上升水压和水量是直接影响床层松散度和介质运动状态的主要因素。在选定加重剂和确定了振动溜槽的冲程冲次后，只能以调节上升水来控制床层状态。冲程和冲次大小也影响床层的松散度和分选密度。冲程大时，床层的松散度增大，输送重矿物的能力增强，分选密度减低，冲次大时，床层的松散度减小，分选时间延长，分选密度提高。分选矿物密度差大的粗粒矿石时，应采用大冲程、低冲次的操作制度。

7.4.7　重介质分选机内颗粒的运动规律

　　重介质选矿过程是在流动的悬浮液中进行的，重介质分选机常采用水平介质流、水平介质流+上升介质流、水平介质流+下降介质流三种方式。悬浮液在固定不动的分选槽中做绝对运动，而矿粒又在流动的介质中做相对运动，矿粒在分选槽中受到水平介质流或水平与垂直介质流的作用进行分选。颗粒与介质的密度差决定颗粒运动方向，但介质的流动对颗粒分层和分离的影响不容忽视。

　　表 7-3 所示为不同密度的颗粒在密度为 $1.4g/cm^3$、黏度为 $0.05Pa \cdot s$ 的悬浮液中上升或下降的末速度。结果表明，大于悬浮液密度的矿粒无论其粒度大小都必然下沉，反之必然上浮。粒度相同时，颗粒密度与悬浮液密度的差值越大，分层速度越快，分选精度越高。与悬浮液密度相近的颗粒分层速度减小，分选效果变差。同一密度的颗粒粒度越大，分层速度越快，例如密度为 $1.7g/cm^3$、粒度为 100mm 的颗粒下沉速度比 1mm 的下沉速度快 30 倍之多，比 6mm 颗粒约快 5 倍。因此，在块煤分选中，末煤分层速度减小，尤其是6mm 以下的颗粒分层速度迅速减小，分选效果显著变差。如果颗粒的下沉速度接近上升介质流的速度，颗粒因不能很快下沉而污染精煤，所以过大的上升介质流速是不利于按密度分选的。

表 7-3　煤粒在悬浮液中的上浮或下沉速度　　　　　　　　　　　　（cm/s）

密度/g·cm⁻³ ＼ 粒度/mm	100	50	25	10	6	1
1.35	−16.10	−11.35	−8.80	−4.93	−3.07	−0.26
1.45	16.10	11.35	8.80	4.93	3.07	0.26
1.70	39.30	27.90	19.70	12.86	7.58	1.25

　　图 7-12 所示为示踪颗粒在密度为 $1.42g/cm^3$ 的悬浮液中的运动轨迹。从图 7-12 可知，颗粒在分选机的给料区上部呈波浪式运动，从水力学观点看，这是由于较强的液流垂直脉动所引起的紊流现象。这种波动对分选过程是有利的，因为它可以使夹杂在浮物中的重颗粒有更多的机会下沉。从试验结果也可以看出，采用不同的介质流，重颗粒在分选槽中的分选时间有很大差别。在水平-下降介质流中重颗粒下沉速度快，在分选槽中停留时间短，仅 7s；而水平-上升介质流中重颗粒下沉速度较小，而且越往下沉越受到较强的上冲介质流作用，使颗粒在分选槽中长时间迂回（图 7-12 的曲线 2），约在分选槽中停留 20s。在单一水平介质流中，分选槽底部介质流速很小，致使加重质产生沉淀，悬浮液密度增高而影响重颗粒下沉。因此，从上述三种不同介质流形式看，水平-下降介质流的分选效果更佳。

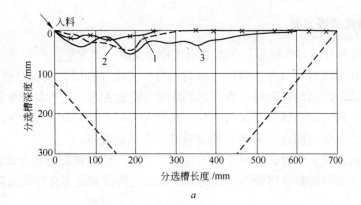

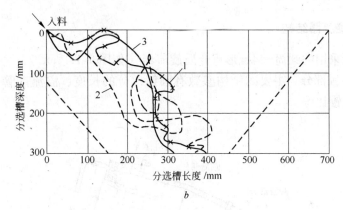

图 7-12 示踪颗粒的运动轨迹

a—粒度为 7mm、密度为 1.38g/cm³ 的颗粒；b—粒度为 7mm、密度为 1.60g/cm³ 的颗粒

1—水平流，$u_1 = 4.7$cm/s；2—水平+上升流，$u_{2水平} = 6.0$cm/s，$u_{2上升} = 0.75$cm/s；

3—水平+下降流，$u_{3水平} = 5.0$cm/s，$u_{3下降} = 0.60$cm/s

7.5 重介质旋流器

7.5.1 重介质旋流器选煤概述

重介质旋流器选煤是目前重力选煤方法中效率最高的一种。它是以重悬浮液或重液作为介质，在外加压力产生的离心场和密度场中，把煤和矸石进行分离的一种特定结构的设备。它是从分级浓缩旋流器演变而来的。

重介质旋流器具有体积小、本身无运动部件、处理量大、分选效率高等特点，故应用范围较广泛。特别是对难选、极难选原煤，细粒级较多的氧化煤、高硫煤的分选和脱硫具有显著的效果和经济效益。因此，国内外都在广泛推广应用。同时，还对重介质旋流器的分选机理与实践继续进行深入的研究。如重介质旋流器内速度场和密度场的模拟测试；重介质旋流器结构改造及分选悬浮液流变特性对分选效果的影响等，特别是近年来在降低重介质旋流器的分选下限、改革重介质旋流器的分选工艺方面有新的突破。这些研究都将进一步推动重介质旋流器选煤技术向高新阶段发展。

7.5.2　重介质旋流器分类

重介质旋流器分类方法较多，下面介绍几种常规的分类方法：

（1）按其外形结构可分为：圆柱（圆筒）形、圆柱（圆筒）圆锥形重介质旋流器。

（2）按其选后产品的种类可分为：二产品重介质旋流器、三产品重介质旋流器。

（3）按物料给入旋流器的方式可分为：周边（有压）给原煤和介质的重介质旋流器；中心（无压）给原煤、周边（有压）给介质的重介质旋流器。

（4）按旋流器的安装方式可分为：正（直）立式、倒立式和卧式旋流器。

（5）按分选物料的粒度可分为：煤泥重介质旋流器、末煤重介质旋流器和不分级原煤重介质旋流器。

7.5.3　重介质旋流器结构

国内外广泛采用的圆筒-圆锥形重介质旋流器（如图 7-13 所示），主体包括圆筒（或圆柱）部分和圆锥部分，主要的结构参数有圆筒部分的长度、溢流（管）口直径、底流口直径、锥角、锥比等。

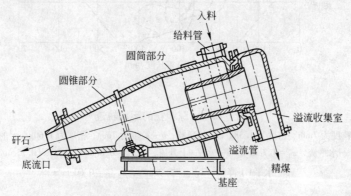

图 7-13　重介质旋流器结构示意图

7.5.3.1　圆筒部分的长度

在旋流器的直径和锥角确定后，旋流器的容积和长度主要取决于圆筒部分的长度。当圆筒部分的长度增大时，其容积和长度都增加。因此入选物料在旋流器中的停留时间增长，实际分选密度提高。但若圆筒长度太长，会使精煤质量变差；反之，圆筒部分过短，会引起圆筒部分的介质流不稳，实际分选密度降低，使部分精煤损失到尾煤中。

7.5.3.2　圆锥角的大小

增大锥角将使悬浮液的浓缩作用增强，分离密度增大，悬浮液的密度分布更不均匀，分选效果降低。故一般重介质旋流器的锥角并不大，约为 $15°\sim30°$，选煤用重介质旋流器的锥角一般为 $20°$。

7.5.3.3　溢流口直径

增大溢流口直径可使"分离锥面"向外扩大，增大分离密度；溢流口过大时会造成圆筒部分溢流速度过大，影响溢流的稳定。虽然精煤产量增加，但质量降低，因此应根据入选煤的性质而定，易选煤溢流口应大些。一般情况可取 $0.3\sim0.5D$（D 为旋流器直径）。

7.5.3.4　底流口的直径

缩小底流口直径同样会使"分离锥面"向外扩大，使分离密度增大，底流口过小时，会造成颗粒在底流口挤压，使矸石易混入精煤中，严重时引起底流口堵塞。而底流口过大时，会引起精煤损失。一般底流口直径为 $0.24\sim0.30D$。

7.5.3.5　锥比

锥比是指底流口直径与溢流口直径之比。改变锥比的大小可调节分离密度或轻、重产物的产率，因为锥比直接影响悬浮液在旋流器中轴向分选速度及悬浮液密度在旋流器中的分布。锥比的选择与旋流器的直径、入选煤性质、介质性质等因素有关。当旋流器直径较小，原料煤可选性较难时，锥比应小一点；反之，锥比可大一点。当锥比增大时，可得到较纯净的精煤；当锥比减小时，可得到较纯净的重产物（底流）。加重质的粒度较粗时，锥比可大些。锥比一般以 $0.6\sim0.8$ 为宜。

7.5.3.6　入料口直径

当入料口过小时，入料粒度上限受限制，易发生堵塞现象；入料口过大时，旋流器切线速度减小（或相应增加入料压头以保证入料速度）。一般入料口直径在 $0.2\sim0.3D$ 范围内选取。旋流器的入料口、溢流口、底流口的直径比应大致为 $0.25:0.40:0.30$。

7.5.3.7　溢流管插入深度

溢流管插入深度对分选有一定影响，从我国圆筒圆锥形重介质旋流器使用情况看，插入深度以 $320\sim400$mm 为宜。

重介质旋流器的溢流口与底流口的直径可以在一定范围内调节，溢流管的长度也是可以调节的。但入料口直径一般是固定不变的，形状有多种多样，如圆形、方形、长方形。入料管一般是倾斜的，有的是抛物线形，有的是摆线形。总的要求，应该考虑使矿浆按切线方向进入旋流器，阻力要小，且易于制造。

经重介质旋流器分选后的轻产物流经溢流管进入溢流收集室，该室设有切线方向的出口，使溢流沿抛物线方向排出。这样可以降低对旋流器不利的反压力。

7.5.4　重介质旋流器内部流态

如图 7-14 所示，重介质旋流器的基本分选过程是：原煤和悬浮液的混合物以一定的压力由入料口沿切线方向进入旋流器圆筒部分后，形成强大的旋流。一般是沿着旋流器圆筒体和圆锥体内壁形成一个向下的外螺旋流；同时围绕旋流器轴心形成一个向上的内螺旋流，轴心形成负压实为空气柱。在内外螺旋流的作用下，使煤与矸石分离。矸石随外螺旋流下降至底流

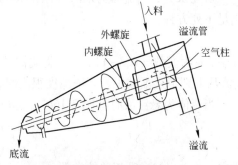

图 7-14　重介质旋流器的分选过程

口排出，煤随内螺旋流通过溢流管进入溢流收集室从精煤溢流口排出。

在垂直方向上，内、外螺旋流运动方向相反，而旋转方向相同。除内、外螺旋流外，旋流器内还有短路流、循环流等其他形式的流态（见图 7-15）。

（1）短路流。给入旋流器的液流，由于旋流器壁附近和内部存在低压区，加之液流受

阻，故有少部分液流经隔板下部和溢流管外壁向下流动，进入溢流管排出，称为短路流。它未经分选，因而降低了旋流器的效率，这也是这种旋流器装设溢流管的原因。

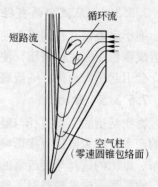

图 7-15 短路流、循环流等流态

（2）循环流。研究表明，循环流基本上位于旋流器圆筒部分的上部，在内壁与溢流管外壁之间，这可能是由于溢流管口不足以容纳全部上升溢流。随着液流的向下运动，旋涡急剧减小，直至循环流全部消失。

（3）空气柱。由于旋流器内存在着液流的外侧下降、内侧向上，因而旋流器内必形成一个零速圆锥包络面，其上各点的轴向速度为零。

液流的旋涡运动吸入大量空气，它与溶解的空气一起，由悬浮液的液相中分离出来，形成沿旋流器全长的中央空气柱。空气柱的直径约为溢流管直径的 0.5~0.8 倍，它也与旋流器直径和底流口直径有关。它随着溢流管和底流管直径的变化而变化。当空气柱附近的液体旋转速度受到阻挡时，空气柱直径就会减小或消失。一般认为，形成空气柱是涡流稳定的标志，因此，要有足够的给料速率和压力以保持其稳定。

7.5.5 旋流器内流体的流速分布

流体在旋流器内的运动属于空间运动，流速分布很复杂。旋流器内任一点的速度可分解成互相垂直的三个分速，即切向、径向和轴向速度。

7.5.5.1 切向速度 v_t

矿浆在旋流器中的切向速度是由于进料以切线方向给入而获得的。图 7-16 为流体在旋流器内不同半径 r、不同流体密度和不同的入料压力下的切向速度 v_t 分布图，从该图可以看出，不同断面同一半径 r 处，切向速度略有不同；同一水平面上，切向速度随半径减小而增大，在接近空气柱和溢流口时达到最大值，而后迅速减小（图 7-17a）。

研究认为，当流体为水时（图 7-16a），除靠近空气柱和溢流管口处外，v_t 与 r 的关系满足下列方程：

$$v_t r^n = 常数 \tag{7-13}$$

式中，n 为变数（0.3~1），n 与旋流器的工作条件、旋流半径和断面有关，不同断面上的 n 值从上到下逐渐减小，当浓缩度很高时，在底流口附近的断面上，n 值甚至可以为负值。

当流体为悬浮液时（图 7-16b，c，d），切向速度的变化比较平缓，v_t 与 r 的关系为：

$$v_t \left(\frac{r}{c_1} \right)^n = c_2 \tag{7-14}$$

式中　c_1——与半径相关的常数；

　　　c_2——与速度相关的常数。

研究发现，式（7-13）和式（7-14）中的常数均不是恒定值，因此在实际计算中，总是以某一轴向圆柱面为基准，假定半径为 r_0，在该半径处，任一轴向断面上的切向速度都是一个常数值 v_{t0}，则任一断面上都满足下列关系式：

$$v_t r^n = v_{t0} r_0^n \tag{7-15}$$

即
$$v_t = \left(\frac{r_0}{r}\right)^n v_{t0} \qquad (7-16)$$

试验表明，给料口处的切向速度不等于入口管壁附近的速度，而是等于流体中线的速度。接近器壁的切向速度显著低于 v_{t0} 值。

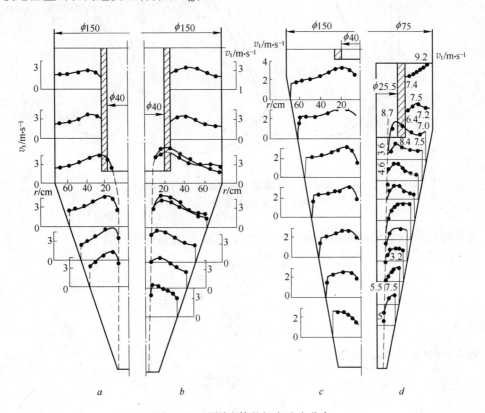

图 7-16　不同流体的切向速度分布

a—水、直径 150mm、锥角 40°、入口压力 1kg/cm²；b—悬浮液密度 1.4g/cm³、直径 150mm、锥角 40°、入口压力 1kg/cm²；c—悬浮液密度 1.5g/cm³、直径 150mm、锥角 20°、入口压力 0.4kg/cm²；
d—悬浮液密度 1.5g/cm³、直径 75mm、锥角 20°、入口压力 2.7kg/cm²

7.5.5.2　轴向速度 v_a

由图 7-17b 可知，流体的轴向速度在旋流器器壁附近方向向下，随着半径减小，流体的轴向速度减小，直至为零。曲线通过零点位置改变方向向上，随着半径减小，向上速度增大，到接近空气柱边缘时达到最大值。

将各断面上轴向速度为零的点连接起来，可以得到一个锥形包络面，在锥形包络面以外的全部矿浆都向下流动，在锥形包络面以内的矿浆则为上升流。实测发现，重介旋流器中轴向速度比切向速度要小得多，一般只是入料口速度 v_i 的 0.1~0.15 倍。

7.5.5.3　径向速度 v_r

由图 7-17c 可知，径向速度由旋流器的器壁到轴中心，随着半径减小而逐渐降低，直到为零，然后改变方向。在器壁附近，径向速度方向向外，而靠近轴心处，方向向里。

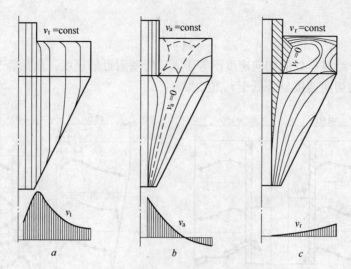

图 7-17 旋流器中流体的速度分布图

a—切向速度；b—轴向速度；c—径向速度

流体通过每一个同轴断面，取一个半径 r、高度 h 的圆柱体，则

$$v_r = \frac{Q}{2\pi rh}, \quad v_i = \frac{Q}{\frac{\pi}{4}d_i^2}$$

由此得到

$$v_r = \frac{v_i d_i^2}{8rh} \tag{7-17}$$

而 $h = (R - r)/\tan(\alpha/2)$

$$v_r = \frac{v_i d_i^2 \tan\dfrac{\alpha}{2}}{8r(R - r)} \tag{7-18}$$

式中　v_i——入口处悬浮液的平均速度，m/s；

　　　α——旋流器锥角，(°)。

因此，重介旋流器中切向速度与径向速度之比为：

$$\frac{v_t}{v_r} = \frac{8R^n r(R - r)}{(2r)^n d_i^2 \tan\dfrac{\alpha}{2}} \tag{7-19}$$

当 $r=R/2$ 时，$n=0.5$，$\alpha=20°$，$d_i=0.4R$，则 $v_t/v_r \approx 70$，即切向速度远大于径向速度。

7.5.6　旋流器内颗粒的运动规律

颗粒在重介旋流器中的分选过程主要取决于旋流器内的速度场和密度场。

由于旋流器内各点悬浮液的密度及切向速度都不同，颗粒在旋流器内各点所受的离心力也不同。当颗粒与悬浮液的切向速度相同时，悬浮液中颗粒所受的离心力方向取决于颗粒与悬浮液的密度差，密度大于悬浮液密度的颗粒，其离心力方向向外，反之向内。当颗粒切向速度小于悬浮液的切向速度时，颗粒在悬浮液中所受的离心力为

$$F = \frac{V}{r}(\delta v_{tw}^2 - \rho_{su} v_{tj}^2) \tag{7-20}$$

式中　V——颗粒的体积，m^3；

　　　δ——颗粒的密度，kg/m^3；

　　　ρ_{su}——半径 r 处悬浮液的密度，kg/m^3；

　　　v_{tw}——颗粒在半径 r 处的切向速度，m/s；

　　　v_{tj}——在半径 r 处悬浮液的切向速度，m/s。

此时离心力的方向不但同颗粒与悬浮液的密度差有关，还同两者切向速度的差值有关。总的趋势是，对低于悬浮液密度的物料，受到更大的向心力；对高于悬浮液密度的物料，受到的离心力减小。

在旋流器内不同半径处，颗粒受到悬浮液径向速度和轴向速度造成的推力，在靠近旋流器器壁处，悬浮液推力的合力向外向下；在靠近旋流器轴心处，悬浮液推力的合力向内向上。加上颗粒的重力、液体及其他颗粒对该颗粒运动的阻力，这些力的合力取决于颗粒在旋流器中的运动轨迹。但是在这几个力中，颗粒受到的离心力最大。

通过实验观察发现，矸石颗粒进入旋流器后立即向旋流器器壁运动，被下降旋流携带，由底流口排出。而煤粒在开始时也是随下降旋流运动，只有其中一部分在旋流器的上半部就进入上升旋流中，其余大部分煤粒随着下降流很快地进入旋流器的锥体部分，然后转入到上升旋流，最后从溢流口排出。有人认为这是由于旋流器下部产生高密度浓缩区的结果。当下降的煤粒达到这一区域时，煤粒就转向轴心运动，进入上升旋流。有的学者认为，除了颗粒在下降的外螺旋流中被分选外，一部分颗粒达到旋流器底部后又进入上升的内螺旋流中。由于内螺旋流的旋转半径减小，切向速度增大，产生了更高的离心力，形成了二次旋流分选。密度小的煤粒向旋流器中心靠近，进入上升的内螺旋流中，从溢流口排出。密度大的矸石受离心力的作用穿过高密度介质层，由底流口排出。

由此可以认为，当颗粒连同悬浮液以一定的压力给入旋流器时，在回转运动中，矿物颗粒依自身密度不同，分布在重悬浮液相应的密度层内。在零速包络面内的悬浮液密度小，在向上流动中随之将轻密度颗粒带出，故由溢流得到轻产物（精煤）。高密度颗粒（矸石）分布在零速包络面外部，在向下做回转中由底流口排出。但是在整个零速包络面上，悬浮液的密度分布并不一致，而是由上往下增大。位于上部零速包络面外的颗粒在向下运动中受悬浮液密度逐渐增大的影响，又不断得到分选，其中密度较低的颗粒又被推入零速包络面内层，向上运动，从上部排出。所以分离密度基本上取决于轴向零速包络面下部的悬浮液密度，其大小不仅与给入旋流器的重悬浮液密度、性质及给入旋流器的速度有关，还与旋流器本身的结构参数有密切关系。

7.5.7　重介质旋流器的安装方式

旋流器的安装方式有正立、倒立和倾斜等三种，我国使用的重介质旋流器都是采用倾斜安装（见图 7-13），旋流器轴线与水平线的夹角约为 $10°$。其优点是便于旋流器入料、溢流和底流管路系统的安装。当设备停止运转时，物料能顺利地从旋流器中排出来。对低压重介质旋流器更应倾斜安装，因为正立垂直安装时，溢流口与底流口高差引起压力变化，底流口所受压力比溢流口大，从而矿浆大量从底流口排出，影响旋流器的正常工作。

7.5.8　重介质旋流器的给料方式

重介质旋流器给料方式有三种。

第一种是将煤与悬浮液混合后用泵沿切线方向打入旋流器，入料口压力可达 0.1MPa 以上。但由于给料过程中精煤的粉碎较严重，对设备磨损也严重，故使用较少。

第二种是用定压箱给料。煤和悬浮液在定压箱中混合后靠自重进入旋流器，定压箱的液面高出旋流器入料口一定高度（视旋流器直径大小而定），一般 500mm 直径的旋流器其定压箱高度不低于 5m，以保证入料口压力不低于 0.04MPa。否则，压力过低，离心力过小，影响分选效率，降低处理量。以这种给料方式工作的旋流器称为低压重介质旋流器，生产中广泛使用。

第三种给料方式是无压给料，悬浮液用泵以切线方向给入圆筒旋流器下部而物料靠自重从圆筒顶部中心给入，这种方式用于圆筒形重介质旋流器，称为无压给料旋流器。

图 7-18 所示为国产无压给料旋流器，分别由中国矿业大学（图 7-18a）和煤炭科学研究院唐山分院（图 7-18b）研制，二者的区别是重产物反压力的调节方式不同，中国矿业大学研制的圆筒形重介质旋流器采用反压力调节筒 3，可在线调节重产物口的反压力，从而微调旋流器的分选密度。而煤炭科学研究院唐山分院研制的圆筒形重介质旋流器则采用旋涡排矸装置 4 调节重产物的反压力。

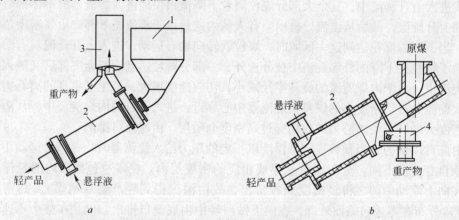

图 7-18   国产无压给料旋流器
a—中国矿业大学研制；b—唐山煤科院研制
1—给料斗；2—圆筒形重介质旋流器；3—反压力调节筒；4—旋涡排矸装置

三产品重介质旋流器是由两个两产品重介质旋流器组合而成。它是用一个密度的悬浮液实现双密度的分选，选出三个产品。随着重介质旋流器技术的发展和设备的大型化，提高了入选原煤的粒度上限（100mm），并可以采用不脱泥直接入洗，从而简化了选煤工艺，减少了投资费用和运行成本，生产效率也大幅度提高。

三产品重介质旋流器的给料方式也有煤和介质分开给料的所谓无压给料方式（图 7-19）和煤介混合用泵给入的所谓有压给料方式（图 7-20）两种。无压给料的三产品重介质旋流器的第一段是无压给料的圆筒形重介质旋流器，而其第二段可以是圆筒形（图 7-19a、图 7-19c）或圆筒圆锥形（图 7-19b）重介质旋流器。图 7-19c 为两段轴线串联的三产品重介旋流器，重介悬浮液分别从两段给入，悬浮液可以相同（单密度），也可以不同（双密度）。采用单密度悬浮液时，两段的分选密度差主要靠一段的浓缩效应及两段旋流器的结构参数差异、入料压力差异等来产生。即循环介质主要根据一段高密度分选的需要配制；二段的工作悬浮液实际上由循环介质和一段轻产物口带进二段悬浮液混合而成，由于一段的浓缩作用，二段旋流器中工作悬浮液的实际密度低于循环悬浮液的密度。由于受一段的影响，二段分选密度的调节范围有限，且独立性差。单密度悬浮液轴式串联三产品重介旋流器主要用于低密度或超低密度的分选，也称为精选型三产品重介旋流器。而图7-19a、图7-19b 和图7-20 所示的旋流器一般称为扫选型三产品重介旋流器。

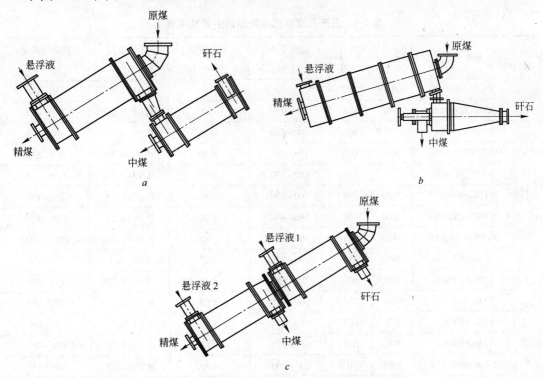

图 7-19　国产无压给料三产品旋流器

a—圆筒形；b—圆筒-圆锥形；c—圆筒形轴式串联（Tri-Flo 分选机）

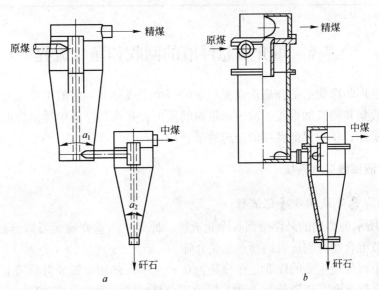

图 7-20　国产有压给料三产品旋流器

a—圆锥-圆锥形；b—圆筒-圆锥形

　　有压给料的三产品重介质旋流器的第二段多采用圆筒圆锥形重介质旋流器（图7-20）。由于圆筒圆锥形重介质旋流器对悬浮液有浓缩作用，从而增加了两段的分选密度差，提高了第二段的分选密度，可以获得较纯的矸石。我国生产的部分三产品重介质旋流器的主要技术规格见表7-4。

表 7-4　三产品重介质旋流器的主要技术规格

| 类型 | 规格型号 | 直径/mm | | 处理能力 /t·h⁻¹ | 入料粒度 /mm | 介质压力 /MPa | 介质循环量 /m³·h⁻¹ |
		一段	二段				
无压给料	WTMC500/350	500	350	50~70	≤30	0.04~0.05	150~180
	WTMC600/400	600	400	70~100	≤40	0.05~0.05	200~250
	WTMC710/500	710	500	100~140	≤50	0.06~0.06	300~350
	WTMC850/600	850	600	145~200	≤60	0.08~0.10	600~650
	WTMC900/650	900	650	160~230	≤70	0.10~0.12	650~700
	WTMC1000/710	1000	710	200~280	≤80	0.12~0.15	700~750
	WTMC1200/850	1200	850	290~400	≤90	0.20~0.25	750~1050
	WTMC1400/1000	1400	1000	390~550	≤100	0.25~0.35	1050~1500
有压给料	YTMC500/350	500	350	50~70	≤25	0.08~0.1	140~200
	YTMC600/400	600	400	75~100	≤30	0.1~0.12	190~265
	YTMC710/500	710	500	100~145	≤50	0.12~0.15	285~400
	YTMC850/600	850	600	150~210	≤60	0.13~0.17	570~800
	YTMC900/650	900	650	165~235	≤65	0.15~0.20	620~865
	YTMC1000/710	1000	710	205~290	≤70	0.15~0.22	660~930
	YTMC1200/850	1200	850	300~415	≤80	0.22~0.3	710~1000
	YTMC1400/1000	1400	1000	400~560	≤100	0.25~0.35	995~1400

7.6　重介质悬浮液的回收和净化流程

　　悬浮液的回收净化是重介质选煤流程中的一个组成部分。它的主要任务是从稀悬浮液和排放水中收集和回收加重质，减少加重质的损失；并从悬浮液中排出煤泥和黏土，保证悬浮液性质稳定，从而保证良好的分选效果。

7.6.1　悬浮液回收净化系统

7.6.1.1　悬浮液回收净化流程

　　图7-21所示为典型的悬浮液回收净化流程。原煤进入重介旋流器后分选出两种产品，产品和悬浮液混合物分别进入两种产品脱介筛。

　　从产品中回收加重质的作业是在筛孔为0.35~1mm的固定筛或振动筛上进行的。通常产品先在固定筛（包括弧形筛）上预先脱除部分悬浮液后再进入振动筛。一般来说，产品在振动筛第一段可以脱出入料悬浮液的70%~90%，而且该段脱出的悬浮液可以返回合格介质桶循环使用。第一段脱除悬浮液后产品仍黏有加重质，产品粒度越细、黏附量越大；分选介质密度愈高，黏附量也越大。一般每吨产品为 10~100kg。因此，在振动筛的第二段要加喷水冲洗掉这部分加重质。冲洗过程用水有循环水和清水两种，矸石可用循环水冲洗；精煤先用循环水，而后必须用清水冲洗，以免增加灰分。冲洗水量因粒度不同而异，一般每吨产品用水量为 0.5~3m^3，块煤喷水量一般为 1m^3/t，末煤喷水量为 1.5~3m^3/t。

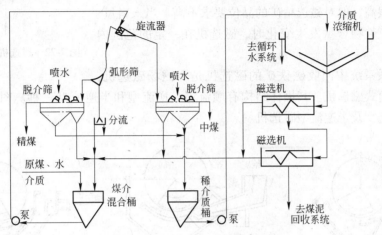

图 7-21 典型的悬浮液回收净化流程

弧形筛和脱介筛第一段筛下物为循环悬浮液，此密度接近合格悬浮液的密度，可直接返回合格悬浮液桶复用；第二段筛下物因加入喷水浓度很低，为稀悬浮液，其中含有加重质和煤泥、黏土，一般用浓缩机（也可用磁力脱水槽或低压旋流器）浓缩，浓缩机溢流可作脱介筛第一段喷水，浓缩机的底流进入两段磁选机，磁选精矿进入合格介质桶与循环悬浮液混合组成合格悬浮液，用泵输送到分选机中循环使用。

从悬浮液中排出煤泥和黏土是悬浮液的净化作业。通常是通过分流箱分出一部分循环悬浮液进入稀悬浮液系统，经磁选回收加重质而使多余的煤泥和黏土从磁选尾矿排出，这部分循环悬浮液称为分流悬浮液，简称分流。在用重介质旋流器分选不脱泥原料煤和三产品块煤分选机以及在用重介质分选机分选含有易泥化矸石的原料煤时，分流量就应该大些，若最终产品带走的煤泥与入料的煤泥在数量上达到平衡，悬浮液黏度又在允许范围以内时，就没有必要分流了。分流量的大小可以由自动控制系统根据需要改变。应该注意的是，分流量越大，从磁选尾矿中损失的磁铁矿量也越大。因而，不应随意增加分流量。

如果去掉图 7-21 中的浓缩机，浓缩磁选净化流程就变为直接磁选净化流程，即稀悬浮液不经浓缩（或分级）设备直接进入磁选机。直接磁选净化流程的优点是缩短介质循环路程，减少管路磨损，提高悬浮液的稳定性。这种流程要求尽量减少稀悬浮液量，磁选机处理能力要大。

7.6.1.2 磁选机

磁选机是根据各种矿物磁性的不同，在磁选机的磁场中受到不同的作用力使矿物达到分选的一种选矿机械。

在重介质选煤流程中，磁选机用来回收稀悬浮液中的磁性物质（如磁铁矿）。其工作原理是借助圆筒中的磁系把稀悬浮液中的磁铁矿颗粒吸附到圆筒表面，并随圆筒转动到

定位置后离开磁场，磁力消失了，磁性颗粒在重力和离心力
作用下落入精矿槽成为精矿，非磁性物不受磁系吸引由下部
排出成为尾矿（如图7-22所示）。

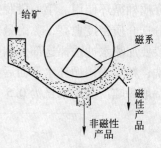

图7-22　磁选机的工作原理

重介质系统中回收磁铁矿的磁选机与选矿厂中选铁精矿
的磁选机的性能要求不完全相同。重介质系统中的磁选机的
回收率必须很高，但对磁选精矿的品位要求不高。当入料量、
入料浓度和磁性物含量发生变化时，磁选机在一定的范围内
适应性要强。

重介质系统中回收磁铁矿的磁选机是弱磁场磁选机，
大部分都是筒式磁选机。其槽体结构有顺流型、逆流型和半逆流型三种。图7-23所示为
顺流型、逆流型及半逆流型磁选机。

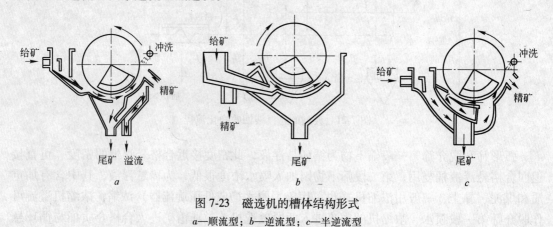

图7-23　磁选机的槽体结构形式
a—顺流型；*b*—逆流型；*c*—半逆流型

（1）顺流型磁选机（图7-23*a*）的给料方向和圆桶旋转方向或精矿排出方向一致，逆
流型给矿方向和圆筒旋转方向或精矿排出方向相反，半逆流型尾矿移动方向和圆筒的旋转
方向相反，但精矿排出方向和圆筒旋转方向相同。对顺流型磁选机，精矿品位高但尾矿损
失大，回收率较低，而且尾矿通过分选槽下部的闸门排出，需根据液位调整闸门，分选槽
液位下降时会大量损失磁铁矿。

（2）逆流型磁选机（图7-23*b*）的扫选区长，对连生体的吸着条件更有利。精矿品位
稍低，精矿回收率高。尾矿是利用溢流排放，保证圆筒适度地沉没在矿浆中。操作方便，
对入料变化的适应性较强，适用于重介系统回收磁铁矿。

（3）半逆流型磁选机（图7-23*c*）的槽体介于逆流型和顺流型之间，回收率和精矿品
位均较高，但给料粒度粗时容易堵塞，一般选矿厂用得较多。

7.6.2　悬浮液中煤泥量的动平衡

进入悬浮液系统的煤泥有原料煤带入的煤泥和分选过程中产生的次生煤泥。从悬浮液
系统中排出的煤泥有产品带走的煤泥、稀介质和分流悬浮液进入磁选机后以尾矿形式排出
的煤泥。当原料煤的数量与质量，选煤工艺流程及分流量等各项参数不变时，按照数量与
质量平衡原则，煤泥不可能在系统中无限积存，也不可能在系统中无限减少。进入系统的

煤泥量应与从系统排出的煤泥量相平衡。

当某一参数改变时，煤泥量就不平衡了，煤泥量在合格悬浮液中增加或减小，但到一定值后又在新的基础上平衡了。比如当分流量增加时，进入系统的煤泥量没变，但从磁选尾矿排出的煤泥量增加了，于是从系统中排出的煤泥量大于进入系统的煤泥量，合格悬浮液中的煤泥含量逐渐减少，合格悬浮液的黏度也逐渐减小。这样，脱介筛的脱介效果将会改善，进入第二段稀悬浮液中的煤泥量也将会逐渐减少。最后由产品带走的煤泥量也逐渐减少。结果是从系统中排除的煤泥量逐渐与进入系统的煤泥量趋于平衡，也就是在合格悬浮液中煤泥含量减少的基础上达到了新的动平衡。

所以，当原料煤的煤泥含量变化或分流量变化时，合格悬浮液中的煤泥含量就会发生变化。通常，调节煤泥量的方法是用改变分流量大小或者用提高或降低选前分级、脱泥作业的效率来调节。

7.6.3　降低加重质损失的措施

重介质选煤所用的磁铁矿粉是钢铁原料，由于介质消耗过大，不仅在经济上损失、浪费国家资源，还导致重介系统生产不能正常、稳定进行。所以，加重质的消耗量始终是评价重介质选煤的一项主要技术经济指标。

由重介选产品带走的和磁选机尾矿损失的磁铁矿之和折合成每吨原料煤的损失量，称为磁铁矿的技术损失；由运输转载添加方式不佳等管理不善导致的损失，称为管理损失。二者总和为实际损失。根据国内外较好水平，要求块煤重介的实际损失应低于每吨原料煤0.5kg。末煤重介的实际损失应低于每吨原料煤1.0kg，即块煤重介比末煤重介的损失要小。另外，悬浮液密度低的比密度高的损失也要小些。

对于已正常生产的选煤厂来说，如果不改变工艺流程和设备，那么介质消耗量大体上也是一定的。如在一段时间内，介质消耗量突然增加，应从以下几方面去找原因：如管理损失比例大时，要从磁铁矿储存、转运、添加方式方法等方面进行检查，加强管理；如技术损失大时，要检查各工艺环节，若产品带走的比例大，则要改善脱介筛工作效果，若磁选机尾矿损失大，则要提高磁选机回收率，若因分流量突然加大而造成磁选机损失大，则应该控制分流量。

根据生产实践经验，可以从下列几个方面着手降低磁铁矿的损失：

（1）改善脱介筛的工作效果。采用高效率的脱介筛和开孔率大的筛网。在脱介筛前设固定筛或弧形筛。重介质旋流器底流的密度很高，脱介效果差，可引入一部分精煤筛下合格悬浮液冲稀底流，改善脱介效果。产品脱介筛喷水要足，清水用有压喷水，循环水可用无压喷水。

（2）采用稀介质直接磁选工艺。彩屯选煤厂实践证明，采用稀介质直接磁选并加强管理，可使介质消耗明显下降，介质消耗由原来每吨煤2.23kg降低到每吨煤0.77kg以下。吕家坨选煤厂在末煤系统采用直接磁选后，也收到了良好的效果。

（3）保证磁选机的回收率。一般要保证磁选机的回收率在99.8%以上，大量的稀介质是通过磁选机回收的，磁选机工作的好坏对磁铁矿损失影响很大。例如进入磁选机的磁铁矿量为6000kg/h，磁选机回收率为99.9%，则磁铁矿损失为6kg/h。若磁选机回收率为99%，则磁铁矿损失为60kg/h；若回收率降低到98%时，损失则增大到120kg/h。由此可见，磁选机回收率降低一点，磁铁矿损失就增加几十倍。

（4）保证各设备液位平衡，防止堵、漏等事故发生。堵、漏事故会大量损失磁铁矿，如立轮分选机堵塞一次会损失约 2t 磁铁矿。

（5）减少进入稀悬浮液中的磁铁矿数量，尽量保持稀悬浮液的质量稳定。

（6）严格控制从重介系统中向外排出煤泥水。除磁选尾矿水排出外，其他煤泥水一律不应向外排放。要控制好浓缩设备，溢流全部作脱介筛喷水。冲地板水或设备漏水都应回收。

（7）保证磁铁矿粉的细度要求。磁铁矿的粒度变粗后，由于悬浮液煤泥含量增大，脱介筛和磁选机效率都降低，磁铁矿损失会显著增加。若磁铁矿细度达不到要求，则应增加磨矿环节。

（8）选择最佳磁铁矿储运和添加方式。要设置介质库。介质转运和添加有效方法是采用风力提升的方法，不仅减轻体力劳动，减少添加时间，而且大大减少磁铁矿的损失。

7.7　重介质选煤基本工艺流程

根据重介质选煤分选设备的不同，目前国内外使用的重介质选煤基本工艺流程大致可以分为以下两类：

（1）重介质分选机选煤工艺。该工艺分选的粒度范围可达 8~150mm，主要用于粗大粒度动力煤的分选和高矸（+50mm矸石含量大于3%）炼焦煤中大块的选前排矸作业。

（2）重介质旋流器选煤工艺。该工艺有两产品重介质旋流器分选工艺及三产品重介质旋流器分选工艺，可广泛应用于各个煤种的分选，分选上限可到 80~100mm；既有有压旋流器分选工艺，也有无压旋流器分选工艺。

7.7.1　重介质分选机选煤工艺

重介质分选机选煤工艺目前已普遍用于动力煤和无烟煤的大块排矸及精选，根据重介质分选机的类型不同，有两产品分选工艺和三产品分选工艺，分别见图7-24和图7-25。

在重介质分选机选煤工艺中，进入分选机的原煤一般为块煤，即原煤需要先经过分级筛，筛上的 +13mm 粒级进入分选机，筛下 -13mm 粒级进入跳汰或重介质旋流器分选。

另外，还可以将图 7-25 中的三产品重介质分选机换为 2 台两产品重介质分选机串联，从而获得三种产品。

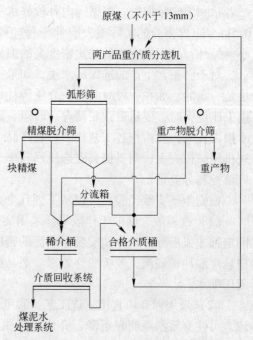

图 7-24　两产品重介质分选机选煤流程

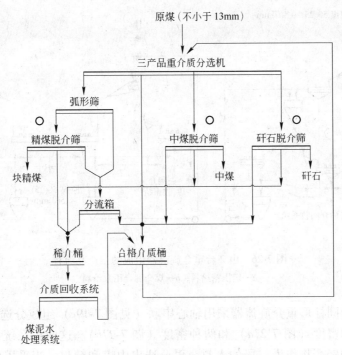

图 7-25　三产品重介质分选机选煤流程

7.7.2　重介质旋流器选煤工艺

由于旋流器的浓缩作用，重介质旋流器悬浮液密度的调整和控制要比重介质分选机复杂。根据旋流器的结构和作用不同，重介质旋流器选煤工艺也分为两产品重介质旋流器选煤工艺和三产品重介质旋流器选煤工艺，原则工艺流程分别与图 7-24 和图 7-25 相似。将图中的分选设备替换为重介旋流器，但重介旋流器分选后的中煤和矸石往往需要加弧形筛进行预先脱介。进入旋流器的原煤，根据 -0.5mm 含量的多少有脱泥和不脱泥入洗之分，即用 0.5mm 的振动筛分级，筛上加喷水（循环水），筛上物去重介质旋流器，筛下物去煤泥水处理系统。

根据给料方式不同，重介质旋流器选煤有有压给料（煤水混合物）和无压给料两种工艺流程，其中有压给料又分为定压箱给料和泵给料两种方式。除了给料方式不同外，原则工艺流程中其余部分没有区别。当然，选煤厂用得较多的是无压给料重介质旋流器选煤工艺。入洗原煤可以分级也可以不分级洗选。

用重介质旋流器选煤，可获得精煤、中煤和矸石三种产品。具体有三种方法：

（1）用 2 台两产品重介旋流器组成两段的分选系统。采用 2 台两产品重介旋流器工艺时，需要高密度和低密度两种不同的悬浮液，组成两个独立的分选系统，达到选出精煤、中煤和矸石三种产品的目的。与选两产品重介质旋流器工艺一样，按其给料方式不同，可分成定压箱给料（图 7-26a）和煤介混合用泵给料（图 7-26b），也可两种给料方式联合使用。第一段旋流器一般为主选，用低密度悬浮液选出精煤，第二段旋流器为再选，用高密度悬浮液选出中煤和矸石。

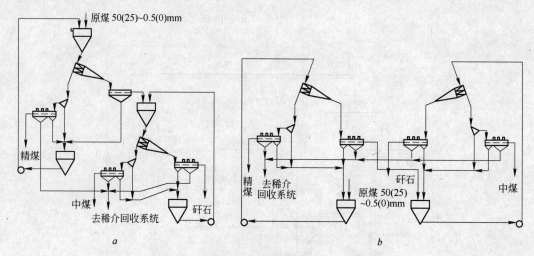

图 7-26　由 2 台重介旋流器组成的三产品流程

a—定压箱给料；*b*—煤介混合用泵给料

（2）用 2 台圆柱形重介旋流器采用轴心串联（见图 7-19*c*）组成分选系统。所用的悬浮液可以为一种密度（图 7-27*a*）和两种密度（图 7-27*b*）。这两种系统都是先选出矸石（一段），一段的轻产物作为二段的入料，再分选出中煤和精煤。当采用单密度时（图 7-27*a*），循环悬浮液的密度根据一段高密度分选的需要（矸石灰分）配置，二段的工作悬浮液实际上由循环悬浮液和一段轻产物口带进二段悬浮液混合而成，由于一段的浓缩作用，二段旋流器中工作悬浮液的实际密度要低于循环悬浮液的密度，即二段的工作悬浮液密度低于一段，在二段实现对一段溢流的精选，得到中煤和精煤。当采用双密度时（图 7-27*b*），主选（一段）用高密度悬浮液选出重产物（矸石），再选（二段）用低密度悬浮液选出轻产物（精煤）和中间产物（中煤）。这两种分选系统为精选型三产品重介旋流器分选工艺，采用无压给料，从高密度到低密度分选，高密度组分在旋流器中停留的时间就

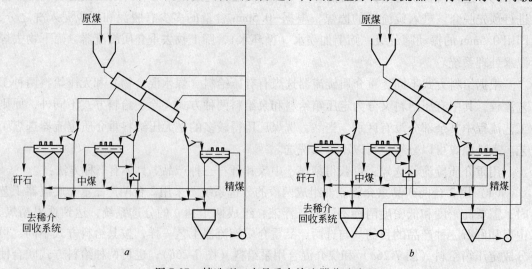

图 7-27　精选型三产品重介旋流器分选流程

a—单密度循环悬浮液；*b*—双密度循环悬浮液

短，因而大大降低矸石对设备的磨损，同时分选过程为逐级精选，最终精煤污染小、质量高，因此称为精选型流程。

（3）仅用 1 台三产品重介旋流器组成分选系统。根据给料方式不同，分为定压箱无压给料分选流程（图 7-28a）和煤介混合用泵有压给料分选流程（图 7-28b）。其特点是：采用单密度循环悬浮液分选，循环悬浮液的密度根据低密度分选（精煤灰分）的需要配置，先选出精煤，一段的底流以有压切线方式给入二段旋流器，再分选出中煤和矸石。二段旋流器的工作压力是一段旋流器底流的排料余压。由于高密度的矸石最后选出，要经过 2 台旋流器，在旋流器中停留时间最长，对系统的磨损严重，特别是对二段旋流器的使用寿命影响很大。

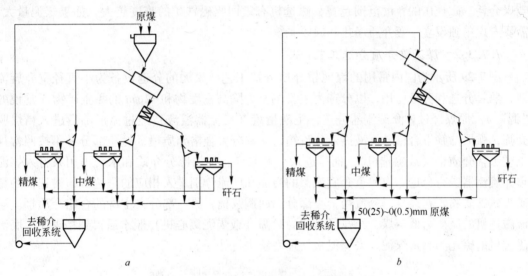

图 7-28　扫选型三产品重介旋流器分选流程

a—定压箱无压给料；b—煤介混合用泵有压给料

这类分选系统也称为扫选型三产品重介旋流器分选工艺。由于采用单密度的悬浮液，一段的入料压力和分选密度易于调节，而二段的分选密度和压力调节相对较难，二段的工作悬浮液密度由于一段的浓缩效应，相比一段较高，从而实现高密度物料的分选。很显然二段分选密度的调节需要调节一段的浓缩效应，但在实际生产中，目前主要根据中煤质量要求，通过调整二段溢流管的插入深度来调节二段分选密度，但其调节范围有限。

7.7.3　煤泥重介质分选工艺

7.7.3.1　煤泥重介质分选概述

原煤经过跳汰机、重介质分选机和重介旋流器等设备（作为主要分选设备）处理后，会产生大量的煤泥，包括原生煤泥和次生煤泥。分选煤泥的常规方法是浮选，但是浮选的最佳粒度上限是 0.3mm，从而会导致 0.3～0.5mm（甚至 3mm）无法得到有效分选而进入浮选尾煤，造成煤炭资源的损失。

重介质选煤具有较高的分选精度，用重介旋流器分选煤泥是一种行之有效的方法，但与+0.5mm原煤重介旋流器分选相比，煤泥重介旋流器分选具有以下特点：

（1）煤泥的粒度细，需要更大的离心加速度。这可以通过提高旋流器的入料压力和减小旋流器的直径来实现。分选煤泥的重介旋流器都是小直径（小于500mm）的。入料压力与旋流器的直径 D 有关，至少大于 $9D$（有的甚至达 $45D$）。入料压力增大，对管道和旋流器内壁的磨损加重，而且电机功耗也增大。

（2）磁铁矿粉的粒度也相应的更细。$-40\mu m$ 的含量大于90%，其中 $-10\mu m$ 的含量不小于50%。这样细的粒度组成对煤泥分选后产品的脱介提出了更高的要求，介耗至少增加一倍。回收的磁铁矿粉，因为粒度细，矫顽力大，极易团聚，因此需要考虑退磁。

（3）如果与原煤重介旋流器分选共用一套介质回收系统，会降低磁选机的效率，增加吨煤介耗。磁铁矿的粒度范围越宽，磁选机有效回收磁铁矿的难度越大。如果煤泥量大，需要考虑单独设立一套介质净化和回收系统。

7.7.3.2　煤泥重介质分选工艺

图7-29所示为国内常用的煤泥重介质分选工艺。煤泥的分选设备为小直径重介旋流器，兼具分选和分级作用，以分选为主，主要去除高密度物和 $-2\mu m$ 的黏土矿物（常说的"泥"）。原煤经过重介旋流器分选，主洗精煤（旋流器溢流）经过弧形筛后进入精煤脱介筛，弧形筛筛下合格悬浮液进入分流箱，一部分去合格介质桶，另一部分并不按照常规工艺去稀介质桶（或磁选机），而是进入一调浆桶，补加部分介质和水，再用泵打入煤泥重介旋流器进行分选。煤泥重介旋流器的溢流和底流分别进入相应的磁选机，磁选机的精矿为磁铁矿粉，在经过一分流箱，一部分返回调浆桶，另一部分去主洗的合格介质桶。溢流磁选机的尾矿为低灰煤，经弧形筛和高频筛（或煤泥离心机）脱水后得到精煤泥。底流磁选机的磁尾为高灰煤泥，去煤泥水处理系统进行处理。

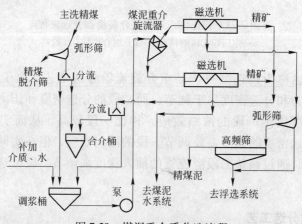

图7-29　煤泥重介质分选流程

7.8　重介质选煤主要操作要点

7.8.1　悬浮液循环量

悬浮液的循环量为上升（或下降）介质流量和水平介质流量之和，吨煤循环量是指1t

原料煤所需悬浮液的循环量。水平液流的主要作用是运输物料，其流速取决于入料的粒度下限，一般以 0.2~0.3m/s 为宜。上升或下降液流的作用是提高悬浮液的稳定性，其流速取决于悬浮液密度和煤泥含量以及加重质粒度等。重介质分选机的上升液流量约占总循环量的 2/3，水平液流约占 1/3。

对于块煤分选机，水平和上升（或下降）介质流是配合使用的。悬浮液的水平介质流量大小影响原料煤在分选槽中的停留时间。水平介质流流速过大，分选时间缩短，细粒煤分选不完善，分选精度降低，反之，水平介质流流速过小，分选后的精煤不能及时排出，必然影响分选机处理能力。上升介质流流速过大，会使高密度的小颗粒混入上浮产品中，反之，上升介质流流速过小，会使悬浮液中的加重质沉淀，分选槽内上层的悬浮液密度降低，分选密度下降，沉物中错配物增加。一般来说，上升（或下降）介质流量应由分选槽内悬浮液的动稳定性决定；而水平介质流量是由入料粒度下限决定。例如，对以上升介质流来维持悬浮液稳定性的块煤重介质分选机来说，在分选槽最大断面处的上升介质流流速应大于或等于加重质的干扰沉降速度。至于为稳定悬浮液所需的下降介质流流速尚未得出结论。

水平介质流流速是以维持必要的分选时间来决定的，因此，必须以具有分选下限粒径的颗粒来计算。另外，分选时间与排料方式有关。一般来说，对于分选上限不大但分选下限低的块煤重介质分选机，大多采用溢流堰溢出浮煤的方式，而对于大块较多的分选机，则以机械方式排出浮煤。在生产中还应根据分选槽内悬浮液的稳定性及分选效果来调整介质流速。另外，由于介质流速大小取决于悬浮液循环量的大小，因此适当的悬浮液循环量意味着适当的分选时间以及正常的分选效果。

各种分选机的吨煤循环量见表 7-5。只要按照分选机制造厂所规定的加重质粒度、悬浮液循环量、入料粒度下限及额定处理量来操作，一般都能得到符合规定的分选效果。

表 7-5　块煤重介质分选机的循环悬浮液量

分选机类型	斜轮	立轮	浅槽	圆筒形
悬浮液流动方式	水平-上升流	水平-下降流	水平流	水平流
悬浮液循环量/m³·t⁻¹	0.5~1	1	2~5	2~3

对于重介质旋流器，当给料压力与旋流器的结构参数不变时，旋流器的循环量变化不大。这时，物料与悬浮液的体积比越大，吨煤循环量就越小。重介质旋流器的吨煤循环量为 2.5~3m³，低于吨煤循环量 2.5m³，分选效率降低，高于吨煤循环量 3m³，并不能提高分选效果，经济上也不合算。

7.8.2　悬浮液密度

用斜轮分选机分选块煤时，由于受上升介质流和介质阻力等因素的影响，实际分选密度一般比悬浮液密度高 0.04~0.08g/cm³。在生产中，应尽量使悬浮液密度波动范围小。在低密度分选炼焦煤时，进入分选机中的悬浮液密度波动范围应小于 0.01g/cm³。在高密度分选或排矸系统中，悬浮液密度的波动范围为 0.01~0.05g/cm³。

生产中，当精煤灰分超过指标和原煤可选性变难的情况下，可适当降低悬浮液密度和循环量，或适当调整上升流和水平流的比例。当精煤灰分较低、沉煤中含精煤较多时，如果悬浮液中煤泥含量较低，可适当加大上升流量；如果煤泥含量较高，则可适当提高悬浮液密度。

重介质旋流器分选时，分选密度一般高于悬浮液密度 $0.1 \sim 0.2 g/cm^3$。这是因为在离心力作用下，旋流器内的悬浮液被浓缩而使分选密度增大。分选密度和悬浮液密度的差值取决于悬浮液中加重质的特性、煤泥含量和旋流器的结构参数。低密度悬浮液的加重质粒度要求较细，高密度悬浮液的粒度可以粗些。

重介质旋流器分选密度的调节，可通过改变溢流口和底流口的直径以及调节悬浮液的密度来实现；但在生产过程中不能随时改变溢流口和底流口的直径，主要靠调节悬浮液密度来改变分选密度。

7.8.3　旋流器的正常工作状态

旋流器是利用离心力分选原煤的设备。旋流器工作时，其轴心必须形成空气柱，底流必须以辐射伞状排出。如果没有空气柱、底流没有呈辐射伞状排出，这说明所受离心力不大，悬浮液的正常流态受到破坏，必然导致旋流器分选效果差。遇此情况，要及时查找原因并进行调整。

破坏正常流态的原因往往有以下几种：入料方向不是切线的；旋流器内壁不光滑，凸凹，有台阶；底流口，入料口磨损；底流口与溢流口大小或它们之间的比例不合适；入料压力过低等。

采用定压箱给料时，要注意保持定压箱内液面始终在定压箱的溢流口处。因为定压箱内液面下降，会使旋流器入料压力降低，分选效果变差。但又要防止定压箱溢流量过大，以防溢流带走精煤；再者，溢流量过大还会增加加重质的损失量。所以，必须采取自动控制，保持定压箱液面的稳定。

7.9　重介质选煤自动控制

在重介质旋流器选煤过程中，需要经常对选煤工艺参数进行检测和调整，保证产品质量和数量的稳定。在重介质选煤生产过程中，需要检测和控制的工艺参数有悬浮液密度、精煤灰分、悬浮液流变特性、旋流器入料压力、介质桶液位等。尤其是对重介质悬浮液的密度和流变特性的检测和调整更为重要，因为它直接影响产品的灰分和回收率。

7.9.1　悬浮液密度测控

悬浮液密度常用浓度壶或者密度计测定，生产中应采用自动控制系统，以控制悬浮液密度的稳定性。

7.9.1.1　悬浮液密度测量

除用浓度壶人工测量外，常用的密度检测装置有双管压差密度计、水柱平衡密度计和 γ 射线密度计。目前多采用 γ 射线密度计。

图 7-30 为 γ 射线密度计工作原理图。实际测量时，将装有铯 137（^{137}Cs）放射源的铅室和探测器置于管道的相对两侧，由铅室准直的 γ 射线束经管道悬浮液吸收衰减，射线强度的衰减与悬浮液密度有关，入射到测控器中的碘化钠晶体，碘化钠晶体具有很大的光能

输出。经光电倍增管和前置放大电路后，脉冲信号送到信号处理机，经微处理机计算，得到悬浮液的密度值。

7.9.1.2　悬浮液密度自动调节系统

图 7-31 所示为常用的密度自动控制系统。密度计 1 测出被控悬浮液的密度后，将信号给入控制箱 2，测得的密度与要求的密度差值形成一个信号经放大后送到执行机构。当差值微小时，执行机构得到信号进行微调。如果悬浮液密度低了，信号指示分流箱 3 加大分流量，将更多的浓悬浮液送入稀介质系统。如果悬浮液密度仍未变高，就进一步加大分流量使悬浮液密度逐渐增高，直至悬浮液密度达到要求，分流量恢复正常；如果悬浮液的密度高了，信号送到执行机构，指令开动水阀 4，往合格介质桶 5 中加清水，当悬浮液密度逐渐降低时，信号指示水阀少加清水，直至合格悬浮液密度达到要求，停止加清水。

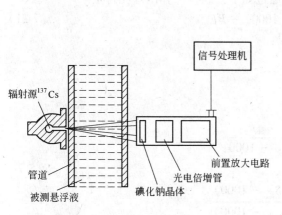

图 7-30　γ 射线密度计工作原理图

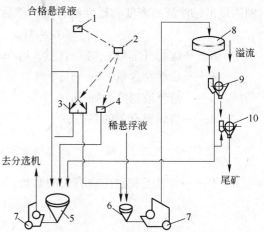

图 7-31　常用的密度自动控制系统

1—密度计；2—自动控制箱；3—分流箱；4—水阀；
5—合格介质桶；6—稀介质桶；7—介质泵；
8—浓缩机；9—一段磁选机；10—二段磁选机

当悬浮液的密度达到要求时，一般情况下合格介质桶液位的高低是由系统中磁铁矿总量决定的。液位过低，说明磁铁矿总量过少，应添加新磁铁矿补充。液位过高，合格悬浮液的密度肯定降低，应加大分流量进行浓缩。此时，密度和液位自动控制的动作是一致的。

总的来说，密度高加清水，密度低加大分流量；液位低加新磁铁矿，液位高加大分流量。正常生产情况下，液位一般比较稳定，主要是密度有波动。

密度自动控制系统工作的好坏，不但与测定和控制设备工作效果有关，还与工艺流程、磁铁矿损失大小等因素有关。比如当原料煤带水过多时，会发现合格介质桶液位上升较快，悬浮液密度下降较多，密度波动加大，磁铁矿损失增加。这时，单靠自动控制系统就不能解决问题了。又如当磁铁矿损失较大时，自动控制系统动作频繁，但密度还不稳定，液位经常降低，就应采取措施降低磁铁矿损失。

7.9.2　循环悬浮液流变特性测控

悬浮液的流变特性是表征悬浮液的流动与变形之间的关系的一种特性。流变黏度是悬浮液流变特性的主要特性参数。在实验室条件下，测定悬浮液流变黏度的方法主要是用毛细管黏度计，以测定悬浮液从毛细管中流出的速度，或者用旋转黏度计，以测定作用在转子上的力或扭矩。但是在生产中，用以在线测量并指导生产的就不能使用这些方法，而是采用间接测量方法。即通过测量悬浮液密度和测量悬浮液磁性物含量，然后推算出悬浮液煤泥含量的方法。因为在用磁铁矿悬浮液选煤过程中，当磁性加重质的特性稳定时，随着煤泥含量的增大，其黏度也随之增大。悬浮液的流变黏度主要就取决于煤泥的含量与特性。

　　重介质悬浮液的主要组成是磁铁矿粉、煤泥和水。悬浮液流变特性的自动调节，主要是调节悬浮液的煤泥含量，一定量的煤泥有利于提高悬浮液的稳定性。

　　重介质悬浮液中煤泥含量很难使用仪表测量，但可以借助于密度计和磁性物含量计分别测量出悬浮液的密度和磁性物含量，然后通过如下公式，计算出煤泥含量。

$$G = A(\rho - 1000) - BF \qquad (7\text{-}21)$$

式中　G——煤泥（非磁性物）含量，kg/m^3；

　　　　F——磁性物含量，kg/m^3；

　　　　ρ——悬浮液密度，kg/m^3；

　　　　A——与煤泥有关的系数，

$$A = \frac{\delta_{煤泥}}{\delta_{煤泥} - 1000}$$

　　　　B——与煤泥和磁性物有关的系数，

$$B = \frac{\delta_{煤泥}(\delta_{磁} - 1000)}{\delta_{磁}(\delta_{煤泥} - 1000)}$$

　　　　$\delta_{煤泥}$——煤泥密度，kg/m^3；

　　　　$\delta_{磁}$——磁铁矿粉密度，kg/m^3。

所以　　　　　　　　煤泥含量（%）$= \dfrac{G}{G + F} \times 100\%$

　　在重介质旋流器选煤中，低密度分选悬浮液的煤泥含量一般控制在 50%～60% 为宜，超过此值时，应加大精煤弧形筛下的合格悬浮液分流到精煤稀介桶，经过磁选机，煤泥从磁尾流出重介选煤系统（不参与悬浮液循环）。如果煤泥含量低于最佳范围，就应适当减小分流。

思　考　题

7-1　概念：重介质选矿、加重质、加重剂、磁性物含量、流变黏度、牛顿流体、黏塑性流体、假塑性流体、膨胀性流体、空气柱、锥比、有压给料旋流器、无压给料旋流器、扫选型三产品重介旋流器、精选型三产品重介旋流器、分流、介耗、磁性物含量、原生煤泥、次生煤泥、浮沉煤泥。

7-2　用于选矿的分选介质有哪些？

7-3　重介质选煤有哪些优点？

7-4　用于选矿的重悬浮液有哪些要求？

7-5　如何提高悬浮液的稳定性？

7-6　重介质分选机有哪些典型的设备，各有什么特点？

7-7 影响浅槽分选机分选效率的因素有哪些?

7-8 阐述重介质旋流器的结构、工作原理、内部流态和流速分布。

7-9 旋流器有哪些安装方式、哪些给料方式、各有什么优缺点?

7-10 分析单密度精选型三产品重介旋流器如何实现超低灰精煤的分选?

7-11 画出典型的悬浮液回收净化流程并说明各个环节的作用。

7-12 如何调节合格悬浮液中的煤泥含量?

7-13 如何降低重介质选矿的介耗?

7-14 影响重介质选煤的主要因素有哪些?

7-15 如何自动调节悬浮液的密度和流变特性?

8 斜面流选矿

本章提要：斜面流选矿是利用不同密度和粒度的原矿在斜面水流中运动状态的差异来进行分选，主要设备包括：斜面溜槽、螺旋溜槽、离心溜槽和摇床。

　　本章首先介绍了颗粒在斜面流中的运动规律，然后重点介绍了斜面溜槽、螺旋溜槽、离心溜槽和摇床的基本结构、分选原理、工作过程和特点等。

　　斜面流选矿是利用不同密度和粒度的原矿在斜面水流中运动状态的差异来进行分选的方法。其设备主要包括斜面溜槽、螺旋溜槽、离心溜槽和摇床。斜面溜槽简称斜槽，广泛地用于处理钨、锡、金、铂、铁、某些稀有金属矿石及煤等。它处理原煤的粒度上限达60mm，当然斜槽中的水层厚度从几十毫米到数百毫米，总用水量也较大（3~7m³/t）。而螺旋溜槽和摇床主要用于分选细粒级煤（小于3mm），特别是螺旋分选机，目前在选煤厂广泛用于粗煤泥的回收，摇床主要用于我国西南地区高硫煤的物理法脱硫（选出硫黄铁矿）。在螺旋溜槽和摇床中，矿浆呈薄层状流过设备表面，水层厚度较薄，所以习惯上将这种选矿方法称为流膜选矿。

8.1 颗粒在斜面流中的运动规律

8.1.1 水流沿斜面的流动

　　在斜面上运动的水流是松散床层的动力，它的运动特性影响床层的分层效果。水沿斜面运动属于无压流动，动力来源于重力沿斜面方向的分力作用，阻力为水分子质点间的内摩擦力、水流与槽底及槽侧的摩擦力。当溜槽倾角小、矿浆流层薄、流速慢时，矿浆流态多属层流，矿浆流动平稳，流层间没有混杂交换、漩涡或水跃现象；反之，属于紊流。

　　水流紧贴槽面的流动速度为零，从斜面底向上，水流速度逐渐增大，在水流表面流速最大，但流态不同，流速沿水流深度的分布也不同。这种流速分布导致水流对矿粒的输送能力有区别，表层流速大有较大的输送能力。

8.1.1.1 层流水流

　　层流时，雷诺数较小。如图8-1所示，根据内摩擦力和重力在流动方向的分力的平衡关系，可以求得水流速度u。

$$u = \frac{\rho g \sin\alpha}{2\mu}(2H - h)h \tag{8-1}$$

式中，H为水层厚度；ρ为水的密度；h为某水层距底面距离；α为斜面倾角；μ为水的黏度。

最大流速（$h=H$ 时）为

$$u_{\max} = \frac{H^2 \rho g \sin\alpha}{2\mu} \qquad (8\text{-}2)$$

水流任一高度处的流速与表层流速的比值为

$$\frac{u}{u_{\max}} = 2 \times \frac{h}{H} - \left(\frac{h}{H}\right)^2 \qquad (8\text{-}3)$$

此式表明，层流状态下，水速沿深度分布为二次抛物线。

整个水流的平均流速为

$$u_{\mathrm{mea}} = \frac{\rho g \sin\alpha}{3\mu} \times H^2 = \frac{2}{3}u_{\max} \qquad (8\text{-}4)$$

即平均流速为最大流速的 2/3 倍。

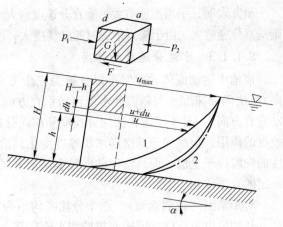

图 8-1　水流速度分布
1—层流；2—紊流

8.1.1.2　紊流水流

随水流流速的增大，水流的运动状态呈现紊流流态。紊流的特点是流场内存在大小无数的漩涡和层间掺混，各点的速度和方向均时刻在变化。显然这种流态有利于矿粒的松散，溜槽选矿矿浆的流态多控制在紊流或弱紊流状态。

在斜面流为紊流时，水速沿深度的分布可表示为

$$u = u_{\max}\left(\frac{h}{H}\right)^{\frac{1}{n}} \qquad (8\text{-}5)$$

指数 n 随 Re 而变，一般为 1.25~7。粒度越大，n 值也越大。粗粒溜槽水速为 1~3m/s，n 值可取 4~5；细粒溜槽（弱紊流）$n=2$~4；矿泥溜槽（近似于层流）$n=1.25$~2。式（8-5）表明，在紊流流态下，水速沿深度分布为高次抛物线。

紊流水流可大致分为层流边界层、过渡区和基本紊流区三层。层流边界层靠近底面，流速很小，层流流速变化较大，层流厚度也很小。过渡区厚度也不大，流速逐渐增加。基本紊流区层间流速变化不大。

紊流时整个水深的平均流速为

$$u_{\mathrm{mea}} = \frac{n}{n+1}u_{\max} = Nu_{\max} \qquad (8\text{-}6)$$

式中，假设 $N = \dfrac{n}{n+1}$，表示平均紊流流速系数。

在选煤过程中，N 值可取表 8-1 中的经验值。

对于溜槽，表面水流速度为 0.5~3m/s，系数 N 取平均值 5/6。

对于摇床，表面水流速度约为 0.05~0.5m/s，系数 N 取 3/4。

表 8-1　平均紊流流速系数 N 的取值

水流状态	层　流	由层流向紊流过渡	紊　流	Re 很大时的紊流
$\dfrac{n}{n+1}$ 值	$\dfrac{2}{3}$	$\dfrac{2}{3}$~$\dfrac{3}{4}$	$\dfrac{3}{4}$~$\dfrac{7}{8}$	$\dfrac{7}{8}$ 或更大

研究表明，平均流速愈大，垂直分速度愈大。斜面水流 Re 值愈大、槽底粗糙且倾角大，则垂直分速愈大。由于接近槽底时速度梯度大，因此，愈靠近槽底，垂直分速度也愈大。

8.1.1.3　水流分速度的作用

溜槽中运动流体的速度可以分解为三个方向的分速度：纵向分速度（沿斜面流动方向）、法向分速度（与斜面和水流运动垂直方向）和横向分速度（与斜面平行并与水流运动垂直方向）。对于层流，法向分速度和横向分速度接近于零，流体的运动主要是纵向分速度的作用，但纵向分速度随水层厚度变化，槽底速度为零，表层流速最大，因此，轻密度的颗粒位于上层，而高密度的颗粒多位于下层，对于密度差较大且粒度较细的矿粒具有一定的分选作用。

对于紊流（或弱紊流），三个分速度均不为零，而且在溜槽中不同深度，同样的分速度，其数值也不一样。因槽面粗糙和水流底部上下流层间流速差大的缘故，在下部的法向分速度较强。对于选矿而言，最有意义的是法向分速度，宏观的表现是引起流层间的相互混杂，形成漩涡，导致在溜槽中产生上升水流，它是矿粒沉降、松散和分层的主要动力，在实际生产中应设法造成适当强度的涡流（增大流速或槽底粗糙度等方法），产生一定的法向分速度。

8.1.2　颗粒在斜面水流中的运动

8.1.2.1　矿粒的运动速度

在斜面水流的作用下，矿粒有不同的运动形式：矿粒在水流中沉降至槽底（图 8-2a）、沿底面滑动或滚动（图 8-2b）、悬浮和跳跃式运动（图 8-2c）、连续悬浮运动（图 8-2d）。

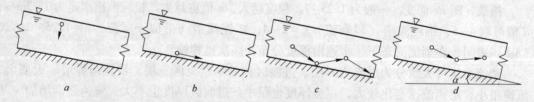

图 8-2　矿粒在斜面水流中的运动

a—沉降；b—滑动或滚动；c—悬浮或跳跃；d—连续悬浮

当颗粒沉降至槽底时，主要受力见图 8-3。

（1）重力 G_0：

$$G_0 = m \frac{\delta - \rho}{\delta} g = mg_0 \tag{8-7}$$

（2）水流作用于矿粒的推力：

$$R_x = \phi d^2 (u_{dmea} - V)^2 \rho \tag{8-8}$$

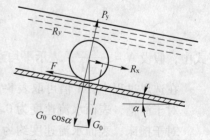

图 8-3　矿粒沿槽底运动受力图

式中　ϕ——阻力系数；

$\quad u_{dmea}$——作用于矿粒上的平均水速；

$\quad V$——矿粒沿槽底运动速度。

（3）水流垂直分速对矿粒的作用力：

$$R_y = \phi d^2 u_y^2 \rho \tag{8-9}$$

式中 u_y——垂直分速度。

（4）摩擦力：

$$F = (G_0\cos\alpha - R_y)f = (G_0\cos\alpha - \phi d^2 u_y^2 \rho)f \tag{8-10}$$

式中 f——矿粒与槽底的摩擦系数。

矿粒的运动方程式为：

$$m\frac{\mathrm{d}V}{\mathrm{d}t} = G_0\sin\alpha + R_x - F \tag{8-11}$$

当矿粒达到等速运动时，$\dfrac{\mathrm{d}V}{\mathrm{d}t} = 0$，则

$$G_0\sin\alpha + \phi d^2 (u_{dmea} - V)^2\rho - (G_0\cos\alpha - \phi d^2 u_y^2\rho)f = 0$$

整理后得

$$V = u_{dmea} - \sqrt{V_0^2(\cos\alpha \cdot f - \sin\alpha) - u_y^2 \cdot f} \tag{8-12}$$

对于沿槽底运动的颗粒，$u_y^2 \cdot f$ 项可忽略小计，于是可得

$$V = u_{dmea} - V_0\sqrt{f\cos\alpha - \sin\alpha} \tag{8-13}$$

当斜面倾角很小时，可以近似地认为

$$V = u_{dmea} - V_0\sqrt{f} \tag{8-14}$$

由式（8-7）~式（8-14）可知，矿粒的运动速度取决于斜面平均流速 u_{dmea}、δ、d、f、α 及 u_y 值。在同一斜面水流中，则主要取决于 δ 及 d 值。在 d 相同时，δ 大的移动速度小，在 δ 相同、d 值不同时，随 d 值的增加而运动速度加大，过极值后，则随粒度的增加而减小（见图8-4）。此外，增加 f 值，一般可以加大轻、重矿粒和大、小矿粒间的运动速度差。增大倾角，可增大矿粒的运动速度，但轻重矿粒间运动速度差别减小，不利于矿物按密度分开。

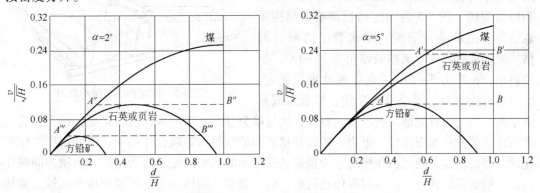

图 8-4 不同倾角时矿粒运动速度与粒度的关系

8.1.2.2 紊流斜面流的粒群松散

紊流中水流质点的扰动运动是粒群松散的主要作用因素，称为"紊动扩散作用"。水流的瞬时速度可以分解为沿槽纵向、法向和横向三个分量，法向脉动速度是粒群松散的动力，它也限定了重矿物的粒度回收下限。法向脉动速度沿水深分布并不一致，在下部初始漩涡形成区，脉动速度较强，向上逐渐减弱。粒群在紊流斜面流中借助法向脉动速度维持松散悬浮，反过来粒群又对脉动速度起抑制作用，因而矿浆流膜的紊动度总比清水流膜

弱，这种现象称为粒群的"消紊作用"。

在紊流矿浆流的底部，固体颗粒浓度较大，流速显著降低，向上流速则急剧增大，甚至到顶部超过了清水斜面流的流速。

8.1.2.3　层流矿浆流膜的粒群松散

在层流矿浆流膜内不存在漩涡扰动的扩散作用，粒群的松散是由于层间斥力作用。在层流流膜内，颗粒运动时在垂直于剪切方向上将产生一种斥力（或称分散压），使粒群具有向两侧膨胀的倾向。这种层间斥力随剪切速度梯度的增大而增加，当它的大小足以克服颗粒在介质中所受的重力时，粒群即呈悬浮松散状态。不同颗粒依所受到的层间斥力、自身重力和槽面的机械阻力的相对大小不同而发生分层，这种分层基本不受流体动力影响，故仍属于静力分层。它不仅发生在极薄的层流流膜内，而且也出现在弱紊流流膜的底层，通常称为"析离分层"，即在同一密度层内，粗颗粒尽管对细颗粒有较大的层间压力，但细颗粒在向下运动中所遇到的机械阻力却更小，因而处于同一密度的粗颗粒层的下面。但在给料粒度差不大或颗粒较细时，粒度的这种分布差异不明显，而只表现为按密度差分层。

流膜选矿设备通过摇动等方法提高剪切速度梯度，从而增加层间斥力，改善层流或弱紊流矿浆流膜内粒群的悬浮松散和分层效果。

8.2　斜面溜槽

8.2.1　选矿溜槽

选矿溜槽主要用于选金、铂等金属，常用的类型有固定挡板溜槽、覆面溜槽、振动溜槽和胶带溜槽。图 8-5 为固定挡板溜槽的结构示意图。它由料斗、筛板、喷水管、挡板（溜格）和槽框等组成。溜槽的倾角为 3°~15°，狭长斜槽，长度为 5~15m，宽度视处理量而定。槽底铺有淘金草、增金草、金毡、粘金布或粘

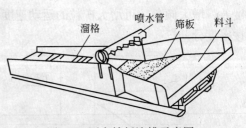

图 8-5　固定挡板溜槽示意图

金草等，其上压有溜格。物料给入料斗，经过筛分并加高压喷水，洗掉矿泥，筛上物进入溜槽段，矿粒在水流作用、重力、矿粒与槽底间的摩擦力等联合作用下，不同密度的矿粒松散分层，密度大的沉积在槽底成为精矿，密度小的从槽面流出成为尾矿。溜槽为间歇作用，当精矿沉积到一定高度时要停止给矿，清出精矿。溜槽倾角、矿浆浓度和流速、溜格的材质、高度和分布密度将影响选矿回收率。

8.2.2　斜槽分选机

斜槽分选机主要用于分选脏杂煤、劣质煤和代替人工拣矸，具有结构简单、制作容易、操作维护方便、生产能力大、基建和生产费用较低等优点。其缺点是洗水用量较大，但对洗水的浓度要求不严格，甚至洗水浓度为 300g/L 时仍能生产。

斜槽分选机结构见图 8-6。它是一个横断面为矩形两端敞口的密封槽体，倾斜安装与水平呈 48°~52°夹角。槽体包括上、中、下三段，上段和下段各有一块可调节的紊流板

（或称调节板），其上焊有人字形或直线形的隔板（格条）。通过手轮旋转丝杆可改变紊流板在槽体内的位置，从而改变槽体的通流区的断面，产生适宜湍流度的上升水流。槽体上部的轻产品进入精煤脱水筛，槽体的下端与脱水斗式提升机尾部相连。

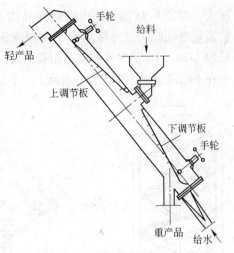

图 8-6 斜槽分选机结构示意图

原煤和少部分水从槽体中部给入，大部分洗水以一定压力和流量由槽体底部引入，由上端的溢流口流出。在逆向上升水流作用下，颗粒运动方向取决于水流上升速度和颗粒的下降速度。密度大的颗粒下降速度大于水流上升速度，于是向下沉降。密度小的颗粒下降速度小于水流上升速度，结果被水流向上托起，从上部轻产品口排出。槽体内隔板的存在使水流速度局部增加，产生涡流，使物料发生周期性的松散、密实，把混杂在其中的错配物部分地释放出来，保证了最终产品的质量。

8.3 螺 旋 溜 槽

8.3.1 螺旋分选机

将一个窄的溜槽绕垂直轴线弯曲为螺旋状，便构成螺旋溜槽或螺旋分选机。螺旋分选机通常用来分选细粒单体解离的金属矿物，近年来也用于分选细粒煤和进行煤的脱硫。螺旋分选机结构简单、占地面积小、生产效率高、操作维修方便、本身无运动部件、成本低，是一种用来处理煤泥的有效设备。其缺点是高度较大、设备参数不易调节、对连生体或扁平物料分选效果较差。工业用螺旋分选机直径一般为 600～1200mm，煤的入选粒度范围为 6～0mm。资料表明，当分选 3.2～0mm 级煤时，可使灰分从 21% 降至 9%。

8.3.1.1 基本构造

螺旋分选机由螺旋槽（单个或多个）、给矿槽、尾矿槽及机架等组成（图 8-7）。螺旋槽是主体部分，通常用铸铁、玻璃钢或旧轮胎等制成，一般为 4～6 圈，用支架垂直安装。槽体断面为椭圆形或抛物线形。槽底的横向倾角取决于采用的曲线形状和长短轴半径比，纵向倾角与螺距和外径有关，螺距/直径 = 0.4～0.8。

矿浆由上端给入后，沿槽面流动过程中按密度和粒度分层分带，密度大的矿粒向槽的内缘运动，密度小的矿粒则被甩向外缘，重矿粒由截料器经排料管排出，轻矿粒则流到槽尾排出。若不用截料器，由槽尾断面的不同位置可截得精矿、中矿、尾矿。

8.3.1.2 分选原理

水流在螺旋槽内沿螺旋线回转运动，称为纵向流或主流，同时又在横向形成环流，称为横向环流或副流，水流运动的轨迹如图 8-8 所示。

水流速度和厚度在横断面上由内向外逐渐增加，槽内侧水层薄流速小，外侧水层厚流速大。如图 8-9a 所示，由内侧向外侧，水层厚度依次为 5mm，10mm，…，25mm。当矿浆流量变化时，仅外缘水流厚度和流速变化。如图 8-9b 所示，在不同流量下，在底面周长约 17cm 内水流厚度和流速相差不大，但在外缘即底面周长大于 17cm，水流厚度和流速发生在不同流量下差距较大。水流上、下层流速与普通溜槽相似，上层流速大，下层流速小。

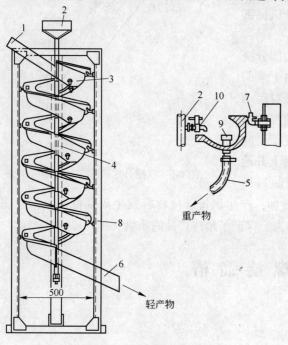

图 8-7　螺旋分选机结构

1—给矿槽；2—冲洗水导槽；3—螺旋槽；4—连接用法兰盘；
5—接矿软管；6—排矿槽；7—螺旋槽与机架的连接件；
8—机架；9—截料器；10—冲洗水阀门

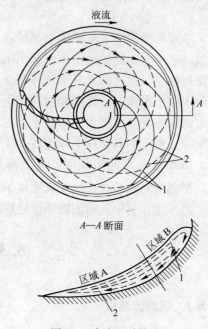

图 8-8　水流运动轨迹

1—上层液流；2—下层液流

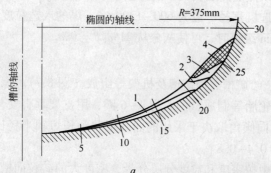

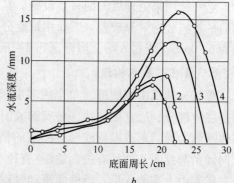

图 8-9　不同流量时水流深度的变化

a—横断面图；b—周长与水深关系曲线

1—流量 0.61L/s；2—流量 0.84L/s；3—流量 1.56L/s；4—流量 2.42L/s

　　水流中的矿粒在重力、摩擦力、惯性离心力和水流动压力等作用下，首先松散分层，密度大的矿粒转入底层，密度小的矿粒转入上层，由于水流上层的纵向速度及横向速度较大，矿粒受到的离心力和环流动压力超过了它的重力分力和摩擦力，使这些密度小的矿粒向外缘运动，位于下层的矿粒纵向速度小，环流方向向里，因而在其重力分力的环流作用下克服离心力和摩擦力，而使矿粒向内缘运动，粗粒回转速度快，比细粒易于向外运动。结果，密度和粒度不同的矿粒达到稳定运动所经过的距离不同，最后，在螺旋槽内形成不同的条带（图8-10），重矿粒带流层薄，因而可清洗出其中的低密度矿粒。

8.3.2 螺旋滚筒选煤机

螺旋滚筒选煤机是一种自生介质选煤方法。它是以入选原煤中小于0.3mm的粉煤作为介质，并与水混合形成较稳定的悬浮液，与螺旋滚筒配合分选块煤。

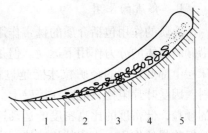

图 8-10 矿粒运动的轨迹及分带
1—重矿物细颗粒；2—重矿物粗颗粒；
3—轻矿物细颗粒；4—轻矿物粗颗粒；
5—矿泥

由于螺旋滚筒选煤机结构简单，工艺布置紧凑，安装高度低，占地面积和空间小，投资省、建厂快、省水省电，并具有可移动的优点，广泛用于动力煤、炼焦煤（易选、中等可选性）、脏杂煤及煤矸石的分选，特别适合于中小型选煤厂。

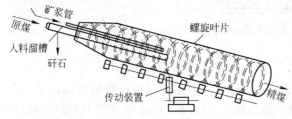

图 8-11 螺旋滚筒选煤机结构示意图

8.3.2.1 基本结构

螺旋滚筒选煤机的结构如图8-11所示，主要由螺旋分选筒、滚筒驱动装置、入料溜槽、矿浆管和机架等部分构成。

螺旋滚筒选煤机的分选筒是由圆柱形筒体段和圆锥形筒体段组成。在分选筒的内壁均匀分布着三头螺旋筋板。这些筋板一方面将矸石旋起并排出分选筒外，另一方面又为物料提供了动力，使物料充分分散。螺旋分选筒由前、后、左、右四组橡胶轮支撑，筒体呈8°~12°微倾斜安装在机架上。驱动装置由电机驱动减速机和主动支撑胶轮使滚筒旋转，入料溜槽的截面为弧形，一直伸入到螺旋分选筒中部。介质管道平行布置在入料溜槽的一侧。

8.3.2.2 分选原理

当物料随介质流一起从入料溜槽下落到螺旋分选筒的中部后，物料受螺旋分选筒的回转作用、介质作用和螺旋筋板的推动作用的共同影响，实现分选。

A 螺旋分选筒的回转作用

滚筒在传动装置驱动下，做回转运动。根据入料性质及产品质量要求的不同，转速也不相等，一般为8~20r/min。

当物料进入螺旋分选筒时，落在螺旋筋板之间的分选槽内，物料颗粒呈自然堆积状态。由于受螺旋分选筒的回转作用，物料随分选筒一起沿圆周方向上升，当物料上升到一定高度时，由于受到侧壁介质喷水的作用开始泻落。在泻落过程中，由于颗粒的密度不同，泻落速度也不同，从而导致物料按密度分层。由于螺旋分选筒是连续入料，所以在分选筒内的物料呈动态循环的上升-泻落运动。又由于物料在每一个分选槽内都要经历动态循环的上升，因此，在物料到达产品出口前要经历多次这样的循环过程，从而使物料颗粒充分按密度分层。

B　介质的作用

介质的作用包括介质的携带作用和分层作用。在介质中，矿料在流体推力和自身重力沿倾斜筒体的分力作用下运动。但是矿粒向下运动又要受到筒内螺旋条的限制，只有处在床层上部低密度的轻矿粒才能越过螺旋条，向前移动；而在螺旋叶片下面的高密度重物料，因受叶片阻挡只能留在筒壁上。由此可见，在介质流的推力作用下，形状及大小相同的颗粒，低密度的比高密度的运动速度快，移动得远。因此，矿浆的水平流起到分离和运输轻物料的作用。表层的流速快，底层的流速慢。

由于螺旋筋板的高度将阻挡一部分介质流，所以介质在筋板与分选筒壁之间的空间内形成涡流，从而使下层的物料被旋起，在物料颗粒的下降过程中，由于不同密度的颗粒在介质中的沉降速度不同，从而导致物料颗粒按密度分层，并在介质的携带作用下进入下一个分选槽内，见图 8-12。

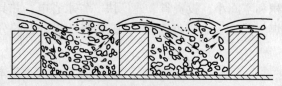

图 8-12　物料在分选槽内的分层状态

C　螺旋筋板的推动作用

在分选槽内经历了上升-泻落过程而分层的物料中，上层物料被介质携带而向下运动，下层物料在螺旋筋板的推动作用下不断向分选筒的上方运动，在运动过程中不断受到分选筒的回转作用和介质流的作用，从而物料经历多次按密度分层过程。

D　螺旋分选筒不同部位的分选作用

在螺旋分选筒的不同部位，分选筒回转作用和介质流作用的影响不同。在分选筒落料点的前方，低密度颗粒含量较大，由于煤粒之间、煤粒与筒壁之间的摩擦力较小，煤粒随分选筒沿圆周方向上升高度较低，所以煤粒在泻落过程中按密度分层的效果较差。而在这个部位，介质流量最大，因此介质流在螺旋筋板下方产生的涡流也最强，所以大量煤粒能够被旋起，从而按密度分层。同时，介质流的携带作用也最强，能够使物料颗粒越过筋板向前移动，并最终从螺旋分选筒的精矿口排出。

在分选筒落料点的后方，高密度颗粒含量较大，由于矸石之间、矸石与筒壁之间的摩擦力较大，因此物料能够随分选筒一起沿圆周方向上升到较高的高度，在泻落过程中按密度分层的效果较好。而在这个部位的介质流量较小，介质流在筋板下方产生的涡流也较弱，且由于矸石密度较大，不易被旋起，因此，介质流在这个部位的分层作用不明显，在物料经过上升-泻落过程而分层后，上层物料被介质流携带而向下运动，下层物料则在螺旋筋板的推动作用下向上运动并最终从螺旋分选筒的尾矿口排出。

8.4　离心溜槽

离心溜槽是借助离心力进行流膜选矿的设备。矿浆在截锥形转鼓内流动，除受离心力的作用外，松散-分层原理与重力溜槽是一样的。

8.4.1 卧式离心选矿机

标准的 ϕ800mm×600mm 卧式离心选矿机的结构示意图见图 8-13。分选是在截锥形的转鼓 4 中进行的，它的给矿端直径 800mm，向排矿端直线增大，坡度为 3°~5°，转鼓长度600mm。借助锥形底盘 5 将其固定在中心轴上，由电动机 12 带动旋转。上给矿嘴 3 和下给矿嘴 13 伸入转鼓的不同深度处。矿浆顺着转鼓转动的方向喷出，随即附着在鼓壁上，在随着转鼓回转运动的同时，并沿着鼓壁的轴向坡度流动，在空间构成螺旋形运动轨迹。分层是在矿浆相对于鼓面流动中发生。重产物沉积到一定厚度时停止给矿，由冲矿嘴 2 喷出高压水，将沉积物冲洗下来，得到精矿。

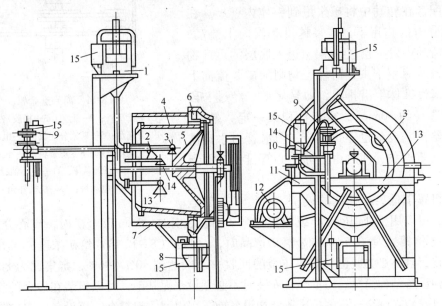

图 8-13 ϕ800mm×600mm 卧式离心选矿机
1—给矿斗；2—冲矿嘴；3—上给矿嘴；4—转鼓；5—底盘；6—接矿槽；7—防护罩；8—分矿器；9—皮膜阀；
10—三通阀；11—机架；12—电动机；13—下给矿嘴；14—洗涤水嘴；15—电磁铁

离心选矿机为间断工作，但断矿、冲矿和分排精矿却是由指挥机构和执行机构控制自动进行的。指挥机构按规定时间向执行机构通入或切断电流。执行机构包括给矿斗中的断矿管、控制冲矿水的三通阀 10 和皮膜阀 9、精尾矿换向排送的分矿器 8。它们分别由电磁铁带动动作。当达到规定的分选时间时，断矿管摆动到回流管的一侧，矿浆不再进入转鼓内。与此同时，三通阀将低压水路切断，皮膜阀上部的封闭水压被撤除，于是高压水即通过皮膜阀进入转鼓内。此时下部的分矿器也摆动到精矿管一侧，将冲洗下来的精矿导致精矿管道内。待冲洗完毕，各执行机构分别恢复原位，继续进行给矿。在离心机内还装有洗涤水嘴 14，在给矿的同时可以向沉积物上喷水以提高精矿质量。

卧式离心选矿机最早由我国云锡公司制成，1966 年通过技术鉴定。与重力矿泥溜槽相比，处理能力和工艺指标均有大幅度的提高，目前已成为国内钨、锡矿泥粗选的主体设备。也用于处理微细粒级的弱磁性铁矿石和硅藻土矿的提纯。在处理锡矿泥时，给矿粒度一般不应大于 0.075mm，但在分选铁矿石时粒度达 0.15mm 也得到有效分离，标准型的离心选矿机回收粒度下限可达 10μm。

8.4.2 立式离心选矿机

　　国内典型的立式离心选矿机是离心选金锥，
由昆明冶金研究所于 1979 年研制成功。国外尼尔
森（Knelson）离心选矿机、法而康（Falcon）离
心选矿机的结构均与此相似。如图 8-14 所示，在
截锥形的分选锥中心线垂直安装，内表面上镶有
同心环状橡胶格条。矿浆由给矿管至底部分配盘
上，分配盘在转动中将矿浆甩到锥体内壁上。在
离心力分力的作用下，矿浆越过条沟向上流动，
粒群在流动中发生松散-分层。进入底层的重产物
颗粒被条沟阻留下来，而轻产物则随矿浆流向上
流动，越过锥体上沿排出，即是尾矿。经过一段
时间分选（约 30min），重产物积聚一定数量后，
即切断给矿，设备也停止运转，用水管引水清洗
槽沟内的重产物，使之由下部中心管排出，即得
到精矿。

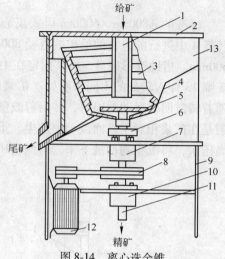

图 8-14　离心选金锥

1—给矿管；2—上盖；3—橡胶格条；
4—分选盘；5—矿浆分配盘；6—甩水盘；
7—上轴承座；8—皮带轮；9—机架；
10—下轴承座；11—空心轴；
12—电动机；13—机械外壳

　　该机属于低离心强度的设备，对给矿粒度适
应性强，可以用于处理砂金矿或粗粒脉金矿石。在分选−5mm 砂金矿时，离心分离因数 i
可取 6~8 倍；处理−0.5mm 脉金磨矿产品时，i 值可取 8~12 倍。给矿浓度亦可在较宽范
围内变化，且不必先脱泥。对单体金的回收率一般达到 90%~96%，富集比为 800~1600
倍。此种设备结构简单、质量轻，安装时不必预设水泥基础，可以组装在砂金的洗矿机组
中，也可安装在脉金选厂的摇床或浮选设备前，用以回收粗粒金。该设备的单位占地面积
处理量大、运转平稳。

8.5 摇　　床

　　摇床是一种精选末煤的重力分选设备，它适合于分选煤和矸石的密度相差较大，或含
黄铁矿较多的 13mm 以下的煤，用作脱硫及分选低灰精煤等。
　　平面摇床的应用已有 100 多年的历史。1890 年美国制造了第一台选煤用打击式摇床，
以后它逐渐发展成为选矿工业中的主要重力分选设备之一。在选煤方面，由于摇床的脱
硫效果较好，美国和澳大利亚等国家目前仍用摇床分选细粒级煤。1957 年以前主要是
坐落式单层摇床，从 1957 年开始，由于新型摇床传动机构的研制成功，发明了多层悬
挂式摇床，大大提高了它的单机处理能力，并使摇床选煤得到迅速发展。1974 年，煤
炭科学研究院唐山分院与南桐煤矿合作，独创了离心摇床。它具有特殊的结构，不仅提
高了摇床的生产能力，而且大大降低了有效分选的粒度下限，为摇床的更广泛应用开辟
了良好的前景。

8.5.1 摇床的结构

图 8-15 所示为平面摇床的构造。它主要由床头、床面和支架三部分组成。床面可用木材和铝制造。它通过可纵向滑动的滑动轴承 7 安装在基础 11 上。床面横向的坡度可用调坡机构 8 调节。床面的表面涂漆或用橡胶覆盖（有一定摩擦系数），并在其上面装有不同长度和高度的床条 9，床条的长度及高度都是由给料侧向精煤侧逐渐增加，而每根床条的高度又从床头端最高向尾矿端逐渐降低到零。床面上沿还装有给料槽 4 和冲水槽 6。

床头 2 由电机 1 带动，它通过拉杆 10 与弹簧 5 一起使床面做纵向往复不对称的运动。床面前进时，其速度由慢到快，而后迅速停止；在往后退时，其速度则由零迅速增至最大值，然后缓慢减小到零。床面的这种运动特性，促使床面上的矿粒沿纵向向前移动。

工业上应用各种不同形式的摇床，它们的区别主要是床面的形状和层数、床条的特征、床头的原理以及安装方式的不同。

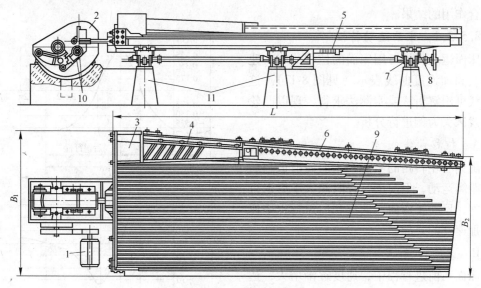

图 8-15 摇床构造图

1—电机；2—床头；3—床面；4—给料槽；5—弹簧；6—冲水槽；7—滑动轴承；8—调坡机构；
9—床条；10—拉杆；11—基础；B_1—床头床面宽；B_2—床尾床面宽；L—床面长

8.5.2 摇床的工作过程

摇床的床面近似梯形，床面横向呈微倾斜，其倾角不大于 $10°$，一般为 $0.5° \sim 5°$；纵向自给料端至精矿端细微向上倾斜，倾角为 $1° \sim 2°$，但一般为 $0°$。给料槽和冲水槽布置在倾斜床面坡度高的一侧。在床面上沿纵向布置有若干排床条（也称格条，俗称来复条），床条高度自传动端向对侧逐渐降低。整个床面由机架支撑或吊挂。机架安设调坡装置，可根据需要调整床面的横向倾角。在床面纵长靠近给料槽一端配有传动装置，由其带动床面做往复差动摇动。即床面前进运动时速度由慢变快，以正加速度前进；床面后退运动时，速度则由快变慢，以负加速度后退。

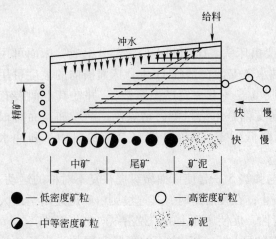

图 8-16　摇床工作过程

● —低密度矿粒　　　　　○ —高密度矿粒

◐ —中等密度矿粒　　　　🝆 —矿泥

矿浆给到摇床面上以后，矿粒群在床条沟内借助摇动作用和水流冲洗作用产生松散和分层。不同密度和粒度矿粒沿床面的不同方向移动，分别自床面不同区间内排出（见图 8-16）。最先排出的是漂浮于水面的矿泥，然后依次为粗粒轻矿粒、细粒轻矿粒、粗粒重矿粒，最后，从床面最左端排出的是床层最底的细粒重矿粒。

8.5.3　摇床的分选原理

物料在床面上分选，主要是由床面的不对称运动、横向水流及床条三个因素综合作用的结果。

8.5.3.1　床面运动特性

床面运动特性可用床面的位移曲线、速度曲线和加速度曲线表示（见图 8-17）。这些曲线可用解析法或实测法求得。现以凸轮杠杆式床头为例进行分析。

A　位移曲线

随偏心轮转角的增加，床面做前进与后退等距离运动，但前进行程时间大于后退行程时间，反映了床面在前进和后退行程中速度和加速度的差异。

B　速度曲线

床面在前进行程中，速度逐渐增大，达最大值后迅速减小至零。床面在后退行程中，开始时床面迅速返回，即速度绝对值迅速增大，然后床面返回速度逐渐减小，后退到末端时速度为零。

C　床面加速度曲线

它又称摇床运动曲线。床面从前进行程到后退行程的转折阶段，具有较大的负加速度值；而床面后退行程转为前进行程的转折阶段，具有较小的正加速度值。这种加速度特性对矿粒在床面上的纵向运动具有十分重要的意义。

床面运动的这种不对称性可用差动系数（不对称系数）表示：

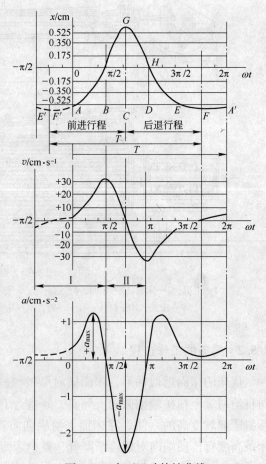

图 8-17　床面运动特性曲线

$$E_1 = \frac{\text{前进前半段时间} + \text{后退后半段时间}}{\text{前进后半段时间} + \text{后退前半段时间}} = \frac{t_1}{t_2} \qquad (8\text{-}15)$$

$$E_2 = \frac{\text{床面前进时间}}{\text{床面后退时间}} = \frac{t_3}{t_4} \qquad (8\text{-}16)$$

贵阳摇床，$E_1 \approx 1.88$，$E_2 \approx 1$，一般总是 $E_1 > 1$，分选细粒物料时，要求 $E_2 > 1$。

8.5.3.2 矿粒的松散分层

矿粒给到床面后，在横向水流动力作用和床面纵向摇动下松散分层。

横向水流各流层间存在较大的速度梯度，同时，在越过床条时，激起漩涡甚至水跃，产生较强的脉动作用，使矿粒松散、悬浮，结果是密度大的矿粒在下层，密度小的颗粒在上层（图8-18）。

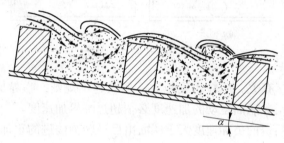

图8-18 粒群在床条间分层

床面的纵向摇动增大了水层间的速度梯度，使层间发生剪切作用。同时，由于矿粒的惯性力作用，矿粒摩擦碰撞和翻转，使间隙增大，松散度增加，于是，细小的矿粒产生钻隙作用。结果，不同密度的小颗粒进入其相同密度的大颗粒的下层，从而产生所谓析离分层作用。

由于水流作用和摇动作用同时发生，因此，矿粒分层过程是松散、沉降和析离分层共同作用的结果。分选煤泥时，主要依靠横向水流及其垂直分速的分选，由床面摇动产生的析离作用不起主要作用，但是对于末煤的分选，特别是粒度粗细差别较大时，析离的分选作用明显增强，垂直分速的分选作用则减低。

8.5.3.3 矿粒在床面上运动

由于床面纵向往复不对称运动和横向水流的作用，矿粒在床面上沿垂直方向松散分层的同时，由于受床条的作用还沿着床面向不同方向运动。

基于斜面水流的运动，最上层的密度小的粗粒，其横向速度最大，而最底层的密度大的小颗粒横向速度最小，由于床条的存在扩大了这一速度差。

矿粒在床面上的纵向运动取决于矿粒所受的惯性力和摩擦力，见图8-19。当惯性力大于摩擦力时，矿粒沿纵向相对于床面运动。于是，

$$I = ma \qquad (8\text{-}17)$$

$$F = G_0 f \qquad (8\text{-}18)$$

式中，I 为矿粒的惯性力；F 为摩擦力；a 为床面的瞬时加速度；G_0 为矿粒在介质中的质量；f 为矿粒与床面的静摩擦系数。

矿粒运动的条件为：

$$ma \geqslant G_0 f \tag{8-19}$$

设使矿粒产生相对运动的最小加速度为临界加速度 a_{cr}，则

$$a_{cr} = \frac{G_0}{m} \cdot f \tag{8-20}$$

若为球形颗粒，则

$$a_{cr} = \frac{\delta - \rho}{\delta} \cdot g \cdot f = g_0 \cdot f \tag{8-21}$$

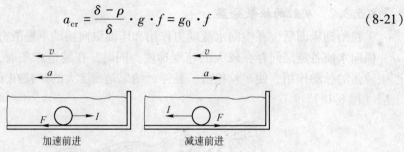

加速前进   减速前进

图 8-19 矿粒运动分析

因此，a_{cr} 与 δ 及 f 有关。矿粒密度越大，形状越不规则，临界加速度值越大。显然，要使矿粒在床面上运动，床面运动的加速度必须超过临界加速度。

床面由前进转为后退的负加速度大于床面由后退转为前进的正加速度，对于低密度的矿粒，在两个转折阶段获得的惯性力均大于摩擦力，与床面产生相对运动，但前一个转折的惯性力要大于后者。因此，总的来看，轻矿粒仍是向前移动。对于高密度矿粒，一般只在床面由前进转为后退阶段与床面产生相对运动，向床尾方向移动。此外，由于分层的粒群中，下层高密度矿粒紧贴床面，能获得更大的惯性力；越往上，矿粒获得的惯性越小，因而紧贴床面的高密度颗粒获得的纵向运动速度最大，低密度处于最上层的颗粒获得的纵向运动速度最小。

由于各种矿粒在床面上纵向和横向速度的差异，在床面上形成不同的条带（图 8-20）。

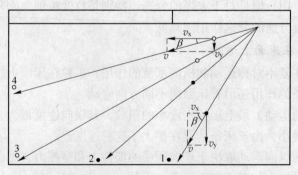

图 8-20 矿粒在床面上的扇形分布
1，2—低密度矿粒；3，4—高密度矿粒

设矿粒运动方向与床面纵向轴夹角为 β，则

$$\tan\beta = \frac{u_y}{u_x} \tag{8-22}$$

式中，β 为偏离角；u_y 为矿粒的横向速度；u_x 为矿粒的纵向速度。

显然，横向速度相对越大，偏离角越大；纵向速度相对越大，偏离角越小。根据前述分析，密度小的粗粒具有最大的偏离角，而密度大的细粒偏离角最小。因此，可按床面上矿粒运动的扇形条带，在床沿的不同位置接取得到精煤、中煤和尾煤产品。

8.5.4 摇床的操作因素

在实际生产过程中，摇床的分选效果主要取决于对摇床的操作。其主要操作因素有冲程、冲次、床面倾角、入料浓度、冲水用量、床条特点、原料性质及给料量等。

8.5.4.1 冲程、冲次

摇床的冲程和冲次，综合决定着床面运动的速度和加速度。为使床层在差动运动中达到适宜的松散度，床面应有足够的运动速度，而从矿粒分选来看，床面还应有适当的正、负加速度差值。冲程、冲次的适宜值主要与入选物料粒度大小有关，冲程增大，水流的垂直分速度以及由此产生的上浮力也增大，保证较粗较重的颗粒能够松散；冲次增加，则减低水流的悬浮能力。因此，分选粗粒物料用低冲次、大冲程，分选细粒物料用高冲次、小冲程。比如南桐矿选煤厂的经验是：末煤摇床的冲次是 280 次/min，冲程 16~18mm；煤泥摇床的冲次是 300 次/min，冲程 12~14mm。

8.5.4.2 床面的横向和纵向倾角

对不同的物料要采用不同的床面倾角。分选较粗矿粒摇床的床条较高，其所用的横向坡度亦较大，细矿粒及矿泥摇床的横坡相应较小。分选末煤时，横坡为 3°~4°；分选煤泥时，横坡为 1°~2°。一般情况下，为了节省循环水量，可用较大的横坡配以较小的冲水用量。南桐选煤厂末煤摇床横坡约为 1.8°，纵坡为 0.5°~1°倒坡；煤泥摇床，横坡为 1.4°~2.4°，纵坡为 0.2°~0.7°倒坡。

8.5.4.3 入料浓度和冲水用量

摇床分选过程要求煤浆沿床面有足够的流动性，水流要浸没所有煤粒。水层高出格条的高度为格条高的 2~3 倍。粒度大时，要求浓度较高，用较大的横冲水；粒度小时，需要较低的浓度，用较小的横冲水。为保证精煤质量则以调节入料浓度为主，为保证尾煤质量则以调节横冲水量为主。

8.5.4.4 床条特点

床条的形式是影响分选效果重要因素之一。其中最主要的是床条的高度和间距，选煤摇床的床条有矩形（适用于末煤）和梯形（适用于煤泥）断面。

床条的高度一般都由上沿到下沿逐渐增高，最下面一根床条的高度为最上面一根高度的 2 倍以上，这是因为由上沿到下沿床条要阻拦的矿粒密度愈来愈小的缘故。床条由床头到床尾沿纵向逐渐尖灭，这是为了促进物料在床面上呈扇形分布。原则上，床条的高度应该大于重颗粒的悬浮高度而小于轻颗粒的悬浮高度。通常是粒度大，用高床条，粒度小，用低床条。最下面一根床条高度通常为入料粒度上限的 3 倍以上。而且当入料的分级粒度较宽时，可采用高低床条组合，即高低床条间隔排列。

床条间距也要选择适当，若间距太小，高密度矿粒在床条之间的沟槽拥挤，阻碍分选，但若间距太宽，重颗粒则会集聚于下床条一侧。

8.5.4.5　原料性质及给料量

原料性质稳定并均匀连续的给料是保证摇床正常工作的主要条件之一。若给料量发生变化将引起床面物料层的厚度、床层松散度和析离分层状况、产物在床面上的扇形分布状况等发生变化，造成产品质量波动，分选效率降低。一般规律是：入料粒度大且可选性好，则入料量可以大些，否则应小些。如果给料量过大，一方面是物料层增厚，松散度减小，析离和分层速度降低，另一方面是由于给料体积增加，横向矿浆流速增大，物料来不及分选，于是精煤质量变差，中煤和矸石中的低密度物损失量增加。相反，如果给料量太小，不够铺床层，分选效率也不会高。

为了保证摇床入料粒度、入料量及浓度的调节，选前应配有分级设备及给料机。

思　考　题

8-1　概念：斜面流选矿、流膜选矿、析离分层。

8-2　试推导层流时斜面上水流的速度公式。

8-3　推导颗粒在斜面流中的运动方程式。

8-4　分别论述层流斜面流和紊流斜面流的粒群松散机理。

8-5　简述螺旋溜槽的分选原理。

8-6　简述螺旋滚筒选煤机的分选原理。

8-7　简述离心选矿机的工作原理。

8-8　试述摇床的结构、工作过程和分选原理。

8-9　影响摇床分选效果有哪些因素？

9　流态化选矿

本章提要: 在自然界中常见颗粒流体化的现象,流体化选矿就是利用颗粒流体化后具有一定视密度而按照阿基米德定律进行物料分层的一种方法。本章介绍了颗粒流态化过程、流化床的性质、颗粒流态化的基本条件、流体化分类、液固流化床分选机,重点介绍了流化床分选原理、颗粒在流化床内的沉降规律,以及 TBS 干扰床分选粗煤泥实践。

9.1　概　　述

9.1.1　流态化技术

　　流态化是指固体颗粒在流体(液体或气体)作用下发生流动的现象,即表现为似流体性质的一种状态。自然界中的沙漠迁移、河流中的泥沙夹带和人类生活中的谷粒扬场等都是流态化现象。我国明代科学家宋应星著的《天工开物》中所述的淘金法是最早有关工程应用流态化技术的记载。

　　流态化产生与发展建立在阿基米德、牛顿、伯努利等人对流体力学研究基础上,自温克勒第一次将流态化工业应用至今已有 80 多年的历史。流态化技术始于气固流化,后发展至液固流化和气液固流化,但对其的研究近 20 年来才受到较多关注,其中清华大学、Western Ontario 大学在动力学方面进行了广泛的研究。

　　我国 20 世纪 50 年代初期,开始了流态化技术的研究,最早的是南京化学公司将该技术用于黄铁矿焙烧生产 SO_2,进而生产 H_2SO_4,用作化工原料。50 年代末,我国又从苏联引进了采用流态化技术生产邻苯二甲酸酐的装置。50 年代中期,流态化技术在燃烧领域中也得到了应用。采用沸腾层锅炉(沸腾炉,鼓泡床锅炉)燃烧劣质煤产生蒸汽。60 年代初,清华大学与茂名石油公司研制出了燃烧油母页岩的沸腾锅炉。这是属于第一代的流态化燃烧锅炉。1979 年芬兰生产出了第一台产量为 20t/h 的商业化循环流化床燃烧锅炉,这就是第二代流化床锅炉。

　　在一些物理过程的加工中,也广泛采用了流态化技术,如颗粒物料的气力输送、湿颗粒物料的干燥、粉体物料的造粒、颗粒物料的分选等。

9.1.2　流态化选矿

　　根据流化介质的不同,流化现象可以由气体和固体颗粒、液体和固体颗粒、气体-液体和固体颗粒形成,即所谓气固流态化、液固流态化和气液固流态化。在选煤行业,主要利用气固流态化或液固流态化对物料进行分选,矿物按照颗粒流态化后流化床的密度实现分层,比如空气重介质流化床干法选煤和干扰床分别是这两种选煤方法的代表。

9.1.2.1　气固流化床选煤

空气重介质流化床干法选煤是将气固两相流态化技术应用于选煤领域的一项高效干法分选方法，其特点是以气固两相悬浮体（流化床层）作为分选介质，不同于湿法选煤方法，也不同于传统的风力选煤方法（见第 8 章），其分选效果与湿法重介质选煤相当。流化床形成过程为：在微细颗粒介质床中均匀通入气流，使颗粒介质流态化，形成具有一定密度和流体性质的气固两相悬浮体。入选物料在流化床中按密度分层，轻物上浮，重物下沉，实现分离。由于流化床选煤属于化工与矿物加工交叉学科领域，它还受制于流态化理论及技术的发展，因此，研究开发难度较大，已经历了几十年研究历程。

9.1.2.2　液固流化床选煤

液固流化床选煤的依据是物料密度的差异，即：物料在上升水流作用下流态化，因密度和粒度不同形成干扰层（或称沸腾床层）；当床层达到稳定状态时，入料中那些密度低于干扰床层平均密度的颗粒将浮起，进入溢流；那些比干扰床层平均密度大的颗粒就穿透床层进入底流实现分选。液固流化床分选技术具有分选密度可控可调、工艺系统简单、成本低、单位处理量大等优点，主要用于粗煤泥的回收，典型的设备是干扰床。

9.2　颗粒的流态化基础

9.2.1　流态化现象

在垂直容器中装入固体颗粒，并由容器的底部经过分布板（带有多孔的板）通入流体（气体或液体）（见图 9-1）。起初流体流经固体颗粒间的空隙，粒子静止不动并不浮动起来，此时为固定床状态，如图 9-1a 所示。

随着流体量的不断增加，当流体的表观（或称空塔）流速达到某一数值时，颗粒开始松动，此时流体的表观速度（空塔速度）即为起始流化速度（临界流化速度），通常以 u_{mf} 表示，床层表现为临界流态化，见图 9-1b。

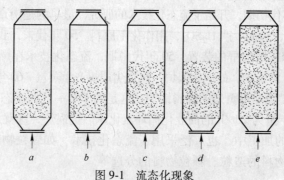

图 9-1　流态化现象

a—固定床；b—临界流化床；c—散式流化床；d—聚式流化床；e—气力输送床

随着流速的进一步增大，在液体的情况下，颗粒间的距离将进一步拉开，床层出现膨胀，虽然从微观来看，各个局部的空隙率未必相同，但总的来说颗粒的分散还是比较均匀的，故称为均匀流化床或散式流化床（见图 9-1c）；不过对于气体的情况来说，如颗粒较粗，则一旦气速超过了 u_{mf}，超过的那部分气量就会以气泡的形式通过，床层开始膨胀并有气泡形成，此时为流化床状态，气泡内可能包含有少量的固体颗粒成为气泡相（babble phase），气泡以外的区域成为乳相（emulsion phase），从而形成气泡相及乳相的两相结构，这种流化床又称聚式流化床（见图9-1d），以与散式床相区别。

当流体速度增大到终端速度 u_t 时，颗粒就会被流体带出容器，此种现象称为扬析或气力输送（如图9-1e所示），最终颗粒会被流体全部带出容器。

由此可见，颗粒的流化状态取决于流体的流速。

在固定床的操作范围内，由于颗粒之间没有相对运动，床层中流体所占的体积分数即空隙率（或松散度）ε 是不变的。流过固定床的流体，其压降随着流体流速的增大而增大。流体压降与流速之间的关系近似于线性关系（如图9-2中虚线所示）。

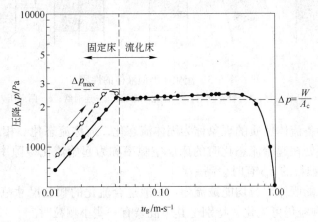

图9-2　床层的压降与流速的关系

但随着流体流速的增大，流体通过固定床层时的阻力将不断增大。固定床中流体流速和压差关系可用经典的 Ergun 公式来表达：

$$\frac{\Delta p}{H} = 150\frac{(1-\varepsilon)^2}{\varepsilon^3}\frac{\mu u}{d_v^2} + 1.75\frac{(1-\varepsilon)}{\varepsilon^3}\frac{\rho_f u^2}{d_v} \tag{9-1}$$

式中，Δp 为高 H 的床层上下两端的压降；ε 为床层孔隙率；d_v 为单一粒径颗粒等体积当量直径，对非均匀粒径颗粒可用 $\overline{d_p}$，即用等比表面积平均当量直径来代替；u 为流体的表观速度，由总流量除以床层的截面积得到；ρ_f 为流体的密度；μ 为流体的黏度。

继续增大流体流速将导致床层压降的不断增加，直到床层压降等于单位床层截面面积上的颗粒质量。此时如果不是人为地限制颗粒流动（如在床层上面压上筛网），则由于流体流动带给颗粒的曳力平衡颗粒的重力，导致颗粒被悬浮，此时颗粒开始进入流化状态。此后，如果继续增大流体流速，床层压降将不再变化，但颗粒间的距离会逐渐增加，以减小由于增加流体流量而增大的流动阻力。如果缓慢降低流体速度使床层逐步回复到固定床，则压降 Δp 将沿略为降低的路径返回，如图9-2中实线所示。

研究表明：完全流化后的气固或液固流化床，其气固或液固运动看起来很像沸腾的液体，并在很多方面呈现出类似流体的性质。流化床选煤正是利用气固或液固流化床的这一性质来对煤炭进行分选的。

（1）较轻的大物体可以悬浮在床层表面，符合阿基米德定律（图9-3a）；

（2）将容器倾斜以后，床层表面自动保持水平（图 9-3b）；

（3）在容器的底部侧面开一小孔，颗粒将自动流出（图 9-3c）；

（4）将小孔开向另一具有同样流体流速的空容器中，颗粒将像水一样自动流入空容器，直到两边的床高相同（图 9-3d）；

（5）床层中任意两点压力差大致等于此两点间的床层静压差（图 9-3e）。

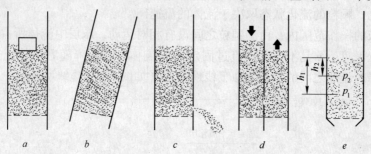

图 9-3　流化床类似液体的性质

a—轻物悬浮；b—容器倾斜；c—流化床泄流；d—连通器；e—两点压力

这种使固体具备流体性质的现象称为固体流态化，简称流态化。相应的颗粒床层称为流化床。颗粒床层处在起始流态化时的床层空隙率称为起始流化空隙率 ε_{mf}，其值一般为 0.41~0.45。较细颗粒的 ε_{mf} 有时会高一点。

不是任何尺寸的固体颗粒均能被流化。一般适合流化的颗粒尺寸范围为 $30\mu m \sim 3mm$，大至 6mm 左右的颗粒仍可流化，特别是其中混杂有一些小颗粒时。

9.2.2　流态化基本条件和特征

由前述可知，形成固体流态化要有以下几个基本条件：

（1）有一个合适的容器作床体，底部有一个流体的分布器；

（2）有大小适中的足够量的颗粒来形成床层；

（3）有连续供应的流体（气体或液体）充当流化介质；

（4）流体的流速大于起始流化速度，但不超过颗粒的带出速度。

如果不包括高流速下的循环流态化和顺重力场下行流态化，传统固体流态化（无论用气体或液体还是两者一起作流化介质）则有以下最基本特征：

（1）流化床层具有许多液体的性质，如很好的流动性、低黏度、很小的剪切应力、传递压力的能力、对浸没物体的浮力等。流化颗粒的流动性还使得随时或连续地从流化床中卸出和向流化床内加入颗粒物料成为可能。

（2）通过流化床层的流体压降等于单位截面面积上所含有的颗粒和流体的总质量

$$\Delta p = H_{mf}[\rho_p(1 - \varepsilon_{mf}) + \rho_f\varepsilon_{mf}]g \tag{9-2}$$

式中，ρ_p 为固体颗粒的密度；H_{mf} 为流态化后的高度；ρ_f 为流体的密度；ε_{mf} 为起始流化空隙率。

从理论上说，此压降和流化介质的流速变化无关。事实上，在流速很高时，由于壁效应及颗粒架桥等原因，实测压降会比上式所得偏高。

9.2.3　流态化分类

从起始流化起，继续加大流化介质的流速，理想的流化状态是固体颗粒间的距离随着流体流速的增大而均匀地增加，以保持颗粒在流体中的均匀分布，这时的流化质量是最高的。但在实际的流化床中，并不总是能达到理想流化状态，而会出现颗粒及流体在床层中的非均匀分布，这就导致了流化质量的下降。床层越不均匀，相应的流化质量就越差。

根据颗粒在流体中分散的均匀与否，固体流态化可分成散式流态化和聚式流态化。在液固流态化时，颗粒能较均匀地分散在液体中，故称为散式流态化；对于气固流态化，则伴随气泡的产生，颗粒呈聚集状态，故称为聚式流态化。

事实上，并不是所有的液固流态化都是散式的，也不是所有的气固流态化都是聚式的。其决定因素主要是流体和固体之间的密度差，以及颗粒尺寸。减少流体和固体的密度差可以提高流化质量。

9.2.4 临界流化速度

当流化介质一定时，临界流化速度仅取决于颗粒的大小和性质。临界流化速度可以用实验方法得到，即由降速法所得的流化床压降曲线与固定床压降曲线的交点来确定（图9-2）。但除实验测定外，特别是在实测不方便的情况下，临界流化速度还可以借助计算的方法来确定。迄今为止，已经提出的临界流化速度的计算方法虽有五六十种，但设计中最常用的也不过几种。但为了可靠起见，设计中通常不是选用一种，而是同时选用若干种计算方法，并将其结果进行分析比较，以确定取舍或求其平均值。下面介绍一种最常用的临界流化速度计算公式。

对临界流化现象最基本的理论解释应该是：当向上运动的流体对固体颗粒所产生的曳力等于颗粒重力时，床层开始流化。如果不考虑流体和颗粒与床壁之间的摩擦力，则根据静力分析，床层压降（与床层截面面积的乘积）全部转化为流体对颗粒的曳力，即

（床层总质量）＝（床层压降）（床层截面面积）＝（床层体积）[（固体颗粒体积分数）（固体颗粒密度）＋（床层松散度）（流体密度）]（重力加速度）

即
$$W_b = \Delta p A_c = H_{mf} A_c [(1 - \varepsilon_{mf})\rho_p g + \varepsilon_{mf}\rho_f g] \tag{9-3}$$

经简化得临界流化条件，见式（9-2）。

将式（9-2）与式（9-1）联立求解，可得 u_{mf} 的计算关联式：

$$\frac{1.75}{\varepsilon_{mf}^3 \phi_s}\left(\frac{d_p u_{mf}\rho_f}{\mu}\right)^2 + \frac{150(1 - \varepsilon_{mf})}{\varepsilon_{mf}^3 \phi_s^2} \times \frac{d_p u_{mf}\rho_f}{\mu} = \frac{d_p^3 \rho_f(\rho_p - \rho_f)g}{\mu^2} \tag{9-4}$$

式中
$$\frac{d_p u_{mf}\rho_f}{\mu} = Re_{p,mf} \qquad \frac{d_p^3 \rho_f(\rho_p - \rho_f)g}{\mu^2} = Ar$$

则
$$\frac{1.75}{\varepsilon_{mf}^3 \phi_s}Re_{p,mf}^2 + \frac{150(1 - \varepsilon_{mf})}{\varepsilon_{mf}^3 \phi_s^2}Re_{p,mf} = Ar \tag{9-5}$$

式中　ε_{mf} ——临界流态化状态下的床层空隙率，无量纲；

$Re_{p,mf}$ ——雷诺数，无量纲；

Ar ——阿基米德数，无量纲。

对于小颗粒的情况，式（9-5）可以简化如下：

$$u_{mf} = \frac{d_p^2(\rho_p - \rho_f)g}{150\mu} \times \frac{\varepsilon_{mf}^3 \phi_s^2}{1 - \varepsilon_{mf}} \qquad (Re_{p,mf} < 20) \tag{9-6}$$

对于非常大的颗粒

$$u_{mf}^2 = \frac{d_p(\rho_p - \rho_f)g}{1.75\rho_f} \times \varepsilon_{mf}^3\phi_s \qquad (Re_{p,mf} > 1000) \qquad (9\text{-}7)$$

Wen 和 Yu（1966 年）发现，对各种不同的系统均有如下近似关系式成立：

$$\frac{1}{\varepsilon_{mf}^3\phi_s} \approx 14 \qquad (9\text{-}8)$$

$$\frac{1 - \varepsilon_{mf}}{\varepsilon_{mf}^3\phi_s^2} \approx 11 \qquad (9\text{-}9)$$

将以上两式代入式（9-6）、式（9-7），得到特别高和特别低雷诺数情况下临界流化速度的简化方程：

$$u_{mf} = \frac{d_p^2(\rho_p - \rho_f)g}{1650\mu} \qquad (Re_{p,mf} < 20) \qquad (9\text{-}10)$$

$$u_{mf}^2 = \frac{d_p(\rho_p - \rho_f)g}{24.5\rho_f} \qquad (Re_{p,mf} > 1000) \qquad (9\text{-}11)$$

在实际应用中，先用式（9-6）、式（9-7）、式（9-10）或式（9-11）计算临界流化速度 u_{mf}，再计算 $Re_{p,mf}$，检查是否在相应的雷诺数范围内，否则计算无效。

9.3　液固流态化选煤

液固流化床主要用于粗煤泥的分选。根据国家标准 GB/T 7186—2008 关于粗煤泥的定义为：粒度近于煤泥，通常在 0.3~0.5mm 以上（3mm 以下），不宜用浮选处理的颗粒。

我国煤炭分选方法与技术从粒度上主要包括粗粒（大于 0.5mm）重选和细粒（小于 0.5mm）浮选两大类。分选粒度界限为 0.5mm，由于重选随着粒度的减小，分选效果逐渐变差，而浮选的最佳分选粒度范围为 0.25~0.074mm，因此介于重选和浮选有效分选粒度界限之间（0.3~3mm）的煤粒（即粗煤泥）分选效果最差。

实践证明，液固流化床分选是一种新型的粗煤泥分选技术，具有低密度分选、设备简单、操作容易和维修量少的优势，将成为未来最先进的粗煤泥分选技术之一。

9.3.1　液固流化床分选机概述

国外科技人员在利用液固流化床进行石英砂分级时发现溢流中有大量的杂草、黑色的煤泥，而底流基本没有后，开始将液固流化床用于粗煤泥分选研究。经过多年的发展，各种各样的液固流化床粗煤泥分选（级）机问世。主要有：Hydrosizer, Hindered-bed Separator, Teetered Bed Separator, Fluidized Bed Separator, Hindered-bed Classifier, Up-stream Classification、Hydrofloat Separator、Floatex Density Separator、Crossflow Separator、Reflux Classifier、ALL-FLUX 等，归结起来主要分为以下几类。

9.3.1.1　干扰床分选机（TBS）

TBS 是 Teetered Bed Separator 的缩写，Hindered-bed Separator 也属于 TBS 的一种，是最早研制的液固流化床粗煤泥分选机，目前已由美国 CMI 公司形成商业化。它主要用于粗煤泥分选，分选下限可达0.15mm，分选上限至2~3mm。实践证明，用TBS分选粗粒级煤泥均能取得较好的分选效果，其对粗粒级物料所具有的优势已得到越来越多的认可。

TBS分选机的结构如图9-4所示。物料由上部入料口给入，在上升水流带动下，颗粒在矿浆分配盘上方形成流态化床层，同时产生适合于原煤分选密度的自生介质。低密度颗粒从上部的溢流槽中排出，高密度颗粒则由底部的底流口排出。

9.3.1.2 交叉流分选机（Crossflow Separator）

交叉流分选机的结构如图9-5所示，它是由Eriez公司研制的。其分选原理主要是在TBS基础上采用切线给料方式，降低给料速度，这种方式可使入料中的水穿过上部直接进入溢流槽，减少入料对床层的扰动，从而提高了设备的处理能力和分选效果。在美国北佛罗里达州磷选厂进行了600mm×600mm的Crossflow试验，入料小于14目，浓度波动范围为20%~60%，Crossflow比TBS的I值低，且离散性小，分选效果对入料浓度的波动敏感性小。其处理能力达到23$t/(m^2 \cdot h)$，而传统的TBS处理能力仅为13.8$t/(m^2 \cdot h)$。

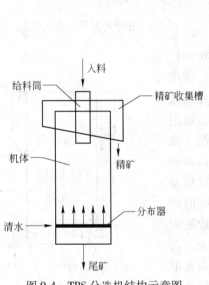

图9-4　TBS分选机结构示意图

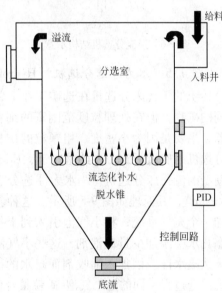

图9-5　交叉流分选机结构示意图

9.3.1.3 逆流分选机（Reflux Classifier）

Reflux Classifier（RC）是由澳大利亚Newcastle大学研制并由Ludowici公司生产的一种流化床粗煤泥分选机。该设备是在传统TBS基础上增加了几组不同高度的倾斜板，可将处理能力提高几倍以上，如图9-6所示。其分选原理主要是由倾斜板存在下颗粒在流态化床层中的干扰沉降。分选时，矿浆由分选槽侧面给入，在分选床内设置了上、中、下三组倾斜板，每组的距离和角度都不一样，重产物沿底流板向下滑动形成尾矿流，从底流口排出。而轻产物在底部上升水流的带动下，向上移动依次通过中矿板和溢流板形成溢流，从溢流口排出。

9.3.1.4 悬浮密度分选机（Floatex Density Separator）

Floatex Density Separator是Outokumpu技术，该设备见图9-7。入料从中心切线给入柱体上部约1/3高度。其分选原理与其他流化床分选机类似。常将其与螺旋分选机配套使用，进行硅砂分选，其溢流经浓缩旋流器浓缩后给入螺旋分选机。Floatex Density Separator 在脱除粗粒方面比螺旋分选机效果好。

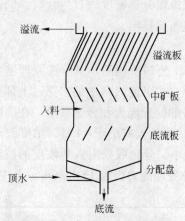

图 9-6　逆流分选机结构示意图

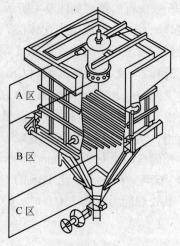

图 9-7　悬浮密度分选机示意图

9.3.1.5　水力浮选分选机（Hydrofloat Separator）

传统的干扰床分选机在选矿工业上常用于分离密度不同的矿物，但在处理粒度范围宽的细粒煤时，分选效果差，主要是因为小密度、粗颗粒的矿粒质量大，而混入分选机的底流所致。在此基础上，Eriez 公司研制了这种新型的流化床分选机——水力浮选分选机（Hydrofloat Separator），其原理如图 9-8 所示。这种新设备的特征是外加一个充气系统，将小气泡引入到干扰床层，同时向流态化水中添加少量起泡剂，这些小气泡选择性地黏附在天然疏水性或因加入捕收剂而疏水的矿物颗粒上。与传统浮选过程不同的是，气泡-矿粒聚合体并不需要足够的浮力就可上升到分选室的顶部，干扰床层的松散作用使得低比重聚合体成为溢流。

它的主要优点为：

（1）紊流小。

（2）改善气泡与矿粒黏附作用：水力分选机松散层

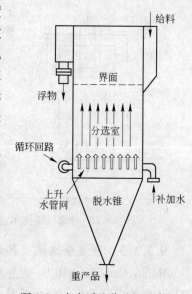

图 9-8　水力浮选分选机示意图

的干扰沉降作用和上升条件可极大地减小气泡和矿粒间的速度差异，将增加气泡和矿粒之间的接触时间，从而增加了黏附的概率，提高回收率。

（3）没有浮力限制：即使气固聚合体的浮力不足以使其从松散床层的表面上升和分离。

（4）塞流（Plug-flow）：水力浮选分选机的有效利用空间要比混合良好的常规分选机要高。

（5）延长矿粒停留时间：逆流给料模式和流态化水大大增加了矿粒在分选过程中的停留时间，可获得较高的回收率。

9.3.1.6 复合流化分级机（ALL-FLUX）

ALL-FLUX 是由德国阿亨工业大学的选矿博士开发的，选矿上将其译名为复合流化分级机，主要用来分级，也可用于粗煤泥分选。1991 年和 1992 年分别获得德国专利和欧洲专利。

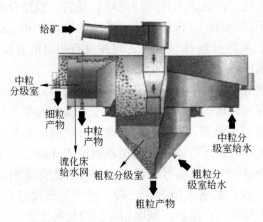

图 9-9 AFX 复合流化分级机

AFX 复合流化分级机上部呈圆筒状，下部呈圆锥状（图 9-9）。分级是在中间的粗粒分级室和围绕其外的环形分级室利用上升水和流化床技术完成的。矿浆给到粗粒分级室，上升水流从下部进入粗粒分级室，在粗粒分级室的下部形成紊流区实现粗粒分级。粗粒从底部排放口排出。而中粒及细粒产物则以溢流的方式进入中粒分级室。中粒分级室分级成中粒级和细粒级产物。通过改变流化床的高度和上升水量可调节粗粒、中粒和细粒矿物的粒度。此外，各分级产物的浓度和流量分布亦可在一定范围内进行调节。复式流化分级机基本结构和原理见图 9-9。

目前的复合流化分级机的单机固体处理量一般为 10~1000t/h，固体浓度一般为 10%~75%，矿浆处理量为 20~2500m^3/h，给矿粒度上限一般为 8mm。其主要特点是：

（1）分级效率高，尤其是细粒分级；

（2）处理量大；

（3）运行过程全部自动控制；

（4）适应性强；

（5）可根据矿石性质的变化，灵活有效地调整分级粒度。

9.3.2 液固流化床分选机基本原理

液固流化床粗煤泥分选机的基本原理可借助原理图来解释（见图 9-10）。它的主体结构包括均匀给料装置、精尾煤排料装置、柱体三部分。三部分组成一个上部为圆柱形（或矩形）、下部为圆锥形的柱体。此外，还包括密度自动控制系统。

给料装置位于柱体的上部或上部侧面，目的是保证高浓度矿浆能均匀稳定地给入分选机中，尽量减少因给料而造成对床层的扰动，从而影响床层密度的稳定性和分选效果。排料装置位于柱体圆锥段的底口，目的是将经过分选后聚集在锥体内的尾煤均匀稳定地排出，而尽

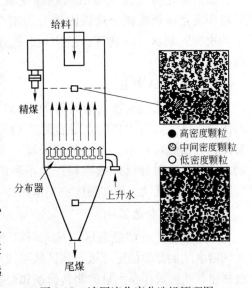

● 高密度颗粒
⊗ 中间密度颗粒
○ 低密度颗粒

图 9-10 液固流化床分选机原理图

量减少对床层的影响。排料装置是由一个自动控制阀和尾矿收集槽组成。排料系统的灵敏度对床层的密度影响较大，尾矿的排放必须保持床层厚度和密度的稳定。

分选段位于柱体圆柱段的中下部，约占柱体的2/3，内部主要为流体分布器，部分设备增加了倾斜导流板，分选过程中分选段内为高浓度的煤浆，形成高密度的分选床层，它的浓度及矿浆密度直接决定了分选密度。流体分布器能够保证水流在分选室全断面上均匀平稳地给入，同时不影响尾矿的排放，上升水流是形成流态化床层的唯一动力，也是分选的唯一动力。分选室内根据需要可设计各种不同的结构，以提高床层密度的稳定性和分选效果。精选段从精煤溢流堰到分选段的上部，实际分选段和精选之间并没有明显的界限。精选段与分选段的最大区别在于精选段矿浆浓度低，分选段浓度高。

为了使设备能够高效分选，分选机内扰动悬浮液的平均相对密度必须保持稳定，通过密度自动控制系统即可实现，液固流化床粗煤泥分选机的自动控制系统采用操作简单、运行可靠、投资少的PID系统来完成。它主要由密度检测、反馈、控制底流排放的电动执行机构等组成。扰动悬浮液的实际密度由一个电容式差压管或压力变送器测定，并由一个单回路PID控制器接收来自压力变送器的4~20mA DC电流信号。该电流信号与流化床内上方扰动悬浮液的实际密度成正比。实际密度与设定的密度值进行比较，若实际密度过高，则加大排料阀门的开度，加大排出扰动床层中的物料；反之，则限制床层的物料排放。

其工作过程为：入料由矿浆给料管给入到液固流化床分选机中，水由泵打入分选机底部的流体分配器，并在分选机内产生向上水流，入料中沉降速度恰好等于上升水流速度的组分悬浮于分选机中，形成具有一定密度的悬浮液干扰床层。分选机的密度可由上升水流的速度来控制。分布器使上升水流分布均匀，防止上升水流对稳定干扰床层的扰动。当达到稳定状态时，入料中密度低于床层平均密度的颗粒会浮起，并进入浮物产品。密度高于床层平均密度的颗粒则穿过床层，并由排矸口进入沉物。

9.3.3　流化床内的流体状态

根据流化床分选机的结构原理及流态研究的要求，将液固流化床粗煤泥分选机内划分为四个区域，从上到下依次为入料区、分选区、给水区、底流区，如图9-11所示。

9.3.3.1　入料区

入料区指从溢流堰到给料管的下端口向下一段距离的区域。该区域的主要特点是：除入料外，大部分为上升流，包括煤粒和水，入料对该区域一定范围内产生扰动，这种扰动对分层好的物料产生不利的影响。入料均匀时所引起的扰动区域和强度也基本保持不变。

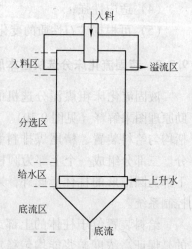

图9-11　流化床分选机内流体状态

9.3.3.2　分选区

分选区属于近似静态区，从入料区下的稳定区域开始到给水区上部的稳定区域。该区域可视为柱塞流区，矿浆浓度很高，颗粒与颗粒之间接触紧密。该区域存在大量的物料流动和交换，基本上整个系统包括水和煤粒的向上进入溢流还是向下进入底流的去向均由该区域决定。

分选区域内颗粒浓度高，上升水流在经历了给水区后在分选机整个柱体断面上分布基本均匀，且方向近似垂直向上，而物料在该区域内达到干扰沉降末速后受周围其他颗粒及器壁的影响，几乎没有水平运动的空间和动力，只能在垂直方向上做上下运动，除离器壁很短距离的颗粒外，在整个断面上颗粒均匀运动，就像一个活塞一样，平行有规则地运动，即为柱塞流。

在分选区中上部低密度颗粒（同时也包括一部分细泥）由于受上升水流及水和煤粒组成的高密度流化床层的作用，从向下运动变为向上运动，逐步进入入料区，再向上成为精煤。而在分选区的中下部大部分为中煤和矸石颗粒。该区域自上而下精煤含量逐步降低，矸石等高密度含量逐步增加，悬浮液的密度逐步增大，从而形成一个密度梯度，而这种梯度可保证悬浮液密度的稳定和满足扫选的需要。

9.3.3.3　给水区

给水区在整个分选机内占很小的高度，主要指由给水所引起扰动的区域。由于给水压力很低、且均匀，该区域内颗粒浓度很高，颗粒密度较大，上升水流难以对颗粒运动产生大的扰动，颗粒群起到像均匀布水网的作用，在很短的距离内使水流分布均匀。

9.3.3.4　底流区

底流区一般指分选机的下锥段。该区域内颗粒高度压缩，高密度、高浓度、单一下降流是该区域的主要特点。

通过对以上四个区域物料流动的分析可知：整个分选机内大部分区域颗粒都是进行垂直流动的，只有在给料区和给水区的很小范围内物料有一定的水平流动。由于给水区和给料区一定范围内物料的水平流动对整个分选过程产生的影响很小，且这两个区域的物料流动较为复杂，底流区域对整个分选过程更不产生影响。

9.3.4　流化床内颗粒的沉降规律

颗粒在流体中的运动规律是众多矿物分离过程中的基本问题，不同性质颗粒在流体中的运动轨迹决定着矿物按粒度分级或按密度分选的效果。影响颗粒运动的因素除了颗粒本身的性质外，还与流体、流场的性质有关。对于颗粒群的运动，还应考虑相互作用对其运动的影响。

液固流化床分选机对粗煤泥的分选属于重力分选，对于粒度较细的颗粒，由于沉降速度慢，轻、重颗粒速度差小，分选效率低。提高分选效率的关键是如何增大不同密度颗粒的沉降速度差。

9.3.4.1　单个颗粒的沉降末速

这里假定所讨论的是一个颗粒直径相同的球形散料层，并且颗粒之间的范德华力、静电力等与其重力相比，可以忽略不计的简单情况。如果悬浮的颗粒与颗粒之间有足够大的距离，譬如颗粒之间距离比颗粒直径大几个数量级或更大，这时颗粒层中的每个颗粒的行为可以作为单一悬浮颗粒来研究，其悬浮的条件为颗粒的重力减去其在流体中浮力等于其在流体中所受到的曳力，即

$$\frac{1}{6}\pi d^3 \delta g - \frac{1}{6}\pi d^3 \rho g = C_D \frac{\pi}{4} d^2 \times \frac{1}{2}\rho u_t^2$$

$$u_t = \sqrt{\frac{4}{3} \times \frac{d(\delta - \rho)g}{C_D\rho}} \tag{9-12}$$

式中，δ 为颗粒的密度；ρ 为流体的密度；d 为颗粒的直径；u_t 为颗粒下落的终端速度，又称沉降末速（或带出速度）；C_D 为曳力系数，无量纲。

在传统流态力学中，对单个颗粒的曳力系数的研究表明，曳力系数 C_D 是 Re 的函数，对球形颗粒有如下的经验公式：

当 $Re<0.4$ 时，$C_D = \dfrac{24}{Re}$；

当 $0.4<Re<500$ 时，$C_D = \dfrac{10}{\sqrt{Re}}$；

当 $500<Re<200000$ 时，$C_D = 0.43$。

代入式（9-12）得，

$$u_t = \frac{d^2(\delta - \rho)g}{18\mu} \qquad\qquad Re<0.4 \tag{9-13}$$

$$u_t = \left[\frac{4}{225} \times \frac{(\delta - \rho)^2 g^2}{\rho\mu}\right]^{\frac{1}{3}} d \qquad 0.4<Re<500 \tag{9-14}$$

$$u_t = \left[\frac{3.1(\delta - \rho)dg}{\rho}\right]^{\frac{1}{2}} \qquad 500<Re<200000 \tag{9-15}$$

对于非球形颗粒，颗粒的形状对曳力系数有一定的影响，因此对上述公式要做一些修正。

当 $Re<0.4$ 时，

$$u_{ft} = K_1 \frac{d^2(\delta - \rho)g}{18\mu} \tag{9-16}$$

其中

$$K_1 = 0.843\lg\left(\frac{\phi_s}{0.065}\right)$$

当 $0.4<Re<500$ 时，

$$u_{ft} = \sqrt{\frac{4}{3} \times \frac{(\delta - \rho)dg}{C_{DS}\rho}} \tag{9-17}$$

式中　C_{DS}——与颗粒形状系数 ϕ_s 有关的曳力系数，无量纲。

当 $500<Re<200000$ 时，

$$u_{ft} = 1.74\sqrt{\frac{(\delta - \rho)dg}{K_2\rho}} \tag{9-18}$$

式中，$K_2 = 5.31 - 4.88\phi_s$。

9.3.4.2　流化床内颗粒的沉降

液固流化床分选机内的颗粒是在高浓度下进行沉降的，属于干扰沉降。沉降过程中颗粒与颗粒之间、颗粒与流体之间及颗粒与器壁之间发生复杂的作用力，造成沉降末速大大降低。

干扰沉降速度与颗粒的自由沉降速度和固体容积浓度有关，它们之间的确切关系很难确定，各种数学模型均来自大量不同的试验数据。

粒度和密度影响液固流化床分选机的分选效果，两者既紧密相连，又相互影响，是颗粒本身无法改变的性质。建立起颗粒密度、粒度与干扰沉降末速之间的关系，对于研究液固流化床分选机分选粗煤泥的机理具有重要的意义。

利用沉降末速公式建立起自由沉降与颗粒密度、粒度之间的关系为：

$$u_0 = \frac{(\delta - \rho) d^2 g}{18\mu + 0.61d\sqrt{(\delta - \rho)\rho g d}} \tag{9-19}$$

又根据 Richardson 的经验公式建立起干扰沉降末速与自由沉降末速之间的关系为：

$$u_h = u_0 (1 - \lambda)^n \tag{9-20}$$

Garside 和 AI-Dibouni 建立的 n 与雷诺数之间的关系为：

$$n = \frac{5.1 + 0.27 Re^{0.9}}{1 + 0.1 Re^{0.9}} \tag{9-21}$$

根据 Zigrang and Sylvester 公式，可建立起雷诺数与颗粒粒度及密度之间的关系：

$$Re = \left[\sqrt{14.51 + \frac{1.83d^{1.5}\sqrt{(\delta - \rho)\rho g}}{\mu}} - 3.81 \right]^2 \tag{9-22}$$

由式（9-20）~式（9-22）可以得出干扰沉降末速与颗粒密度、粒度、固体容积浓度之间的关系，但非常复杂。

9.3.5 流化床分选区床层密度分布

物料在给入流化床后，低密度物料在分选区上部部分颗粒甚至在给料区就已变向下运动为向上运动进入溢流，中高密度物料在继续向下运动的同时，开始进一步按密度从低到高改变垂直运动方向，逐步与高密度物料分离。因此，在分选区内沿柱高从上到下每一高度内物料的平均密度逐步增大，形成一定厚度的物料密度梯度。

液固流化床的密度是影响分选最重要的因素之一。悬浮液的物理密度等于固体的密度和液体（$\rho = 1\text{g/cm}^3$）的密度的加权平均值，即：

$$\bar{\rho}_c = \lambda\delta + (1 - \lambda)\rho = \lambda(\delta - 1) + 1 \tag{9-23}$$

式中　$\bar{\rho}_c$——液固流化床的平均密度，g/cm^3；

　　　λ——流化床中的固体容积浓度，%；

　δ, ρ——分别为固体颗粒和流体的密度，g/cm^3。

由式（9-23）可知：流化床的密度与固体的密度和容积浓度有关，随着固体密度的增大，流化床的密度也增大。对于流化床内从上到下颗粒的密度逐步增大，同时固体容积浓度 λ 也逐步增大，从而导致流化床内从上到下流化床的整体密度不断增大。

这种密度增大对实际分选效果是有利的。低密度煤粒在刚进入流化床很短距离就转为向上进入溢流，中高密度物料逐步下行，只有高密度物料才穿过整个分选机成为尾矿。由于粗煤泥的灰分一般较低，精煤含量很高，入料中大部分物料不经过分选机中下部而直接进入溢流成为精煤，这就是液固流化床粗煤泥分选机单位面积处理能力大的主要原因。

9.3.6 TBS 干扰床分选粗煤泥实践

TBS 是由古老的水力分级机发展而来的。由于采用干扰沉降原理，且在分选过程存在悬浮液床层，研究人员将这种设备称为干扰床。第 1 台 TBS 诞生于 1934 年。早期的 TBS 是作为分级机使物料按粒度进行分级而使用的，主要用于处理砂料。目前的 TBS 既可以作为分级设备，也可作为分选设备。进入 21 世纪，该技术在煤炭领域发展迅速，在建筑砂净化、铸造砂分级、玻璃砂生产、矿砂和赤铁矿加工等方面也有应用。

9.3.6.1　TBS 干扰床的结构

图 9-12 为 TBS 干扰床的结构示意图，主要包括主体、入料井、布水板等，其主体部分是一个简单的柱形槽体。

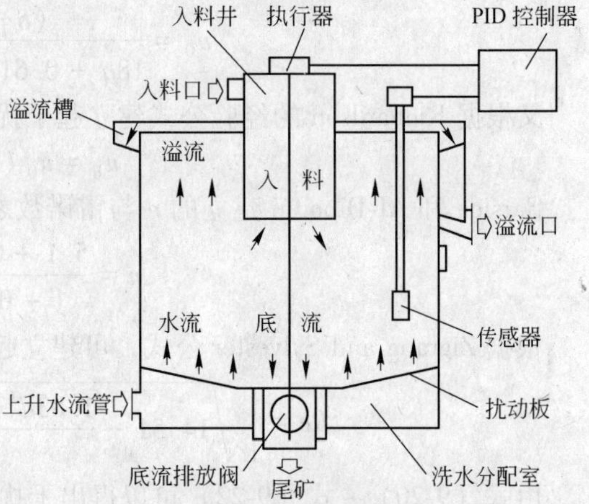

A　入料井

它位于设备顶部的中心位置。入口处装了法兰，以便连接到煤泥入料管线，矿浆切向给入入料井，入料浓度一般为 40%~60%。

B　溢流槽

溢流槽在干扰床的最上部，用于收集干扰床的溢流。

图 9-12　TBS 干扰床结构示意图

C　执行机构

执行机构由汽缸和定位器组成。定位器接收来自就地控制器或控制系统 PLC 的 4~20mA 的电流信号。每个执行机构与排料阀门相连，气动机构向下运动使排料阀离开阀座以打开阀门。

D　传感器

位于 TBS 中部的压力传感器，用于探测床层悬浮液中某一特定水平的压力，以 4~20mA 的电流信号输入到控制系统的 PLC 或就地控制箱，由控制器将其转换为紊流床层的密度，并控制执行机构。

E　排料阀及阀座

排料阀置于 TBS 槽体底部的阀座内，当紊流床层密度增加超出设定值，需要阀门开启排料时，执行机构便推动排料阀推杆向下，使锥形阀离开阀座排出粗重的物料。

F　紊流板

紊流板（扰动板）又称流体分布器，是实现颗粒流态化的关键部件，其作用是使上升水流均匀地分布于整个槽体床层底部。每块紊流板上分布一定数量的孔，孔径为 5mm，水按一定的压力由底部给入，经过紊流板进入干扰床工作室，形成稳定的上升水流。

G　控制器

紊流床层的密度是由浸入到紊流槽内的传感器监测的。为使紊流床层的密度保持稳定，控制器将来自床层密度计的实际值与设定值进行比较，通过 PID 闭环控制确定输出值，即阀门开度，通过控制底流物料的排出量，达到控制床层密度的目的。如果实际密度高，执行器就会使排料阀打开，排出床层中多余的物料。相反，控制系统将阻止床层中物料的排放。

9.3.6.2 TBS 干扰床的工作原理

入料经入料井向下散开,与上升水流相遇,使矿物颗粒在工作室内做干扰沉降运动。由于颗粒密度的不同,其干扰沉降速度存在差异,从而为分选提供了依据,其分选过程主要取决于各种颗粒相对于水的沉降速度。沉降速度大于上升水流流速的颗粒进入底流,而沉降速度小于上升水流流速的颗粒进入溢流;沉降速度等于上升水流的颗粒则处于悬浮状态,从而在干扰床的下部形成由悬浮颗粒组成的流化床层,该床层中颗粒高度富集,成为自生介质层。与在纯水中的情况不同,颗粒在下降过程中相互干扰,并经历一个密度梯度,限制了物料进入底流。当系统达到稳定状态时,入料中那些密度低于干扰床层平均密度的颗粒将浮起,进入溢流。而密度比干扰床层平均密度大的颗粒就穿透床层进入底流,并通过设备底部的排料口排出。

9.3.6.3 TBS 干扰床的基本特征

A 特点

(1) 粒度在 3~0.1mm 范围内能得到很好的分选效果,可取代螺旋分选机和煤泥重介质旋流器。

(2) 有效分选密度可调范围为 1.4~1.9g/cm^3,E_p 值为 0.06~0.15。

(3) 全自动控制,无需人员操作,没有动力消耗,无需重介质和化学药剂,生产成本低。

(4) 对入料煤质变化适应性强。

(5) 设计紧凑,占用空间小,无需复杂的入料分配系统。

B 基本特征

TBS 干扰床的基本特征见表 9-1。

表 9-1 TBS 干扰床的基本特征

型 号	TBS-1800	TBS-2100	TBS-2400	TBS-3000	TBS-3600
标称直径/m	1.8	2.1	2.4	3.0	3.60
处理能力/t·h^{-1}	45	60	80	125	180
箱体直径/mm	1800	2100	2400	3000	3600
箱体容积/m^3	5.1	7.0	10.0	15.6	27.5
设备高度/mm	3337	3384	4162	4162	4985
最大外径/mm	2310	2610	3093	3616	4574
底流口数量/个	1	1	3	3	3
执行器类型	气动	气动	气动	气动	气动
入料粒度/mm	1~0.25	1~0.25	1~0.25	1~0.25	1~0.25
入料浓度/%	45~50	45~50	45~50	45~50	45~50
床层密度/g·cm^{-3}	1.35~1.90	1.35~1.90	1.35~1.90	1.35~1.90	1.35~1.90
设备净重/t	1.50	1.74	3.49	4.40	7.25

9.3.6.4　影响 TBS 分选效果的因素

A　入料粒度

干扰床分选机分选物料的粒度范围为 3~0.15mm，但对选煤而言，以 1.5~0.15mm 为宜，最佳分选粒度应为 1~0.25mm，即粒度比为 4：1。粒级太宽，容易使高密度细粒级物料进入溢流而污染精矿，也会使低密度粗粒级物料错配到底流中而损失精矿。

B　入料浓度

当入料管深度、水流流量一定时，入料浓度对干扰床分选机分选效果的影响见表 9-2。从表 9-2 可以看出，入料浓度在 400g/cm³ 时，产品灰分、I 值、E_p 值最低，说明入料浓度过高和过低都不能取得满意的分选效果。

表 9-2　入料浓度对干扰床分选机分选效果的影响

入料浓度/g·cm⁻³	产品灰分/%	数量效率/%	不完善度 I	可能偏差 E_p
200	12.18	83.58	0.192	0.084
300	12.06	82.24	0.262	0.081
400	11.97	81.91	0.186	0.077
500	12.31	82.40	0.241	0.087

C　流量与流速

从干扰床分选机分选机理可以看出，水流速度是影响物料分选效果最重要的因素。

水流速度直接决定分选密度，进而影响精矿的数量效率。一般来说，水流量高，精矿灰分高，数量效率高，I 值、E_p 值就低。上升水流速与上升水流量成正比，与干扰床截面面积成反比，在截面面积一定的情况下，水量、水压都要达到干扰床的技术要求。

9.3.7　粗煤泥分选方法

粗煤泥回收或分选是选煤厂不可缺少的一个环节，不同的选煤厂选取的粗煤泥回收工艺有所不同，典型的粗煤泥回收方法有以下 7 种。

9.3.7.1　沉降过滤离心机回收粗煤泥

沉降过滤离心机在国内选煤厂的应用始于 20 世纪 80 年代，设备有引进和国产两种。引进的主要有美国 BIRD 公司生产的 SB 型、美国 DMI 公司的产品及德国 KHD 公司的 SVS 型。国产设备有 WLG 型和引进技术生产的 TCL 型两种。目前，选煤厂使用较多的设备是 TCL 型。

9.3.7.2　高频筛回收粗煤泥

根据生产经验，高频筛用于回收原生粗煤泥时具有一定的分选作用。同一粒度级物料，筛上物料灰分明显低于筛下物料的灰分，说明物料在低振幅、高频率分级和回收过程中所形成的过滤层对物料有按密度分层分选的作用，密度大的物料下沉，并透过筛面进入筛下水。

9.3.7.3　弧形筛、离心机回收粗煤泥

煤泥离心机在国内选煤厂的应用始于 20 世纪 90 年代后期。目前，选煤厂使用煤泥离心

机回收粗煤泥较多的是引进的 Ludowici（卢德维琪）公司的 FC 系列和 TEMA 公司的 H 系列煤泥离心机，国产机为 LLL 系列。

利用这种方法回收粗煤泥的厂矿比较多，前几年建设的大型选煤厂多采用该工艺回收粗精煤。该流程采用浓缩分级旋流器与弧形筛配套使用，目的是保证煤泥离心机入料浓度和流速，否则，进入离心机的物料浓度过稀或流速过快，均会造成产品水分过高或系统跑水现象的发生。

从使用情况得知，所回收的粗精煤存在细泥污染现象，灰分偏高。其原因在于旋流器有效分选下限为 0.25mm 左右，最低只能达 0.15mm，对细泥不能实现有效分选，使得进入粗精煤系统的细泥会黏附在粗精煤表面而污染粗精煤。

9.3.7.4 煤泥重介旋流器精选粗煤泥

国内采用煤泥重介工艺的目的是：对于不脱泥重介质分选工艺，解决大直径重介质旋流器分选下限高，无法对煤泥进行有效分选的问题；解决煤泥分流问题，有效地回收粗煤泥，使精煤灰分更容易控制；对于有浮选系统的选煤厂，减轻浮选压力，降低洗水浓度。

但是，煤泥重介仍存在一些问题：

（1）只有部分煤泥随主旋流器精煤合格介质分流进入煤泥重介质旋流器分选，其余煤泥仍随着未分流的合格介质在系统中循环并产生过粉碎，增大了介质黏度，损失了部分精煤粒。

（2）煤泥重介质旋流器组的有效分选下限虽然已达 0.045mm，但尚缺乏有效的精煤产品脱泥设备来清除其中高灰细泥，以保证精煤泥的质量和降低后续浮选作业的入料量。

（3）为了满足主选设备尽可能低的分选粒度下限所必需的入料压力，出现重介旋流器及管道磨损严重、使用寿命短、影响系统工艺水平正常发挥等问题。

（4）选后微细介质的净化回收设备及流程仍待改进、研究。

（5）主选大直径旋流器与煤泥重介质旋流器之间的配合问题，部分煤泥被重复分选。

9.3.7.5 螺旋分选机精选粗煤泥

螺旋分选机在国内也有一定程度的应用。王坡选煤厂为年处理能力 150 万吨的矿井选煤厂，0.5~0.15mm 粗煤泥由螺旋分选机分选。

螺旋分选机的优点是：无运动部件，维修工作量小，运行费用低，占地面积小，易于布置，用双头甚至三头螺旋提高单台设备的处理能力。其缺点是：分选精度低；分选密度高，有效分选密度在 1.6kg/L 以上，低于该值，会影响分选效果；产品质量易波动。

9.3.7.6 TBS 精选粗煤泥

利用 TBS 精选粗煤泥是目前流行的一种回收方法。在张双楼选煤厂、济二煤矿选煤厂、盘南公司选煤厂以及梁北煤矿选煤厂均有应用，且分选效果令人满意。

9.3.7.7 RC 逆流分选机

RC（Reflux Classifier）是由澳大利亚卢德维琪 Ludowici MPE 有限公司和澳洲 Newcastle 大学联合开发的一种粗煤泥分选设备。目前塔山选煤厂、柳湾选煤厂等均已应用。其分选原理及入料粒级与 TBS 相同。

随着科技的进步，更多更好的设备及分选方法将会出现。高频筛、沉降过滤离心机、煤泥离心机对煤泥精选降灰的效果并不令人满意。RC 的外形结构比 TBS 复杂，体积庞大，冲洗、检修不方便，其应用不够广泛。目前，TBS 是具有发展潜力的设备，应用越来越广泛。

9.4　气固流态化选煤

9.4.1　概述

气固两相流态化技术首次大规模工业应用是在 20 世纪 20 年代初，此后美国的 F. Thomas 和 H. F. Yancey（1926）就尝试用流化床（固相为细砂）来分选块煤。进入 20 世纪 70 年代，流化床干法选煤引起了人们的广泛兴趣，P. N. Rowe，A. W. Nienow 等（1976）进行了流化床分选的基础和实验研究。E. Douglas 和 T. Walsh（1971）设计了流化床选煤实验装置。70 年代末 80 年代初，苏联在卡拉干达城的巴尔霍敏柯煤机厂制造出 CBC-25 型和 CBC-100 型试验样机。在此期间，加拿大的 J. M. Beeckmans，R. J. Germain 等（1977，1982）做了很多基础性研究和分选试验，研制了链动逆流流化床半工业性选煤装置。美国的 M. Weintraub 等也进行了流化床选煤研究，试图解决西部因缺水而无法对煤炭进行湿法分选的难题。

20 世纪 80 年代中后期，D. Gidaspon 等（1986）用静电流化床对粉煤进行试验，结果表明脱硫率较高。E . K. Levy 等（1987）也试图用流化床对微粉煤进行分选，实验装置为内径 $\phi152mm$、高 $70\sim80mm$ 的圆筒形流化床，以磁铁矿粉为加重质，入料与加重质的质量比为 $1:9\sim3:7$，入料的粒度小于 0.55mm，取得了较好的分选效果，其脱硫率高于传统的湿法分选技术。

加拿大的 X. Dong 等（1990）在链动逆流流化床选煤装置的基础上，又研发了气动逆流流化床试验装置。流化床固体介质为 NaCl，用以分选活性炭（$\rho = 1.0g/cm^3$，$\bar{d} = 1.6mm$）和磁铁矿粉（$\rho = 4.6g/cm^3$，$\bar{d} = 0.4mm$），分选效果较好。

陈清如等自 1984 年起开始了空气重介质流化床干法选煤的研究与开发工作，通过大量的基础理论研究，1985 年设计了 $\phi100mm$ 圆筒形流化床和 $200mm\times150mm$ 矩形断面的流化床选煤装置，并进行了重介质气固系统的散式流化、流化床选煤工艺特性、加重质的制备等的研究。1989 年底建成了 $5\sim10t/h$ 空气重介质流化床干法选煤中试厂。此后进行了空气重介质流化床选煤过程中的动态分析、流化床密度在线测量、分选过程中流化床密度的动态稳定性等的研究。在此期间，用 γ 射线测量流化床密度、用两种加重质形成低密度流化床、加重质中非磁性介质的净化回收、深床层大块煤排矸、双密度三产品空气重介质流化床分选等的研究也取得了进展，并建成了 50t/h 空气重介质流化床选煤系统与设备工业性试验厂。

9.4.2　分选设备

我国研制的空气重介质流化床干法分选机是物料完成干法入选、分离的主要设备。该设备的分选粒级为 $6\sim50mm$。其结构示意图如图 9-13 所示。该机主要由空气室、气体分布器、分选室、刮板输送装置以及床层分选介质与被选物料的分离装置等部分组成。物料在分选机的分选过程是：经筛分后的块状物料与加重质分别加入分选机中，来自风包的有压气体经底部空气室均匀通过气体分布器使加重质发生流化作用，在一定的工艺条件下形成具有一定密度的比较稳定的气固两相流化床。物料在此流化床中按密度分层，小于床层密度的物料上浮，成为浮物，大于床层密度的物料下沉，成为沉物。分层后的物料分别由机内的刮板输送装置逆向输送，上层排煤，下层排矸。浮物如精煤从右端排料口排出，沉物如矸石从左端排料口排出。分选机下部各风室与供风系统连接，设有风压与各室风量调节及指示装置。分选机上部与引风除尘系统相连，设计引风量大于供风量，以造成分选机内部呈负压状态，可有效地防止粉尘外逸。

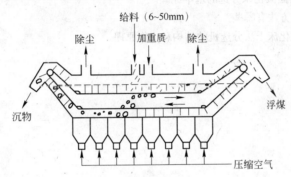

图 9-13　空气重介质流化床干法分选机示意图

空气重介质流化床干法分选机可有效地分选外在水分小于 5% 的 6～50（80）mm 粒级煤，分选精度高，可能偏差在 0.05～0.07 范围内。

10t/h、25t/h、50t/h 空气重介质流化床干法分选机的主要参数见表 9-3。

表 9-3　空气重介质流化床干法分选机主要参数

序号	项　　目		型　号　特　征		
1	处理量/t·h⁻¹		10	25	50
2	分选物料	粒度/mm	6～50	6～50	6～50
		外在水分/%	<5	<5	<5
3	分选密度/g·cm⁻³		1.3～2.0	1.3～2.0	1.3～2.0
4	有效分选床层	长度/mm	5500	5000	5000
		宽度/mm	500	1000	2000
		高度/mm	360	360	360
5	电动机	型　号	YCT220-4A	YCT220-4A	YCT250-4B
		功率/kW	5.5	11	22
		转速/r·min⁻¹	125～1250	125～1250	132～1320
6	减速机	型　号	WD210-33-Ⅲ	WD210-33-Ⅲ	NBZD280-56-Ⅱ
		变速比	33	33	64.09
7	外形尺寸（长×宽×高)/mm×mm×mm		7890×600×2030	7890×1200×2030	8253×2544×2707
8	总重/kg		6558	11200	15850

思 考 题

9-1　概念：流态化、扬析、散式流态化、聚式流态化、粗煤泥、TBS。

9-2　流态化选矿有哪两种类型?

9-3　试述颗粒流体化现象。

9-4　试述颗粒流态化的基本条件、特征和基本性质。

9-5　试述粗煤泥分选在选矿中的意义。

9-6　列举几种液固流化床分选机。

9-7　以 TBS 为例说明液固流化床分选的基本原理。

9-8　常用的粗煤泥分选方法有哪些?

9-9　试述空气重介质流化床干法分选机的结构和工作原理。

10　干法选矿

本章提要：本章主要介绍了干法选矿的意义和干法选矿技术的发展，风力摇床干选机的结构和分选原理，复合式干法分选机的结构和分选原理。

10.1　干法选矿概述

我国虽然是当今世界上最大的煤炭生产和消耗国，但煤炭的洁净加工与综合利用程度相对较低，其原因是多方面的，其中水资源短缺是造成煤炭入选比例低的主要原因之一。

首先，中国煤炭资源主要分布在干旱缺水地区，已探明的 1 万亿吨煤炭保有储量中，山西、陕西、内蒙古三省（区）占 60.3%，新疆、甘肃、宁夏、青海等省（区）占 22.3%，东部 4 大缺煤区的 19 个省（区）只占 17.4%。占全国煤炭保有储量三分之二以上的干旱缺水地区的煤炭难以采用耗水量大的湿法分选，因为就湿法跳汰选煤而言，入选 1t 原煤约需 3~5t 循环水，还需补加部分清水。

其次，中国相当数量的"年轻"煤种遇水易泥化，不宜采用湿法分选。

再次，湿法分选产品外水高达 12% 以上，严寒地区冬季冻结，储运困难，导致部分选煤厂被迫停产，而且，采用湿法跳汰、重介和浮游选煤，耗水量大，投资及生产费用高，吨煤投资达 80 元以上，限制了部分地方小煤矿企业的发展。

直接使用原煤造成了严重的环境污染和经济损失。根据国家能源宏观发展战略，中国的发展道路要从传统的发展模式向可持续发展模式转变，既满足当代人的需要，又不对后人满足其需要的能源构成危害。能源发展战略从能源开发型向能源经济效率型转变，能源开发和节约并重，节约放在优先地位，开发要讲经济效益及社会效益，核心是提高能源利用效率。因此，煤炭工业的发展必须与国民经济发展速度相适应。随着国民经济的发展，工业和民用对煤炭质量的要求愈来愈高，煤炭洗选和综合利用的发展已成必然趋势。目前，对于严重缺水干旱地区的煤炭，尚无法采用耗水量极大的跳汰、重介和浮选等湿法分选方法。我国燃料用煤（气煤、长烟煤和褐煤）由于成煤变质程度较浅，煤层的顶底板大部分是泥质页岩，遇水极易泥化，也无法采用湿法分选。为解决上述诸多问题，干法选煤技术应运而生。

干法选煤主要是利用煤与矸石的物理性质（如密度、粒度、形状、光泽度、导磁性、导电性、辐射性、摩擦系数等）差异进行分选的。干法选煤方法有风选、拣选、摩擦选、磁选、电选、X-光选、微波选、复合式干法选煤、空气重介质流化床选煤等。其中，在工业生产上应用的有风力选煤（风力摇床、风力跳汰）和空气重介质流化床选煤。

风力选煤是以空气作为介质，早在 20 世纪 20 年代即已开始应用。但由于存在入料粒度窄、分选密度下限高、选煤效率低、工作风量大、粉尘污染严重等缺点，其应用范围越来越小。由于传统风选效率差且逐渐被淘汰，我国引进、吸收俄罗斯 CП-12 技术并结合我国具体情况研制开发了风力摇床干法选煤，其设备的代表型号为 FX-6、FX-12。

复合式干法选煤是在风力摇床干法选煤基础上，借鉴无风干式摇床技术开发的我国独有的干法选煤技术，其代表型号为 FGX-1、FGX-3、FGX-6 和 FGX-12。复合式干法选煤已成为一种较重要的动力煤选煤技术，对复合式干法选煤技术的研究开发得到了各国的普遍重视。

本章主要介绍风力摇床和复合式干法选煤，关于空气重介质流化床干法选煤技术参见第 9 章。

10.2　风力摇床干法选煤

10.2.1　风力摇床干选机结构

风力摇床干法选煤设备最典型的是 FX 型干选机，如图 10-1 所示，它主要由分选床、机架、供风系统、振动机构、集尘装置等部分组成。分选床包括床架、橡胶床面和格板；机架包括支承架、纵向横向调坡装置和摇杆；振动机构包括电动机、减速机和无级调速装置；供风系统包括风管、电动旋转风阀、电动机、手动风门和空气室等；集尘装置包括吸尘罩、分流器等。

原煤分级后，通过给煤机送到分选机给料端的给料槽进入分选床。分选床固定在机架上，通过底架上的电机、调速装置和偏心连杆机构，带动分选床振动（CП-12 的振动频率为 350 次/min）。振动的支承架由 4 根摇杆用铰链方式固定在不振动的底架上。分选床由软风筒布与供风系统的风管连接。分选床上方设有吸尘罩，在吸尘罩四周用橡胶帘布密封，防止煤尘外溢。分选床排料有精煤接料槽、中煤接料槽和矸石接料槽，分选床的纵向坡度由分选床外侧的 3 套齿轮、齿板和 2 套梯形螺杆升降装置调节。整个分选床分为 4 个室，每室各有风管和风阀。风量由各室风阀和空气室下端小风阀控制。由电机经减速机带动旋转风阀产生脉动风，模拟跳汰分选的功能。

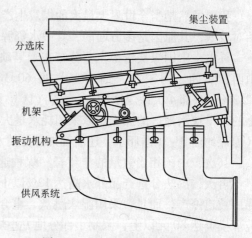

图 10-1　FX 型干选机结构示意图

10.2.2　风力摇床干选机分选原理

风力分选法是以空气作为介质，对物料按密度不同而进行分选的方法。空气的密度很低，约为 1.23kg/m³。密度为 δ 的原煤颗粒在密度为 ρ 的空气介质中下落的加速度约等于自由落体加速度，即 9.81m/s²。如果物料尺寸为 d 且密度为 δ，则在空气介质中下落的最终速度 v_0 为

$$v_0 = \xi \sqrt{\frac{d(\delta - \rho)}{\rho}} \approx \xi \sqrt{\frac{d\delta}{\rho}} \qquad (10\text{-}1)$$

式中　ξ——颗粒形状及密度的阻力系数。

由式（10-1）可知，颗粒下落的最终速度取决于颗粒的粒度和密度。当密度相等时，颗粒可以按粒度大小进行分级；当尺寸相等时，颗粒可以按密度进行分选。

根据式（10-1），粒度为 d_1、d_2，对应密度为 δ_1、δ_2 的两种颗粒在密度为 ρ 的介质中等速下落的条件是：

$$\frac{d_1}{d_2} = \frac{\delta_2 - \rho}{\delta_1 - \rho} \tag{10-2}$$

基于式（10-2），为了达到高效分选，大块煤与小块矸石的直径之比不能超过等速下落的直径之比，即分级比不能超过等速下落系数（即颗粒与空气的密度差之比）。但是在风选机中，由于上升气流的作用，有向上吹起的风压吹起较细颗粒，创造了一种密度比空气要大得多的人工介质，即加大了 ρ 的密度，从而使分级比加大。当 ρ 接近于 δ_1 时，分级比最大。所以适当调整风量可以在物料粒度级差较大的情况下也能够达到物料按密度的分选。

通过以上分析可知，分选必须在较高速度的上升气流中，才能将煤和矸石分开。按理论计算，入料粒度范围窄，才能进行有效分选。

FX 型干选机与湿法摇床的分选原理相同。床面上由若干条格板组成平行凹槽（见图 10-2），床面纵向由排料端向入料端往上倾斜，横向向排料端倾斜。原煤从干选机入料端进入凹槽，在摇动力和底部上升气流作用下，细粒物料和空气形成分选介质，产生一定的浮力效应，分选床的振动又使矿粒群松散，产生析离作用，使低密度煤浮至表层。由于床面有较大的横向坡度，表面煤在重力作用下，经过平行格槽多次分选，逐渐移

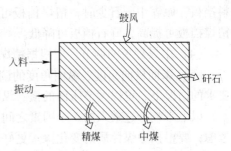

图 10-2　FX 型干选机分选原理示意图

至排料边排出。沉入槽底的矸石和黄铁矿等高密度的物料，在振动作用下，移至床面末端排出。床面上均匀分布有若干孔，使床层充分松散，物料在每一循环运动周期都将受到一次分选作用。经过多次分选后可以得到灰分由低到高的多种产品。

风力干法选煤是以空气作为分选介质，在气流和机械振动复合作用下，使原煤按密度和粒度分离的选煤方法。通过调节风力干选机的三维角度，使不同含矸率的煤获得较好的分选效果。

FX 型干选机技术指标见表 10-1。

表 10-1　FX 型干选机技术指标

分选面积 /m^2	入料粒度 /mm	入料外水 /%	处理能力 /$t \cdot m^{-2}$	分选效率 /%	不完善度 I	冲程/mm
3、6、9、12	75~6	<9	9~12	95	<0.11	20

10.2.3　风力摇床干选机适用范围

其适用范围为：

（1）分选易选煤、极易选煤。

（2）入料粒度范围不宜太宽，且下限不低于 6mm。

（3）原煤水分不宜高。不同的风选法对入选原煤的水分要求不同（外在水），风力跳汰为小于 5%，风力摇床为小于 7%，空气重介质流化床干法分选机为小于 4%，磁选、电选为小于 1%。

10.2.4 风力摇床干选机影响因素调节

影响因素调节包括以下几个方面：

（1）鼓风量的调节。鼓风量要达到使物料形成满足分选要求的床层，鼓风既不能过大（使床面物料产生沸腾），又不能过小（使床面上的物料有死角），要灵活掌握。

（2）频率与冲程（偏心块）的调节。可根据物料粒度和含矸率多少灵活调节频率与冲程（调节偏心块），使物料尽快形成床层。在选 80~50mm 大粒物料、冲程一定的情况下，频率的变化将影响分选效果。大粒物料分选时不宜采用高频率。选大粒物料时，频率高，处理能力相对就大，分选效果不好；频率低，处理能力相对就小，分选效果好。

（3）排料挡板调节。根据精煤和矸石的质量要求，应及时调节精煤排料挡板和矸石排料挡板。原煤中矸石少时，精煤挡板可降低，矸石挡板可提高；相反，原煤中矸石多时，精煤挡板可提高，矸石挡板可降低。

（4）中煤翻板的调节。应根据精煤和矸石的质量要求，灵活调节中煤翻板。

（5）床面横向角度、纵向角度的调节。在排料挡板和中煤翻板调节不能满足精煤分选要求的情况下，可以调节床面的横、纵向角度。

以上影响分选效果的 5 个因素之间，相互联系，相互影响，在调试和生产中，要综合考虑，要根据原煤性质的变化探索更好的分选条件，以取得更好的分选效果。

10.3 复合式干法选煤

复合式干法选煤技术是我国独创的，适合我国国情的新型选煤方法。这种选煤方法既能全面符合节水节能、环境保护、资源综合利用及发展洁净煤技术等的方针政策，又能适应我国各种类型动力煤煤炭企业的需求。

复合式干法选煤可对现有选煤厂预先排出矸石及煤粉，降低选煤厂加工费用和煤泥水处理量；可对已有分选粒度下限 25mm 或 13mm 的动力煤选煤厂起到补充、配套作用，将未经分选的末煤进行分选加工；可对现有煤矿和选煤厂煤矸石进行回收利用。

10.3.1 复合式干法分选机结构

复合式干法分选机是我国在借鉴美国的无风干式摇床和俄罗斯的风选机优点的基础上研制出来的。它由机架、吊挂装置、分选床、振动装置、供风系统和集尘装置等组成（见图 10-3）。分选床由带风孔的床面、背板、格条和排料挡板组成；床面下有三个可控制风量的空气室，由离心通风机供风，通过床面上的风孔，使气流向上作用于被分选物料。通过吊挂装置将分选床悬吊在机架上。这样不仅可以任意调节分选床的纵向和横向倾角，还可以减少动力损失。机架包括支承架、纵向横向调坡装置、减振弹簧等；振动机构包括振动电机等；供风系统包括风管、手动风门和空气室等；集尘装置包括吸尘罩等。

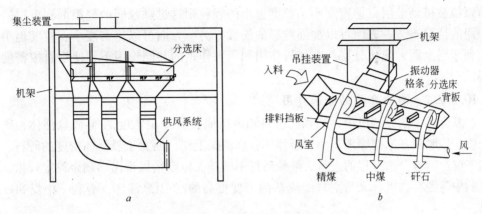

图 10-3　复合式干法分选机

a—外形示意图；*b*—结构示意图

10.3.2　复合式干法分选机分选原理

入选物料由给料机给入具有一定纵向和横向倾角的分选床，形成具有一定厚度的物料床层。振动器带动分选床振动，使底层物料受振动惯性力作用向背板方向运动，由背板引导物料向上翻动（见图 10-4），使密度低的煤翻动到上层。床层表面的煤在重力作用下沿床层表面下滑。振动力和给入物料的压力使不断翻转的物料形成螺旋运动并向矸石端移动。因床面宽度逐渐缩小，低密度物料从床层表面下滑，通过排料挡板使最上层煤不断排出；而高密度物料在床面与

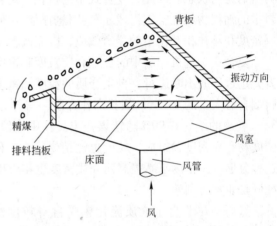

图 10-4　物料在螺旋运动中的分选情况

背板夹角中形成小螺旋运动（见图 10-4），逐渐集中到矸石端排出。床面上的格条对底层物料起导向作用，从而使整个床层物料形成有规律的螺旋运动。格条之间均匀分布的垂直风孔使物料每经过一次螺旋运动都受到一次风力分选作用。这样从给料端到矸石端物料将经过多次风力分选作用，得到灰分由低到高的多种产品。

10.3.2.1　离析作用和风力作用

床面上物料的松散和分层是由机械振动和上升气流的悬浮作用来实现的，松散强度随机械振动强度和风速的提高而增强。

根据热力学第二定律，任何体系都倾向于自由能降低。按照迈耶尔的位能分层观点，将床层视为一个整体，分层前床层所具有的位能高于分层后床层所具有的位能。因此，只要给床层创造一个适当的松散条件，重物料就必然自发地进入床层的下层。所以说分层是通过性质不同的矿粒在床层中重新分布而达到床层内部位能降低的过程。

在无风的情况下，不同密度矿粒依靠位能降低的原理分层，就不可避免地使矿粒形成一种类似筛孔可变的筛子，造成离析分层。即密度大的颗粒向下运动，密度小而粒度

大的颗粒被挤到上层，但密度小、粒度也小的颗粒则透过颗粒间的缝隙漏到下层。在有风作用的情况下，一方面可以加强粒群的松散，另一方面可以将密度小、粒度也小的颗粒吹到床层上面，强化分层。在离析作用和风力作用的共同作用下，使物料按密度进行分层。

10.3.2.2 自生介质的分选作用

在复合式干法分选机中，细颗粒物料和风组成具有一定密度的气-固悬浮体，称为自生介质。按照阿基米德原理，小于悬浮体密度的煤上浮，而大于悬浮体密度的矸石、硫铁矿则下沉。随着分选过程的进行，细粒粉煤不断随大粒度精煤排出。剩余粒度较粗、密度较高的中等颗粒物料，又与空气组成新的密度更高的气-固悬浮体，有利于中煤和矸石的分选。

在复合式干选机中，由颗粒物料组成的床层悬浮体，对于其中任何颗粒，相对于比它粒度大的颗粒，它是分选介质的一部分；而相对于比它粒度小的颗粒，它又是入选物料。因此，从一定程度上来说，这种分选机入料中的细粒物料充当了介质，由它们决定了粗粒物料的运动状态。因此，复合式干选机在一定程度上利用了空气重介分选原理，即利用入料中的细粒物料和空气组成了气-固悬浮体，造成了干涉沉降条件，有效地利用了这种床层密度和颗粒相互作用的浮力效应，因而改善了粗粒级的分选效果。

复合式干选机床层中的自生介质粒度和密度随着分选过程的进行也在不断变化。即随着分选过程的不断进行，自生介质的粒度和密度从入料端到矸石端不断加大和提高。在入料端有大量的6~0mm级粉煤作介质，这部分物料大多数随精煤排出，尤其是其中小于3mm粒级的细粉有99%随精煤排出。在中煤段自生介质的性质已发生变化，主要由中间密度物和高密度物组成，粒度也比精煤段大。矸石段的自生介质基本上由细粒矸石组成。这种分选产品密度不断提高而介质密度也相应提高，对提高分选效果，尤其是对排出高灰纯矸是非常有利的。

然而，尽管自生介质流化床受自身粒度组成的影响，不如空气重介流化床均匀，更不如湿法重介选稳定均匀，但由于它工艺流程简单，省去了一套介质制备及回收系统，由此对入料粒度、入料外在水分要求大大放宽，在工业生产中显示了其极大的优越性。尤其在动力煤排矸或产品精度要求不是很严时，复合式干法分选机是首选的选煤方法。

10.3.2.3 颗粒相互作用的浮力效应

在复合式干法分选机的分选过程中，作为自生介质的细颗粒物料逐渐随大颗粒精煤排出，其余物料进入后继分选过程。此时，起主要分选作用的不再是自生介质分选，而是颗粒相互作用的浮力效应，即物料沿床面横断面自上而下其相对密度逐渐升高，低密度物料向下运动时，由于无法克服下层物料形成的强大浮力而转到煤层上面，高密度物料则能克服这种阻力，逐渐移动到煤层底部，从而完成按密度分层。

综上所述，复合式干法分选机的分选原理就是利用振动力和风力的综合作用，造成床层松散和矿粒按密度分层。在不同的区段既有自生介质（细粒物料）与空气形成的混合介质分选，又有颗粒相互作用的浮力效应，形成一种不同于其他选煤设备的综合分选机理。

FGX 型分选机技术指标见表 10-2。

表 10-2 FGX 型分选机技术指标

机型	分选面积 /m²	入料粒度 /mm	入料外在水分/%	处理能力 /t·h⁻¹	分选效率 /%	系统总功率/kW	E_p 值	I 值
FGX-6	6	0-80 混煤	< 9	50~60	>90	143.27	0.20	≤0.10
FGX-9	9	0-80 混煤	< 9	75~90	>90	230	0.20	≤0.10
FGX-12	12	0-80 混煤	< 9	90~120	>90	287.5	0.20	≤0.10

10.3.3 复合式干法选煤的特点

复合式干法选煤的特点如下：

（1）不用水，生产成本低。吨原煤平均加工费 2 元，而跳汰选煤加工费为 6~8 元/t。干选生产成本是水选的 1/3~1/4。对于干旱缺水地区及冬季严寒地区，干法选煤有特殊意义。

（2）投资少，选煤工艺简单，不需要建厂房。全套 FGX-6 型复合式干法选煤系统，生产能力 60t/h，投资仅 50 多万元，而同规模 300kt/a 选煤厂需投资 500 多万元。干选投资是水选投资的 1/10~1/5。

（3）劳动生产率高。用人少，干选系统操作人员 2~3 人；劳动生产率高达 80~250t/人。越是大型干选设备，劳动生产率越高。

（4）商品煤回收率高。不产生煤泥，排除矸石后商品煤全部回收，包括除尘系统收集的煤尘也全部回收。

（5）选后商品煤水分低。干选不增加水分，风力对煤炭表面水分还有一定脱水作用。可减少商品煤中水分对发热量的影响。

（6）可生产多种灰分不同的产品。有利于干法选煤厂家满足不同商品煤用户的质量要求，取得最大的经济效益。

（7）适应性强。对以褐煤、烟煤、无烟煤等作为动力煤分选加工排出矸石，均有较好的分选效果。

（8）设备运转平稳、维修量少、操作简单、除尘效果好。干选机没有复杂易损的传动部件。振动电机无故障运行保证约 1 万小时。采用一段并列除尘工艺和负压操作，保证大气环境和工作环境不受粉尘污染，排出的部分气体含尘量小于 50mg/m³，大大低于国家废气排放标准 150mg/m³ 的要求。

（9）占地面积小。一套 FGX-12 型干选系统（相当于 600kt/a 选煤厂）占地不到 300m²。

（10）建设周期短，投产快。

10.3.4 与流化床干法分选机的比较

复合式干法分选机与空气重介质流化床干法分选机的不同点有以下几个方面。

10.3.4.1　分选原理不同

空气重介质流化床干法分选技术以空气和加重质形成的具有类似流体性质和一定密度的流化床层作为分选介质。依据阿基米德原理，使入选物料在流化床层内按密度分层，精煤上浮，矸石下沉。而后轻、重物料经分离、脱介后获得精煤和尾煤两种产品。复合式干法分选技术以自生介质与空气组成的气-固两相混合介质作为分选介质，借助机械振动使分选物料做螺旋翻转运动，即靠近床面底层的物料向背板方向运动，而床层表面的物料向排料板方向下滑。形成多次分选，充分利用逐渐提高的床层密度所产生的颗粒相互作用的浮力效应而进行分选。

10.3.4.2　入料粒级不同

空气重介质流化床的适宜入料粒级为 50~6mm 级粗粒煤，可能偏差 E_p 值为 0.05~0.07，分选效率大于 95%。有能量引入的振动空气重介质流化床和磁场流化床是为了解决小于 6mm 级细粒煤炭的高效干法分选。试验研究表明：复合式干法分选适用于易选、中等可选和矸石含量较高的煤炭分选，复合式干选的入料较宽，分选物料粒度范围可达到 80~0mm。

10.3.4.3　所用介质不同

目前，空气重介质流化床干法分选采用满足一定密度和粒度要求的加重质，如磁铁矿粉、钒钛磁铁矿粉和磁珠等。而复合式干法分选中充当自生介质的是入料中的 6~0mm 的细粒物料。这些细粒物料和空气组成了气固悬浮体，有效地利用了这种床层密度和颗粒相互作用的浮力效应，因而改善了粗粒级的分选效果。

10.3.4.4　操作参数不同

空气重介质流化床分选和复合式干法分选对参数有不同的要求：

（1）风量和风压。气体分布器是使气体在进入床层之前均匀分布，调整或控制其流速的装置。它是空气重介质流化床干法分选机的核心部件。对于分选用流化床，其复合式气体分布器应满足使气体通过它时所产生的压降必须大于气体通过床层所产生的压降这一临界值。风量主要由要求的风速来决定。复合式干法分选机中，风力一方面加强床层粒群的松散，有利于分层；另一方面与细粒煤组成气-固两相混合介质，加强分选。所用风量不需要使物料悬浮，为传统风选的 1/3，使除尘规模大大减小。

（2）激振器的频率。复合式干法分选中引入了振动。振动改善了床层物料的流动性，有利于改善分选效果，提高分选效率。试验研究表明，在复合式干法分选中，振动频率对分选效果有显著影响。

10.3.4.5　工艺流程不同

空气重介质流化床干法选煤，为了降低选煤过程中的介耗，在分选过程中涉及到加重质的回收问题，与复合式干法选煤流程相比，较复杂。产品的回收方式也有所不同。空气重介质流化床分选机分选中，上、下刮板分别将在床层中上浮和下沉的精煤和矸石刮向精煤端和排矸端。然后通过脱介筛分别得到精煤和矸石产品。而在复合式干法分选中，振动力和连续进入分选床的物料压力使不断翻转的物料形成近似螺旋运动，并向矸石端移动。因床面宽度逐渐缩减，上层密度相对较低的煤不断排出，直到最后排出密度大的矸石。因此，由入料端到矸石端依次排出的是精煤、中煤、矸石三种产品。这样可以根据具体用途，接取产品。

思 考 题

10-1 概念：干法选煤。

10-2 试述干法选矿的意义。

10-3 试述风力摇床干选机的结构、分选原理、应用范围和影响因素。

10-4 试述复合式干法分选机的结构、分选原理和应用范围。

10-5 试说明复合式干法分选机与空气重介质流化床干法分选机的不同点。

11 磁 选

本章提要： 在选矿领域，磁选广泛应用于金属矿的分选和非金属矿的提纯。本章介绍了磁选的基本条件、矿物磁性特点、颗粒在磁场中所受的磁力、磁性设备、磁流体分选和磁选的主要应用。

11.1 磁选概述

利用矿物之间的磁性差异，使不同矿物在不均匀磁场中所受到的磁力和机械力不同而获得分选的一种方法，称磁力选矿，简称磁选。对于物理性质不同的物料，除密度、粒度及形状的差异外，磁性差异更为突出，在各种分选方法中，应优先考虑使用磁力分选。因为磁选的方法简单、高效、无污染。

磁选法广泛地应用于黑色金属矿石的分选，有色金属矿石和稀有金属矿石的精选，煤炭中无机硫的去除，从原煤和非金属矿物原料中清除含铁杂质，并在磁性物作为加重质的重介质选矿中用以净化和回收加重质。还可用于从冶炼生产的钢渣中回收废钢以及从生产和生活的污水中除去污染物等。由此可见，磁选对经济发展具有重要的意义，它不但能为各工业部门提供合格的矿物原料，使矿产资源得以充分利用，而且还可应用于环境保护。

磁选的发展主要体现在产生磁场的磁系方面。磁选机最早以永磁为主，之后过渡到电磁。随着永磁材料的研究和应用，磁系材料开始采用铝镍钴合金、铁氧体和高性能稀土永磁体。为分选弱磁性矿物，要求磁场强度高和磁场梯度大，电磁系又受到人们的关注，出现了高梯度磁选机。随着超导技术的发展，线圈采用超导电材料，使得磁场强度高且电耗低。将高梯度技术和超导技术相结合，又研制出了高梯度超导磁选机。磁流体分选是以特殊的流体作为分选介质，在磁场或磁场-电场联合作用下，使磁性、导电性或密度不同的矿物实现分选的一种选矿方法，是磁选技术的发展方向之一。

11.2 磁选的基本原理

11.2.1 磁选的基本条件

图 11-1 所示为用湿法筒式弱磁场磁选机分选强磁性的铁矿石的磁选过程。它是由分选圆筒、磁系、分选槽和给矿箱等部件组成的。分选圆筒用非导磁材料制作，其内部装有磁系，用以产生一个不均匀磁场。工作时，圆筒沿顺时针方向旋转，其中的磁系固定不动。经细磨后磁性物达到单体解离的矿浆，由给料箱进入分选槽，其中磁性矿粒在工作空

间的不均匀磁场中受到磁化，从而受到磁场作用于它的磁吸引力，吸附在圆筒上并随之旋转。当转到圆筒上部磁系的缺口处，磁力减弱，矿粒获释，经溜槽排出，成为磁性精矿产物。而非磁性矿粒难以被磁化，所受磁吸引力很小，故仍留在分选槽内，最后随矿浆经溜槽排出，成为非磁性尾矿。于是，由于磁性不同，磁性矿粒和非磁性矿粒实现了分选。

在磁选过程中，所有矿粒都要受到磁力和机械力（包括惯性力）的作用。但对于一个具体矿粒来说，若所受磁力大于所受机械力，那它将被吸附于圆筒上，成为精矿；反之，若它所受磁力很小，难以摆

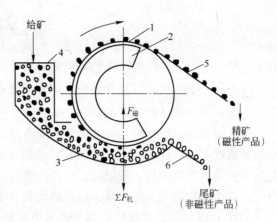

图 11-1 磁选过程示意图
1—分选圆筒；2—磁系；3—分选槽；4—给矿箱；
5—精矿溜槽；6—尾矿溜槽

脱机械力的束缚，仍留在矿浆内，即为尾矿。由此可知，矿粒在磁选过程中得以分开的基本条件是：

$$F_{c1} > \sum F_j > F_{c2} \tag{11-1}$$

式中 F_{c1}——作用在强磁性矿粒上的磁力；

F_{c2}——作用在弱磁性或非磁性矿粒上的磁力；

$\sum F_j$——作用在矿粒上与磁力方向相反的所有机械力的合力。

不同磁性的矿粒，其磁性差异越大，越容易磁选。如果它们的磁性差异较小，对磁选而言，便是难选矿物。所以说，使 $F_{c1} > \sum F_j$，仅是保证磁性矿粒被吸附到圆筒上的一个基本条件，对易选物料不成问题；但对难选物料，要想获得高质量的磁性产物，就需要较好地调整各种磁性矿粒的磁力与机械力的关系，实现有选择性的分离。

综上所述，磁选的基本条件是：

（1）矿物颗粒之间要有一定程度的磁性差异；

（2）要有一个磁场强度和磁场梯度足够大的不均匀磁场，只有这样，才能够给磁性矿粒提供一个能摆脱机械力的磁力；

（3）颗粒所受磁力和机械力合力的比值，磁性矿粒应大于1，非磁性矿粒应小于1。

11.2.2 矿物颗粒的磁化

矿物颗粒在磁场的作用下，从不表现磁性变为具有一定磁性的现象，称为磁化。矿物颗粒在不均匀磁场中被磁化，是磁选过程的基本物理现象，之所以能被磁化，其根本原因是由于矿物颗粒内原子磁矩按磁场方向排列所致。

不同磁性的物体，在同一磁场中被磁化后，由于各自原子或分子磁矩取向多少的程度不同，所表现出来的磁性就有强弱之分。磁化方向及强度用磁化强度矢量来描述。磁化强度在数值上是物体（矿物颗粒）单位体积的磁矩。用 M 表示，即：

$$M = \frac{\sum m}{V} \tag{11-2}$$

式中　M——矿物颗粒单位体积的磁矩，A/m；

　　$\sum m$——物体（矿粒）中各原子或分子磁矩的矢量和，$A \cdot m^2$；

　　　　V——物体（矿粒）的体积，m^3。

　　磁化强度的方向，因物体的磁性不同而异。根据磁化强度大小和方向的不同，将物体分为顺磁性矿物、逆磁性矿物和铁磁性矿物（见图11-2），顺磁性矿物和逆磁性矿物在磁化场表现的磁性均较弱，但磁化后二者产生的附加磁场（磁化强度）与磁化场的方向有区别。铁磁选矿物为一渐近曲线，随着磁场强度增大，磁化强度提高最快。

　　如图11-3所示，铁磁性矿物在磁场中被磁化时，开始外磁场强度 H 增加，磁感应强度 B 增加得很慢，然后变快，最后又变缓慢，即图中的曲线 ODC，又称基本磁化曲线（起始磁化曲线）。若从这时起降低外磁场强度 H，一直到零，磁感应强度 B 随之降低，但曲线并不与起始磁化曲线重合。当 $H=0$ 时，磁感应强度 B 并没有降到零，而是为一正值 B_r，称为剩磁，这种磁感应强度落后于磁场强度变化的现象称为磁滞。改变磁场强度 H 的方向，从 $0 \rightarrow -H$ 方向逐渐增加，剩磁则渐渐消失，当 $H=H_c$ 时，剩磁消失为零。H_c 为消除剩磁所施加的退磁场强度，称为矫顽力。

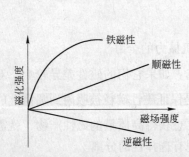

图 11-2　物质磁化强度与磁场强度的关系

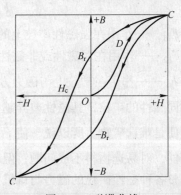

图 11-3　磁滞曲线

　　当磁场强度 H 按照从 $0 \rightarrow +H$，再由 $+H \rightarrow 0 \rightarrow -H$，以及 $-H \rightarrow 0 \rightarrow +H$ 变化时，磁感应强度会发生变化，但所经历的曲线并不相同，在正负两个方向上往复变化时，形成了一个闭合曲线，称为磁滞曲线。

　　对于质地均匀的物体，常用单位外磁场强度使物体所产生的磁化强度的大小来表示物体的磁性，称为物体的磁化系数（或磁化率），以 k_0 表示，即：

$$k_0 = \frac{M}{H} \tag{11-3a}$$

式中　M——物体的磁化强度，A/m；

　　　H——外磁场强度，A/m。

上式也可写成：　　　　　　　　　　　　$M = k_0 H \tag{11-3b}$

　　实际上，物体的质地往往是不均匀的，其内部常常存在空隙。因此，对同一性质（化学组成相同）、相同体积的两个物体，在同一外磁场中被磁化时，可能有不同的磁化强度。

也就是说，它们的磁化系数 k_0 值可能不一样。空隙越多，磁化时取向的分子磁矩的数量愈少，所以磁性也愈弱。在这种情况下，为了消除空隙的影响，需要用单位质量的物体在一个单位磁场强度中被磁化时所产生的磁矩来表述物体的磁性，称其为物体比磁化系数（或物体比磁化率）。用 χ_0 表示，即

$$\chi_0 = \frac{k_0}{\delta} \tag{11-4}$$

式中　δ——物体（矿粒）的密度，kg/m^3。

比磁化率 χ_0 是矿粒的又一个重要磁化指标。对于逆磁性的矿物颗粒，$\chi_0 < 0$，对于顺磁性的矿物颗粒，$\chi_0 > 0$。

比磁化率也是磁选中矿物磁性分类的指标，强磁性矿物的物体比磁化率 $\chi_0 > 4.0 \times 10^{-5} m^3/kg$。这类矿物主要有磁铁矿、磁赤铁矿、钛磁铁矿和磁黄铁矿等，多属于铁磁性矿物，强磁性矿物可以在弱磁场磁选机中回收。弱磁性矿物的物体比磁化率 χ_0 为 $1.26 \times 10^{-7} \sim 7.5 \times 10^{-6} m^3/kg$，该类矿物较多，如大多数铁锰矿物（赤铁矿、镜铁矿、菱铁矿、褐铁矿、水锰矿、硬锰矿、软锰矿和菱锰矿等），一些含钛、铬、钨的矿物（钛铁矿、金红石、铬铁矿和黑钨砂等），一些造岩矿物（黑云母、角闪石、绿泥石、绿帘石、榴石、橄榄石、辉石等），大多属于顺磁性物质，弱磁性矿物可以在磁场强度为 $480 \sim 1840 kA/m$ 的磁选机中回收。非磁性矿物的物体比磁化率 $\chi_0 < 1.26 \times 10^{-7} m^3/kg$，例如部分金属矿物（辉钼矿、闪锌矿、方铅矿、辉锑矿、白钨矿、锡石、红砷镍矿、金等），大部分非金属矿物（煤、自然硫、金刚石、高岭土、石膏、萤石等），大部分造岩矿物（石英、长石、方解石等）。这类矿物有的属于顺磁性矿物，有的属于逆磁性矿物，非磁性矿物无法用磁选法回收。

11.2.3　矿粒在磁场中所受的磁力

11.2.3.1　磁场特性的描述

由于磁场不仅是数量场，而且还是矢量场，磁场的强弱及其方向，综合体现了磁场特性。而磁场的最基本特性表现在对其中的电流有磁场力的作用。

在磁场中垂直于磁场方向的通电导线，受到的磁场作用力 F_0 和电流强度 I 与导线长度 L 乘积的比值，称为通电导线所在处的磁感应强度，用 B 表示，单位为特斯拉（T）。所以

$$B = \frac{F_0}{IL} \tag{11-5a}$$

也可写成：

$$B = \frac{F_0 s}{m} = \frac{F_0 s}{IS} \tag{11-5b}$$

式中　F_0——磁力，N；

　　　L——导线长度，m；

　　　s——距离，m；

　　　m——磁矩，$A \cdot m^2$；

　　　S——面积，m^2。

即磁场中某点处的磁感应强度 B 的大小，等于只有单位磁矩的试验线圈所受到的最大磁力矩（$F_0 \cdot s$）与磁矩 m（$m = IS$）的比值。磁感应强度是矢量，可简称 B 矢量，其方向即磁场方向。

但是，在不同的磁质中传导电流产生不同的磁感应强度。因此，除用磁感应强度 B 矢量表示磁场的强弱及方向外，还可用另一个物理量即磁场强度来描述磁场。

磁场强度是指在任何磁质中，磁场中某点的磁感应强度 B 和同一点上的磁导率 μ 的比值，称为该点的磁场强度，以 H 表示，简称 H 矢量。即

$$H = \frac{B}{\mu} \tag{11-6}$$

在国际单位制中，μ 的单位是 H/m（亨利每米），磁场强度单位是 A/m（安培每米）。

11.2.3.2　均匀磁场和不均匀磁场

根据磁场强度的变化状况，可将磁场分为均匀磁场和不均匀磁场。若磁场中各点的磁场强度相同，即大小相等，方向一致，此磁场称为均匀磁场。若磁场中各点的磁场强度不相同，即大小及方向都是变化的，此磁场称为不均匀磁场。典型的均匀磁场和不均匀磁场如图 11-4 所示。

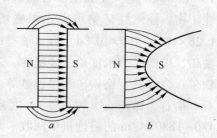

图 11-4　两种不同的磁场
a—均匀磁场（中间部分）；b—不均匀磁场

矿粒在不同磁场中，所受到的作用不同。在均匀磁场中，它只受到转矩的作用，转矩使它的最长轴平行于磁场方向，处于稳定状态；最长轴垂直于磁力线方向，则处于不稳定状态。若矿粒在不均匀磁场中，除受到转矩作用外，还受到磁力的作用。对于顺磁性和铁磁性矿粒，磁力起引力作用，使其朝着磁场梯度增大的方向移动，最后被吸在磁极表面上；对于逆磁性矿粒，磁力起斥力作用，将其推向远离磁极表面的方向。正是由于这种磁力的作用，才有可能把磁性矿粒从实际上认为是无磁性的矿粒中分选出来。因此，磁力选矿的分选过程，只能在不均匀磁场中才得以实现。所以，对磁选设备分选空间内的磁场，基本要求是具有一定的磁场强度和磁场梯度。

11.2.3.3　磁介质的磁场

物体放入磁场后，在外磁场的作用下，使物体的磁矩矢量和不等于零，物体便显示出磁性，这种现象就是物质磁化。凡是能被磁场磁化的物质，或者能对磁场发生影响的物质，即称为磁介质，或简称磁质。

被磁化的物质，因它显示出磁性，故也产生了一个磁场。磁质所产生的磁场，称附加磁场，以 B' 表示。若原有的外界磁场为 B_0，则它们的矢量和便是磁质中的含磁量，以 B 表示，即

$$B = B_0 + B' \tag{11-7}$$

当磁场中充满磁介质时，磁场中任一点处的磁感应强度 B、磁场强度 H 和磁化强度 M 之间的普遍关系，可写成

$$B = \mu_0 H + \mu_0 M \tag{11-8}$$

将式（11-3b）代入式（11-8），则

$$B = \mu_0(1 + k_0)H \tag{11-9}$$

式中 μ_0——真空（空气）磁导率，在国际单位制中，$\mu_0 = 4\pi \times 13^{-7} \mathrm{H/m}$。

通常，令

$$\mu_x = 1 + k_0 \quad (\mathrm{H/m}) \tag{11-10}$$

μ_x 称为该磁介质的相对磁导率，于是式（11-9）变成

$$B = \mu_0\mu_x H = \mu H \tag{11-11}$$

式（11-11）中 μ 是具有磁介质的磁场中某一点处的磁导率。

11.2.3.4 磁性矿粒在不均匀磁场中所受的磁力

矿粒在磁场中所受的磁力 F_0 为：

$$F_0 = \mu_0 m \frac{\mathrm{d}H}{\mathrm{d}x} \tag{11-12}$$

因已知：

$$m = MV = k_0 HV$$

故式（11-12）可写成：

$$F_0 = \mu_0 k_0 HV \frac{\mathrm{d}H}{\mathrm{d}x} \tag{11-13}$$

式中 k_0——矿粒的体积磁化系数；

V——矿粒的体积，$\mathrm{m^3}$；

H——矿粒靠近磁极一端所在的外磁场强度，$\mathrm{A/m}$；

$\dfrac{\mathrm{d}H}{\mathrm{d}x}$——磁场梯度，$\mathrm{A/m^2}$。

实际上矿粒质地并非均匀，常有不同程度的空隙。由于空隙的存在，其所受磁力就有所不同。因此，为了更切合实际地表达矿粒在不均匀磁场中所受磁力作用的大小，引入比磁力 f_0 的概念。比磁力 f_0 是指单位质量矿粒所受的磁力，即：

$$f_0 = \frac{F_0}{m} = \frac{\mu_0 k_0 VH \dfrac{\mathrm{d}H}{\mathrm{d}x}}{V\delta} = \mu_0 \chi_0 H \frac{\mathrm{d}H}{\mathrm{d}x} \tag{11-14}$$

式中 f_0——矿粒在磁场中所受的比磁力，$\mathrm{N/kg}$；

m——矿粒的质量，kg；

δ——矿粒的密度，$\mathrm{kg/m^3}$；

χ_0——矿粒的比磁化系数，$\mathrm{m^3/kg}$；

$H\dfrac{\mathrm{d}H}{\mathrm{d}x}$——磁场力，$\mathrm{A^2/m^3}$。

磁场力是表述磁场特性的数值。因为对于磁选机非均匀磁场的磁场特性，仅用磁场强度来表示是不够的，还必须考虑磁场梯度。磁场中作用在矿粒上的磁力与磁场梯度成正比，故磁场越不均匀，作用在矿粒上的磁力也就越大。

由式（11-14）可以看出，作用在磁性矿粒上的比磁力大小，取决于两个方面：一是磁性矿粒自身的磁性 χ_0；二是磁选机的磁场力值。当然，还和分选介质的性质，即空气磁导率 μ_0 有关。分选 χ_0 高的矿物（如强磁性矿物），磁选机的磁场力相对可以小一些；而选分 χ_0 低的矿物（如弱磁性矿物），磁场力就要很大。

11.2.4　矿物的磁性特点

11.2.4.1　强磁性矿物的磁性特点

其磁性特点如下：

（1）强磁性矿物的磁化强度和磁化率很大，存在磁饱和现象，且在较低的磁场强度下就可以达到饱和。

（2）强磁性矿物的磁化强度、磁化率和磁场强度间具有曲线关系，磁化率随磁场强度变化而变化。

（3）强磁性矿物存在磁滞现象，在它离开磁化场后，仍保留一定的剩磁。

（4）强磁性矿物的磁性与矿石的形状和粒度有关。

影响强磁性矿物磁性的因素有磁场强度、颗粒的形状、颗粒的粒度、磁质的含量和矿物的氧化程度等。磁场强度越大，矿物的比磁化强度和比磁化率也越大；在同一磁场强度下，长度越大、形状越不规则的颗粒，比磁化强度和比磁化率也越大。随着粒度的减小，矿粒的比磁化率也随之变小（磁性越弱），矫顽力随之增大，即粒度越小越不容易磁化，而磁化后又不易退磁。由此可知，磁铁矿磨矿时不能过磨。矿石连生体的比磁化率随强磁性矿物（磁铁矿）的含量增大而增大，故连生体是影响铁精矿质量的重要因素，单体解离是关键。磁铁矿在矿床中经长期氧化后，局部或全部变成赤铁矿，磁性减弱，比磁化率显著减小。

11.2.4.2　弱磁性矿物的磁性特点

其磁性特点如下：

（1）弱磁性矿物的比磁化率比强磁性矿物小得多。

（2）弱磁性矿物的比磁化率大小只与矿物组成有关，为一常数，而与磁场强度和矿物的形状、粒度等因素无关。

（3）弱磁性矿物没有磁饱和现象和磁滞现象，它的磁化强度与磁场强度为直线关系。

（4）在弱磁性矿物中混入强磁性矿物，即使少量也会对其磁特性产生一定甚至是较大的影响。

由弱磁性矿物与非磁性矿物构成的连生体，其比磁化率大致与弱磁性矿物的含量成正比，连生体的比磁化率等于各矿物比磁化率的加权平均值。

弱磁性铁矿物，如赤铁矿、褐铁矿、菱铁矿和黄铁矿，可以通过磁化焙烧的方法人为提高它们的磁性，从而用弱磁场磁选机进行分选。

11.3　磁选设备

11.3.1　弱磁场磁选机

11.3.1.1　干式弱磁场磁选机

干式弱磁场磁选机分为电磁磁系和永磁磁系两种。由于永磁磁系干式弱磁场磁选机具有结构简单、工作可靠和节电等优点，故被广泛使用于选分强磁性矿石。干式弱磁场磁选机有除铁器（固定和带式）、磁滑轮（或磁力滚筒）和筒式磁选机。

图 11-5 所示为永磁双筒式磁选机的构造。该设备主要由辊筒、磁系和选箱组成。在筒面上粘了一层耐磨橡胶，为了防止涡流作用使辊筒发热和电机功率增大，所以筒皮采用玻璃钢材料。磁系由锶铁氧体永磁块组成。磁系的极数多，极距小（有 30mm、50mm 和 90mm 三种），磁系包角为 270°，磁系的磁极沿圆周方向极性交替排列，而沿轴向的极性一致。选箱采用泡沫塑料密封，顶部装有管道并与除尘器相连，使箱内处于负压状态工作。

磨细的干矿粒由电振给矿机给到上辊筒进行粗选。磁性物料吸到筒面上被带到无极区（磁系的圆缺部分）卸下，从精矿区排出。非磁性矿粒和连生体，因受重力和离心力的共同作用，被抛离筒面，非磁性矿粒从尾矿区排走，中矿（连生体）因磁性较弱而进入中矿漏斗，再给到下辊筒进行再选。选后的精矿从精矿区排出，尾矿从尾矿区排出。

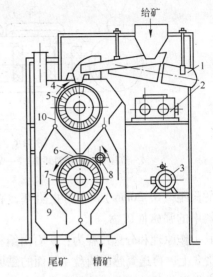

图 11-5　永磁双筒干式磁选机
1—电振给矿机；2—无极调速器；3—电动机；
4—上辊筒；5—圆缺磁系；6—下辊筒；7—同心磁系；
8—感应排矿辊；9—选箱；10—可调挡板

该机用于细粒级强磁性矿石的干选，它与干式自磨机组成干法磁选工艺流程，具有工艺流程简单、设备数量少、占地面积小、节水、投资少和成本低等优点，适用于干旱和寒冷地区。该磁选机也适用于从粉状物料中剔除磁性杂质和提纯磁性材料。

11.3.1.2　湿式弱磁场磁选机

湿式弱磁场磁选机分为电磁和永磁两种。永磁筒式磁选机用来分选粒度在 6mm 以下的强磁性矿物，已广泛地用于黑色金属及有色金属选矿厂、重介质选煤厂以及其他工业部门。它具有结构简单、体积小，质量轻、效率高、耗电少等优点。

湿式永磁筒筒式磁选机按其槽体的形式可分为顺流式、逆流式和半逆流式三种，其结构见第 7 章，其中以半逆流式应用为最广，在此不再赘述。

11.3.2　强磁场磁选机

11.3.2.1　干式强磁场磁选机

强磁场磁选机是用来分选弱磁性矿石的分选设备。因该设备成本较高，故多用于分选或精选价值较高的有色金属矿石和稀有金属矿石。还可用于光学仪器、玻璃、陶瓷和高压绝缘材料的净化。由于电磁强磁场设备容易获得较高的磁场强度，并具有磁场强度稳定和可以调节的优点，故国内外强磁场磁选机基本上都是电磁式的。

盘式磁选机是生产中使用的干式强磁场磁选设备中的主要设备。图 11-6 所示为直径 $\phi 576mm$ 的皮带给料双盘磁选机的构造，主体部分是给矿皮带 3 上面的可旋转悬吊感应圆盘 4 和皮带下面的"山"字形的电磁铁 5。圆盘 4 像一个翻扣的带有尖齿的碟子，其直径是给矿皮带 3 的宽度的 1.5 倍。圆盘采用蜗轮蜗杆减速传动，通过手轮可调节圆盘与电磁

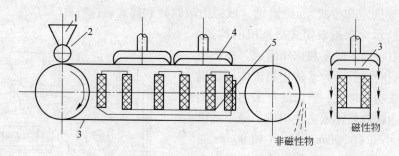

图 11-6　双盘磁选机示意图

1—给料斗；2—给料圆筒；3—皮带；4—感应圆盘；5—"山"字形电磁铁

铁间的极距（0~20mm）。为防止阻塞，在给料圆筒 2 内装有一个弱磁场磁极，以预先排出给料中的强磁性矿物。

其工作原理和分选过程为：矿石由给料圆筒 2 预先排出强磁性矿物后，被均匀地排到给矿皮带 3 上，再送到感应圆盘 4 下面的磁场间隙中。弱磁性矿物受到磁力作用，被吸附到圆盘的尖齿上，并随圆盘旋转带出皮带之外，皮带之外的磁场力急剧下降，在重力和离心力的作用下落到皮带两侧的磁性产品槽中，非磁性产品由皮带运至尾端排入非磁性产品槽中。

双盘磁选机适用于分选比磁化系数大于 $5.0 \times 10^7 \mathrm{m^3/kg}$、而粒度又小于 2mm 的弱磁性矿石。该磁选机由下方给矿，属于吸出式。因此，选择性强，能获得较纯的精矿。此外，它还可得到多种磁性不同的产品，工作平稳可靠，故在稀有金属粗精矿的精选方面，获得广泛的应用。例如，用于黑钨粗精矿的精选，含钛铁矿、锆英石、金红石、独居石等矿物的混合粗精矿的精选等。

11.3.2.2　湿式强磁场磁选机

图 11-7 所示为琼斯强磁场磁选机的基本结构。该磁选机是国内外工业生产主要设备之一。该机门形框架上装有两个 U 形磁轭，在磁轭的水平部分套有励磁线圈，并由 8 台风扇进行空气冷却，在其外面设有保护壳。垂直中心轴带动 2 个分选转盘，转盘在磁极间构成磁路。转盘在 2 个相对磁极之间转动，中间相隔很窄的空隙。转盘的外周边上有分选室，分选室内装有细齿形聚磁介质板（用不导磁材料制成的），齿板间距由给矿粒度来确定，一般为 1~3mm，分选空间的最大磁场强度为 $9600 \times 10^2 \mathrm{A/m}$，转盘的转速为 3.4~4r/min，处理能力为 100~120t/h。有 4 个给矿点（即设有 4 个分选区），每个给矿点给矿量为总给矿量的 1/4（约 25t/h）。

电动机通过传动机构使转盘在磁轭之间慢速旋转。矿浆自给矿点给入分选箱，随即进入磁场内，非磁性颗粒随着矿浆流通过齿板的间隙流入下部的产品接矿槽中，成为尾矿。磁性颗粒在磁力作用下被吸到齿板上，并随分选室一起转动，当转到离给矿 60° 的位置时，用压力 20~50Pa 水清洗，磁性矿物中夹杂的非磁性矿物被冲洗下去，成为中矿。当转到离给矿 120° 的位置时（磁场中性区），用压力 40~50Pa 水将吸附在齿板上的磁性矿物冲下，成为精矿。

琼斯强磁场磁选机除分选赤铁矿、菱铁矿、钛铁矿和铌铁矿外，还可以分选稀有金属矿石，如从铅矿中回收非硫化铜矿物和钨矿物，也可以从高炉煤气灰和粉末燃料灰中分离

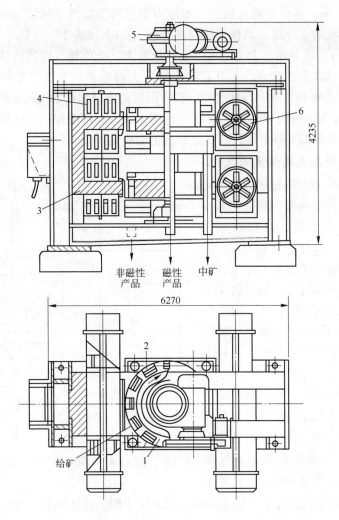

图 11-7 琼斯强磁场磁选机

1—转盘；2—磁板盒；3—磁轭；4—线圈；5—电动机；6—通风机

出铁氧化物。

11.3.3 高梯度磁选机

磁选机发展的两个关键方面是增大磁引力和处理量。第一代强磁选，从盘式磁选机到感应辊式磁选机；从第一代强磁选机的单层磁介质到第二代强磁选机的多层感应极（如琼斯式强磁选机）；从粗型多层磁介质（第二代强磁选机）到微细多层磁介质的第三代强磁场磁选机（高梯度磁选机）都是此。几何形状为三角形、矩形、尺寸大的磁介质，磁引力和处理量都小。几何形状为尖形、多棱形、尺寸小的磁介质，磁引力和处理量都大，因此这种形状是分选弱磁性、微细粒矿物的主要磁介质。

高梯度磁选机的磁系结构特点是在螺线管均匀磁场中钢毛（纤维状）磁介质与包铁装置的独特结合。包铁螺线管的磁化场是均匀磁场，充填钢毛介质后产生非均匀磁场，因钢毛介质半径特小，形成的磁场梯度比琼斯式磁选机的磁场梯度 2×10^3 T/m 高 1~2 个数量级，即高达 10^5T/m。高梯度磁选机的基本原理是尽可能提高其梯度 gradH 值，以提高磁引力，故采用丝状钢毛介质。高梯度磁选机介质充填率仅为 5%~14%，通常强磁选机则为 50%~70%，分选区利用率大为增加，处理量增大。介质轻，设备质量降低，传动功率低且平稳。由于具有上述特点，尤其是产生的巨大磁场梯度，该设备可用于分选微米级（+3μm）的弱磁性物料，所以高梯度磁选机的出现是磁分离技术现代化的重要标志。高梯度磁选机的应用，已突破了传统的选矿加工范围，深入到环境保护和生物化学等领域。因此，用高梯度磁分离的名称来取代高梯度磁选更为确切。

11.3.3.1　周期式高梯度磁选机

用于脱除高岭土中弱磁性染色矿物成分（Fe、Ti）的第一台小型工业高梯度磁选机（又称磁滤器）是 1969 年设计制造的。其主要部件见图 11-8。它主要是一个充填导磁不锈钢钢毛介质并置于包铁的螺线管中的罐体。螺线管在工作空隙产生的磁感强度达 2T。钢毛介质产生高度非均匀性磁场，磁感应梯度为 10^5T/m，形成了作用在磁性矿粒上的巨大磁力。

分选过程包括给矿、漂洗和冲洗三个阶段。由泵送入的原矿浆垂直向上通过磁介质，矿浆中的磁性矿粒被磁化钢毛表面所捕获，非磁性矿粒则通过罐体。钢毛介质满载磁性矿粒后，给矿浆

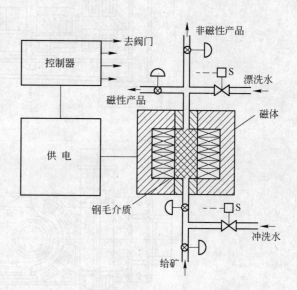

图 11-8　周期式高梯度磁选机示意图

停止，给入同样流速的漂洗水，洗出残留在磁介质中的非磁性颗粒。最后，磁体退磁，磁场降至零，磁性矿粒被高压水从介质中冲洗下来。生产时完成一个周期约需 10~15min，设备的工作可自动按程序进行。

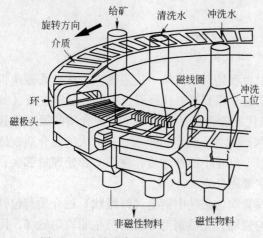

图 11-9　连续式高梯度磁选机示意图

11.3.3.2　连续式高梯度磁选机

处理弱磁性矿物成分含量高、生产能力大的多种矿石，必须采用连续式高梯度磁选机。

第一台连续式高梯度磁选机由美国 Francls Bitter 国家磁力实验室于 1969 年制成，如图 11-9 所示。该设备由鞍形螺线管线圈、包铁、分选环、给矿、排矿、洗水和转动机构等构成。分选环由多个分选室组成，室内装有不锈钢网或钢毛。为了使转环能方便通过线圈，做成由上、下两部分合成的马鞍形，螺线

管常采用方形空心铜管，通水内冷，激磁电源采用大电流低电压。

　　连续式高梯度磁选机的操作程序见图 11-10。在整个给矿、漂洗和冲洗期间磁介质被矿浆淹没。密封系统把盛有介质的分选室隔离开，以便严密地控制通过分选室的液流密度。为了维持这个控制特性，必须尽量避免细粒分选室气-水界面的出现，即介质环完全密封。矿浆由上导磁体的长孔流到处在磁化区的分选室中，弱磁性颗粒被吸附到磁化了的聚磁介质上，非磁性颗粒随矿浆流通过介质的间隙流到分选室底部排出成为尾矿，被吸附的弱磁性颗粒随分选环转动，进入磁化区域的清洗段，进一步清洗掉非磁性颗粒，接着转离磁化区，弱磁性颗粒在冲洗水的作用下成为精矿。

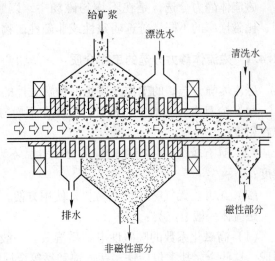

图 11-10　连续式高梯度磁选机的操作程序

11.3.4　超导磁选机

　　众所周知，磁选机的主要磁性材料铁磁性物质一般有磁饱和极限（2T），所以常规磁选机的磁感应强度没有超过 2T 的。要突破这一极限，只有把磁性材料由铁磁体改为超导体。

　　某些物质在温度降至绝对温度零度时，电阻突然消失，称为超导电现象。具有超导电现象的物质称为超导体。当超导材料处于超导状态时，电阻为零，故在一根细超导线内，能通过很大的电流，没有热损耗，从而获得超过 2T 的超强磁场。在这一基础上产生了超导磁选机，其结构分为超导、制冷和分选三个系统。

　　常规磁选机（包括高梯度磁选机）的基本特点是常导（电阻性）磁体。它的主要优点是结构坚固、工作可靠，容易比拟放大。其缺点是能耗大，由于采用轭铁和包铁结构，设备笨重。超导磁选机的基本特点是超导性磁体。它的主要优点是磁感应强度高，设备规格变小和质量减轻，节省激磁能耗。其缺点是制冷装置耗能高，结构复杂。

　　自本世纪 70 年代开始至今，低温超导磁选机的开发已取得了很大进展。许多国家研制了超导磁选机，大规格的周期式高梯度磁选和往复罐式的高梯度磁选的超导机已在生产中应用，但超导磁选机仍然没有对选矿产生较大的影响。

11.4　磁流体分选

　　磁流体选矿是 20 世纪 60 年代发展起来的磁选新工艺。它是以特殊的流体（如顺磁性溶液、铁磁性胶粒悬浮液和电解质溶液）作为分选介质，利用流体在磁场或磁场和电场的联合作用下产生"加重"作用，按矿物之间的磁性和密度的差异或磁性、导电性和密度的差异，而使不同矿物实现分离的一种新的选矿方法。它包括磁流体静力分选和磁流体动力分选两种。

磁流体静力分选，是在不均匀磁场中，以顺磁性液体为工作介质，根据矿物之间密度、比磁比率的不同，分选弱磁性或非磁性矿物的一种分选技术。

11.4.1　磁流体静力分选的工作介质

磁流体静力选矿的工作介质是一种顺磁性的液体。对它有三项基本要求：

（1）应具有较高的磁化系数，以便在不均匀磁场中能产生较高的磁浮力，提高液体的视在密度；

（2）具有较低的黏度和较好的流动性，不发生沉淀和凝聚，以便提高对矿物的分选精度；

（3）无毒、无气味，价廉易得，使用方便，回收与再生容易。

磁流体一般有三类：

（1）高磁化系数的顺磁性电解质溶液。一般由顺磁性金属盐类溶解于水或有机溶剂中制成。这些金属盐类包括铁、锰、镍和钴等金属的氯化物和硝酸盐。

（2）铁磁性胶体悬浮液。它是将磁铁矿等物质的微粒经过表面活性处理后形成的、在重力和磁力作用下均能保持稳定的悬浮液。

（3）液态金属或低熔点金属。如伍德合金（Bi 50%、Pb 25%、Sn 12.5%、Cd 12.5%），它在 65.5℃时熔化。液态金属不润湿矿石，在操作过程中，矿粒能自行分离，不仅避免了金属溶液的损失，也不需配置金属溶液净化和再生流程，液态金属密度大，最大可达 11.5g/cm³，对分选有利，但生产费用高，在高温下操作困难。

11.4.2　磁流体特性

磁流体特性可用一组实验来说明：将磁铁矿粉碎成微粒，以煤油为溶剂、油酸为分散剂，制成比水略轻的磁流体。将磁流体装入烧杯，当烧杯向侧卧的马蹄形永久磁铁的极头靠近时，靠近磁铁极头的磁流体升起呈斜坡状（爬坡现象），移去磁铁，现象消失。

将磁流体放入试管中，再放入一定量的清水，并加入一个玻璃球（密度 2.7g/cm³）和一个铜球（密度 8.9g/cm³），此时磁流体位于清水上面，玻璃球和铜球沉在水底。将试管放置于电磁铁的极头上方，然后开始通电，并逐渐增大电流，首先看到水向上升，磁流体向下沉，水和磁流体上下易位。进一步增加电流，则玻璃球和铜球先后浮于磁流体上。断开电源，试管中一切恢复到通电前状态。

磁流体特性可概括为以下几点：

（1）磁流体本身是一种磁性介质，犹如大块固体磁铁，在外磁场中恒被吸附在磁通量最大的方向。

（2）磁流体受外磁场作用，力图排开磁通量最大处已被其他弱磁性或非磁性颗粒所占据的空间，这就表现为液体的"加重"现象，或具有某一数值的"视在密度"。

（3）由于磁流体总是存在于外磁场磁通量最大处，所以它可以"悬挂"于开底容器中而不坠落。利用这个特性，可以制成无底的分选槽，以便轻矿物从分选槽上面溢出，重矿物从分选槽下面溢出，从而把矿物按密度和磁性分开。

（4）改变外界磁场磁极形状，可以将不同（或相近）密度和比磁化系数的矿物分别在分选槽中定位悬浮，然后再把定位悬浮液的各个组分分别提取出来，达到分选多组分矿物原料的目的。

11.4.3　磁流体静力分选原理

磁流体静力分选和重液分选具有相似之处，都是浮沉分离固体颗粒，不过，前者除了有重力场作用外，还有磁场作用，而后者只有重力场作用。

设有一矿粒进入装有顺磁性液体的非均匀磁场中（如楔形磁极或双曲线形磁极），当磁极形状、间隙和磁势一定时，一定密度和磁比率的矿粒只在相应的高度上悬浮。这样，不同密度和磁化率的矿粒将在不同高度上悬浮。也就是说，矿粒在磁性液体中分层悬浮，并可用机械方法将它们分离。矿粒之间的分层悬浮高度差越大，分离的精度和效果就越好。

为了分离过程的正常进行和获得良好的分选效果，应根据分选的矿物性质，正确地选择分选介质的种类和浓度。

11.5　磁选的应用

磁选广泛应用于强磁性铁矿石的处理以及从混合物料中排除铁磁性杂质（如铁件、钢块等），也大规模应用于细粒弱磁性铁锰矿石的分选、有色金属硫化矿石、非金属矿石（包括煤）的分选，以及废水、废气的处理等，尤其高梯度磁选机和超导磁选机的出现和发展，以其合理的磁系结构、机械结构和性能优异的磁性材料，为弱磁性微细粒、粗粒物料的磁分离，以及污水、废气的净化和综合利用提供了合理的处理方法和技术装备。

11.5.1　铁矿石选矿方面的应用

图 11-11 所示为大孤山选矿厂磁选工艺流程。大孤山选矿厂处理的矿石中主要金属矿物为磁铁矿及少量赤铁矿和褐铁矿，主要脉石矿物为石英，还有角闪石、绿泥石、方解石等，有用矿物呈细粒浸染，大部分颗粒小于 0.1mm。

采用的原则流程为阶段磨矿阶段分选流程，分选设备为永磁式脱泥槽和永磁式筒式磁选机（$\phi1050mm \times 2400mm$）。二段磁选产品用细筛提高磁性精矿质量。鉴于筛

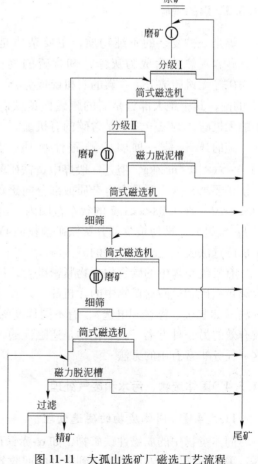

图 11-11　大孤山选矿厂磁选工艺流程

上产品还有相当数量的颗粒未曾解离，故在细筛作业中增设了再磨机，形成了三段磨矿、三段分选，从而使精矿铁品位由 63.5% 提高到 65% 以上。三段的磁选机和脱泥槽取代浓缩效率不高的水力旋流器，使矿浆浓度提高到 62%。

11.5.2 高岭土的磁选

高岭土也称瓷土。它的主要成分是高岭石矿物，一种含水铝硅酸盐（$Al_2O_3 \cdot SiO_2 \cdot 2H_2O$），主要用于造纸工业的填料、涂料、陶瓷和耐火材料等。白度是评价高岭土质量的重要参数。影响白度的主要物质是原料中的少量含铁矿物，如氧化铁、锐钛矿、金红石、菱铁矿、黄铁矿、云母和电气石等，其总量为 0.5%~8%。

为了脱除影响白度的含铁成分，可采用化学和物理方法来实现。在最好的条件下，化学漂白通常可排除高岭土中的铁量不到 50%。物理分选方法，例如浮选，其除铁效果比化学漂白还差。这些污染物一般磁性很弱、粒度很细，用高梯度磁选法能有效排除，其工艺流程见图 11-12。

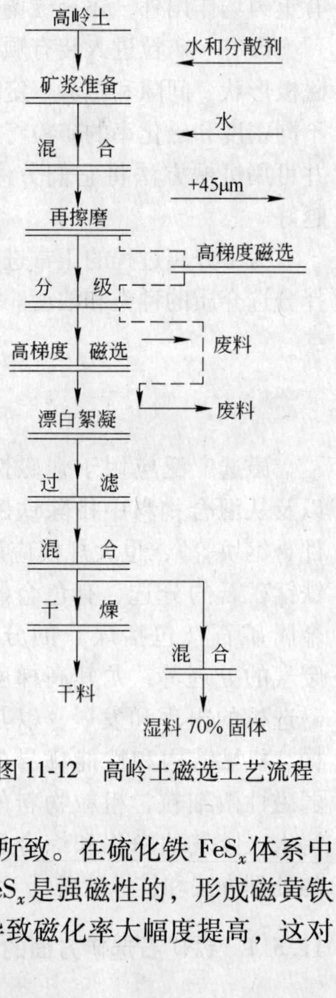

11.5.3 煤的脱硫

煤是一种复杂的不纯物质，主要杂质是一些黏土、页岩、砂岩（燃烧后成为灰分）和含硫的物质（如黄铁矿、白铁矿等无机硫成分、含碳的有机硫成分）。一般含有 1%~5% 的硫，其中绝大部分是弱的顺磁性黄铁矿或白铁矿 FeS_2 中的无机硫，约三分之一是含碳的有机硫。

纯的 FeS_2 是一种弱的顺磁性物质，其比磁化率为 $(3.4~5) \times 10^{-9} m^3/kg$，但是一般煤中黄铁矿的比磁化率比纯黄铁矿要高，这主要是含有杂质或部分向磁黄铁矿 Fe_7S_8 转化所致。在硫化铁 FeS_x 体系中（$1 \leqslant x \leqslant 2$）在 $1.08 < x < 1.2$ 的狭窄范围内，若 $x = 1.143$ 时，FeS_x 是强磁性的，形成磁黄铁矿 Fe_7S_8 组分。即使极少部分黄铁矿颗粒向 Fe_7S_8 转化，也可导致磁化率大幅度提高，这对于用磁选法脱硫是极为有利的。

有机硫与煤中的碳氢化合物紧密键合，用物理选矿方法不能脱除。在实践中，脱硫是分离黄铁矿和硫酸盐矿物中的无机硫，以及排除固体矿物质（灰分）。提取无机硫的几种方法（如重选、浮选和电选），有不同程度的效果。磁选是出现较晚但对细粒嵌布黄铁矿较有效的另一种方案。碳氢化物是逆磁性的，含无机硫矿物是顺磁化的，因此磁选是完成这一任务非常有用的方法。

11.5.4 固体废物、污水和废气处理

11.5.4.1 固体废物的磁选处理

固体废物中的弱磁性铁矿物，如 α-赤铁矿、褐铁矿、菱铁矿、黄铁矿等，由于磁性较弱，采用常规磁选方法难以达到较好的回收效果。为了提高磁选回收效果，通常可以通过

图 11-12 高岭土磁选工艺流程

磁化焙烧的方法人为地提高它们的磁性。采用磁化焙烧后，它们就可转变成人工 Fe_3O_4 或 $\gamma\text{-}Fe_2O_3$ 强磁性矿物，其磁性特点与天然强磁性矿物 Fe_3O_4 或 $\gamma\text{-}Fe_2O_3$ 基本相同。

11.5.4.2　污水的处理

这里所说的污水主要指钢铁工业、热电厂和江河等被固体油污染的水。前两种废水所含固体物料多数是微细粒的强磁性物质，后一种常含非磁性固体物料，但可借助磁的吸附使其转化为磁性物质，都适于用高梯度磁选机处理。

炼钢厂、炼铁厂和轧钢厂等生产过程产生的废气、烟尘和铁鳞等都是强磁性的，故湿法除尘后的工业污水有 70%~80% 被磁性物料污染。

污水中多数细粒悬浮体是磁性成分，所以与常规沉淀池中的沉降和絮凝相比，高梯度磁滤是最优的选择方案。85% 的固体悬浮物尺寸为 5~20μm。

高梯度磁选具有流速高、所需面积少、经营费用低、时效率较高等优点。第一台工业生产用钢厂水处理的高梯度磁选机设备，于 1977 年在日本千叶川崎钢铁厂使用，是处理真空排气过程中气体洗涤器废水的，固体脱除效率超过 80%。固体物主要成分是氧化铁和氧化锰，颗粒小于 100μm，大多数小于 20μm。核心设备是一台高梯度磁滤器。对热轧厂的废水处理，无论生产费用还是装置费用，高梯度磁选机都比砂滤器和沉淀池低。

11.5.4.3　废气的处理

炼钢厂生产过程产生大量含铁粉尘的烟道气，粉煤发电厂的飞灰中含有一定数量的金属，二者中的含铁成分都可用磁选法回收。

以粉煤作为燃料的发电厂，煤灰中含有的主要成分是 SiO_2、Al_2O_3、Fe_2O_3、CaO 和 TiO_2。煤灰中金属含量虽比高品位矿石的低些，但煤灰量极大。中国目前的积存量达几亿吨，全世界达几百亿吨，这都是潜在有用矿物资源。

回收煤灰中的金属有几种方法：物理处理、浸出、烧结和气-固反应。磁分离是物理处理中的重要方法。磁分离可将煤灰分离为磁性部分和非磁性部分。次磁性部分可用作洗煤用的重介质材料和高密度水泥的充填剂。非磁性部分又可分为炭粒、漂珠和微珠。炭粒可作为脱附剂，漂珠是轻质耐火材料的优质填料，微珠是化工填料。

思 考 题

11-1　概念：磁选、矫顽力、顺磁性矿物、逆磁性矿物、铁磁性矿物、磁化率、比磁化率、磁场强度、磁感应强度、磁质、比磁力、磁流体选矿。

11-2　磁选主要应用于哪些方面?

11-3　试述磁选的基本条件。

11-4　矿物的磁性有哪些特点?

11-5　试列举几种强磁场磁选机和弱磁场磁选机。

11-6　试述周期式高梯度磁选机的分选过程。

11-7　试述磁流体的分类和特点，磁流体静力分选原理。

12 电 选

本章提要：本章主要介绍了电选技术发展、矿粒带电的方式、电选原理、设备和主要应用。

12.1 电选概述

矿物电选法，是根据自然界各种矿物具有不同的电学性质（电性），当矿物经过高压电场时，利用作用在这些矿物上的电力以及机械力的差异，进行分选的一种干式选矿方法。在电选中起作用的主要电性是矿物的电导率、介电常数和比导电度。根据电导率的大小可以将矿物分成导体、半导体和非导体三类。

从历史上看，电选的发展，经历了相当长的时间。1880年有人将碾过的小麦在一个与毛毡摩擦而带电的硬橡胶辊下通过，麦糠等轻物体被吸到辊子上，从而与较重的麦粒分开。1886年卡尔潘特（F. R. Carpenter）曾用摩擦荷电的皮带来富集含有方铅矿和黄铁矿的干矿砂。1908年美国威斯康辛建立了第一座利用静电场分选铅矿的选矿厂。由于当时条件的限制，电选只能在静电场中进行，因而分选效率低，处理能力小。直到20世纪40年代，由于科学技术的发展，特别是电选中应用了电晕带电的方法，分选效率得到了显著的提高；再加上人们对稀有金属（例如钛等）需要量的增长，促使人们重新注意研究和应用电选技术，才促使电选获得了较快发展和日益广泛的应用。

虽然物料电选时须经干燥、筛分、加热等预处理，但电选法具有设备结构简单、操作维护容易、生产费用不高、分选效果好等优点，普遍应用于稀有金属的精选，并在有色金属、非金属甚至黑色金属矿石的选矿中也得到了应用。另外，目前电选还用于粉煤的分选；陶瓷玻璃原料及建筑材料的提纯；工厂废料的回收；矿石与其他物料的分级和除尘；以及谷物、种子、食品和茶叶等的精选。

我国从1958年就开始研究电选工艺和设备。电选发展趋势主要体现在研制新型、高效、大处理量、节能化、多品种的电选设备及工艺，研究入选物料表面处理工艺，进一步强化电选过程，扩大电选应用范围；研究矿粒在电选过程中的行为，研究矿物表面能结构对电选过程的影响，从而进一步认识矿粒在电选过程中的分选机理。

12.2 矿粒带电的方式

电选机采用的电场有静电场、电晕电场和复合电场三种。电选过程中要使矿粒带电，常用的带电方法有接触摩擦带电、传导带电、感应带电、电晕带电和复合电场带电等。

12.2.1 摩擦带电

两个表面性质不同的物体，相互接触和摩擦时，在两物体之间将发生电子转移现象。当将它们分开时，得电子的物体带上负电，失去电子的物体带上正电，这种现象称为摩擦带电。摩擦带电时，两种摩擦电荷符号相反、数量相等。摩擦带电是一种普遍现象，利用这一现象，在电选中，就可使性质不同的矿粒相互摩擦或与输送设备的表面摩擦，使它们得到符号相反、数量足够的电荷，然后使其通过电场，于是它们都将受到库仑力的作用，根据它们各自带电荷的符号，分别被正负电极所吸引，这样就完成了矿物的电选过程。

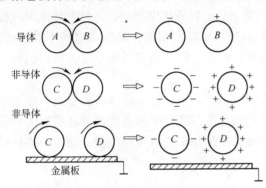

图 12-1　性质不同的矿粒摩擦带电示意图

实践表明，两个性质不同的导体颗粒，相互摩擦后再分开，它们分别获得的摩擦电荷很少；若是两个性质不同的非导体颗粒，摩擦后所得电荷比较多；两个性质不同的非导体颗粒，分别与同一接地金属板摩擦后分开时，它们将分别带上数量不等的异号电荷（见图 12-1）。由此可见，摩擦电荷与矿物的电导率有关，电导率愈小的矿粒，经摩擦后所带电荷就愈多。故摩擦带电只对非导体矿物显示作用，而对导体颗粒由于摩擦电荷很微弱，几乎可忽略不计。所以摩擦带电的方法主要用于非导体矿物的分选。电导率大的矿粒，因其导电性能好，于是由摩擦所得电荷，很快又相互中和了，因而积累不了足够的电荷参与电选过程。非导体矿粒正好相反，由于导电性能差，摩擦电荷很难中和，因此经摩擦时可积累较多的电荷，足以参与电选过程。

12.2.2 传导带电

若使矿粒与带电电极直接接触，导电性能好的矿粒，由于电荷的直接传导作用，使其带上与电极极性相同的电荷，从而受到电极的排斥；而导电性能差的矿粒，则只能被电极极化，在其两端产生符号相反的束缚电荷，靠近电极的一端，电荷符号与电极符号相反，故被电极吸引。所以利用矿粒导电性能的差异和它们在电极上表现的行为不同（见图12-2），便可采用电选方法将它们分离。最初的电选机就是按照这样的原理设计的。

矿粒经传导所得电荷与接触电极的符号相同，而所得电荷的多少则与矿粒的电导率、两极间的电位差、接触时间等因素有关。

电选机中，传导带电是一种使矿粒带电的主要方法。但在实际生产中很少遇到一种矿物是导体，另一种矿物是非导体。绝大多数被选物料都是半导体的混合物

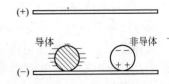

图 12-2　矿粒与带电电极接触带电

或半导体与非导体的混合物，它们的电导率相差不大。分选这些矿石，若仅仅利用传导带电，显然难以满足要求。因此，在电选机中多采用传导带电与其他方法相结合，其中最普遍的是采用传导带电与电晕带电相结合。

12. 2. 3 感应带电

感应带电与传导带电的区别是，感应带电是矿粒不与电极直接接触，而是在电场中受到电极的感应，从而使矿粒带电，如图 12-3 所示。

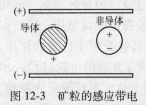

图 12-3 矿粒的感应带电

当导体矿粒置于电场时，立即被感应，靠近电极的一端感应产生和电极极性相反的电荷，而另一端则产生与电极极性相同的电荷，此感应产生的正、负电荷均可移走。若移走的电荷和电极极性相同，则剩下的电荷便和电极极性相反。此时，矿粒将被吸向电极的一边。而当非导体矿粒置于电场时，虽然和导体颗粒处于相同的条件下，同前述传导带电相似，只能在电场中被极化，尽管此时在矿粒两端也表现出正、负电荷的存在，但正、负电荷却不能移走，因而也就不会被吸向电极一边。

感应带电在电选实践中有着重要意义，在强电场作用下，可将导体矿粒吸出，防止非导体矿粒混杂于导体中。不论是依靠传导还是利用感应，其目的都是使矿粒在静电场中带电，又都是按照同性电相斥和异性电相吸的原理，使某些矿粒被吸向电极，而另一些矿粒被排离电极，从而完成分选过程。

12. 2. 4 电晕带电

电晕带电是指利用电晕电场使矿粒带电。电晕电场是不均匀电场，在电场中有两个电极，其中一个电极的直径比另一个电极小得多（见图 12-4）。在通常压力（一个到几个大气压）下，两个电极间的气体（空气）便会自激放电。气体中残存有电子或离子，在一定程度的外电场作用下，致使这些电子或离子在与中性分子碰撞前，已获得足够的能量，它们和中性分子碰撞时，就能把足够的能量传递给中性分子，而使中性分子电离，产生电子和离子，使气体具有导电性，这种导电性称为自激导电性。气体由于具备了自激导电性而产生的放电现象，称为自激放电。

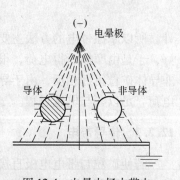

图 12-4 电晕电场中带电

电晕放电的电场称为电晕电场。该电场是个很不均匀的电场。在电场中有两个直径相差特别大的电极，在大气压下，若使两电极间的电位差提高到某一数值时，直径小的电极（如一根细的金属丝导线）附近，其电场强度大大超过两电极间其余空间的电场强度，此时，该电极附近的空气将发生碰撞电离，产生了电子和正离子，有的电子又附着在中性分子（气体分子）上，形成负离子。电子、正离子、负离子分别向与自己符号相反的电极移动，于是形成电流，该电流称为电晕电流。与此同时，还发出轻微的"嗞嗞"声，并在细电极（或称电晕电极）附近看到浅紫色的光，而且还能嗅到臭氧的特殊气味。这种现象，称为电晕放电。

电晕放电时，空气的电离和发光，只发生在电晕电极附近的很薄的一层里，该层称为电晕区。电晕区以外的电场区域，称为电晕放电的外区。

若电晕电极接的是高压负电，则在电晕区内，空气正离子向着电晕电极运动，电性中和；而电子和空气负离子向另一电极（辊筒）运动，并充满了电晕放电的外区，使该外区整个空间形成了单一符号的体电荷（即空间电荷）。

矿物电选是利用电晕放电，两电极间的电位差必须小于使空气完全被击穿的极限电压，避免电晕放电转变为火花放电，因为火花放电会破坏电选过程的正常进行。

电选中的电晕电极应接高压负电，因为此时空气被击穿所需的电压要比接高压正电时高得多。为了保证电晕放电的正常进行，必须注意三个条件：一是两电极间必须有足够大的电位差；二是电晕电极的曲率半径要比另一电极小得多，实际电选中电晕电极与接地电极（辊筒）直径之比甚至高达 1：17500；三是两电极间的距离要适当，以不产生火花放电为原则。

在电晕放电的电场中，当矿粒置于有大量电荷（负离子和电子）的电晕外区时，它便与飞向正极（辊筒）的负离子和电子相遇。这些负离子和电子便失去了自己的速度而附着在矿粒上，从而使电性不同的矿粒都带上了符号相同的电荷——负电荷。但是不同电性的颗粒，因吸附离子而得到的负电荷多少是不同的。导体矿粒得到的电荷多，非导体矿粒得到的电荷少。导体上的电荷瞬间传导至接地极而消失，非导体由于导电性能很差或不导电，表面吸附的电荷不能传走或传走很慢，故与接地极相互吸引，从而可以实现电力分选或电力分级。

12.2.5 复合电场带电

复合电场是指电晕电场与静电场相结合的电场，采用复合电极是鼓筒式电选机发展史上的一大进展，复合电场电选机的分选效果要好于单一的静电场或电晕电场电选机。复合电极的形式一种是电晕电极在前，静电极在后，另一种则是电晕极与静电极混装在一起，图 12-5 为两种电极结构示意图。

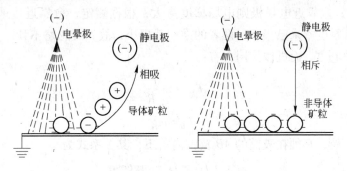

图 12-5 矿粒在复合电场中带电

如图 12-5 所示，不论导体还是非导体矿粒都先在电晕场中带电，但随着矿粒往前运动，立即受到静电极的作用，导体传走电荷后，受到静电极的感应而带电并吸向静电极方向；非导体则不同，由于所吸附的电荷不能传走，受到静电极的斥力，将矿粒吸在接地极。显然，两者的运动轨迹很不相同，据此可将导体和非导体分开。

除上述五种矿粒带电的方法外，像加热、机械加压、放射性元素的放射线照射等，还可使某些矿物颗粒获得电荷。在电选实践中，应用最多的是后四种，即传导带电、感应带电、电晕带电和复合电场带电，其次是摩擦带电。摩擦带电除了作为一个单独使用的方法被采用外，实际上在任何电选机中摩擦带电都是有可能发生的。

12.3 电选原理

矿粒进入电场后，既受到各种电力作用，又受到各种机械力的作用。大量的实验证明，鼓筒的转速、电场电压和电极结构形式三者的交互影响最为显著，当电极形式固定时，电压和转速则互为影响，鼓筒转速决定矿粒的离心力大小，电力和机械力的大小决定矿粒运动轨迹，实际上决定分选效果的好坏。图 12-6 所示为导体、中矿和非导体矿粒落下的轨迹范围。

令 f_1、f_2、f_3 分别表示作用于矿粒上的库仑力、镜面吸力和非均匀电场的作用力。对导体矿粒而言，库仑力为静电极对它的吸引力，其方向朝着带电电极；对非导体而言，库仑力则为斥力，其方向朝着接地极，恰与导体相反。镜面吸力是使导体与非导体分开最为重要的电力，矿粒在电晕场中吸附电荷后，除去经接地极（转鼓）传走少部分外，绝大部分电荷则与鼓筒之表面相对应位置感应而产生吸引力，此感应电荷与剩余电荷大小相等，而符号相反；导体矿粒的电荷剩余极少或等于零，而非导体则几乎不能传走，故紧吸于鼓面，方向朝着鼓面。非均匀电场的作用力又称有质动力，其大小与颗粒和介质的介电常数、颗粒粒度、电场强度和电场梯度等有关；电场强度及梯

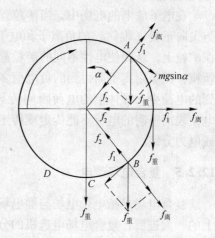

图 12-6 不同矿粒脱离区域

度愈大，f_3 愈大；愈靠近电晕极则电场梯度愈大，根据测定，愈靠近接地极，梯度很小，加之分选的颗粒粒度本来已很小，两者的乘积就更小，故 f_3 可忽略不计。为此真正起作用的为 f_1 及 f_2 两种电力。而机械作用力有：

离心力 $\qquad\qquad\qquad f_{离} = m\dfrac{r^2}{R}$ $\qquad\qquad\qquad\qquad$ (12-1)

重力 $\qquad\qquad\qquad\qquad f_{重} = mg$

对于导体矿粒，必须在鼓筒的 AB 范围内落下，其关系式为

$$f_{离} + f_1 > f_2 + mg\cos\alpha \qquad\qquad\qquad (12-2)$$

对于中等导电性矿粒，必须在 BC 范围内落下，其关系式为

$$f_{离} + mg\cos\alpha > f_1 + f_2 \qquad\qquad\qquad (12-3)$$

对于导电性最差的非导体矿粒，必须在 CD 范围内落下，其关系式为

$$f_{离} + mg\cos\alpha < f_1 + f_2 \qquad\qquad\qquad (12-4)$$

当然，这是理想的情况，如电压不高，非导体所获电荷太少，面鼓筒的转速又很高，则势必由于离心力过大，镜面吸力小，造成非导体混杂于导体中；如电压提高，电晕极又达到一定的要求，即作用区域恰当，非导体有机会吸附较多的电荷，产生的镜面吸力 f_2 足够大，则不易落到导体中，远远超过 CD 的范围，必须用毛刷强制刷下。

12.4 电选设备

电选机的种类多达几十种，但在分类上则各不相同，常见的有以下几种：

（1）按矿物带电方式，电选机可以分为传导带电电选机、摩擦电选机、介电电选机、热电黏附电选机。

（2）按照电场特性，电选机分为静电场电选机、电晕电场电选机、复合电场电选机。

（3）按照构造特征，电选机分为鼓筒式电选机、滑板式或溜槽式电选机、室式电选机、带式电选机、圆盘式电选机、振动槽式电选机、摇床式电选机、旋流式电选机。

（4）按分选或处理的粒度大小，电选机分为粗粒电选机、中粒电选机、细粒电选机。

目前，国内外用于工业生产的电选机中，就其电场特征而言，使用最多的是电晕-静电复合电场电选机；按其结构特征，90%以上使用的是辊筒（或称鼓筒，简称辊或筒）式电选机。

12.4.1 设备构造

图 12-7 为 ϕ120mm×1500mm 双辊筒电选机结构示意图。它是我国 1962 年自行设计并试制成功的第一代电选产品。它由给料装置、接地辊筒电极、电晕电极、静电极（偏向电极）和分隔板等部件组成。

给料装置是由两个圆辊组成，专用电动机单独传动。被选物料要预先加热，再给入两圆辊的上方，借助圆辊的旋转将物料经给料斗均匀地给到辊筒上。给料量是靠闸板改变给料口的大小进行调节。辊筒分上、下两个，它们又是电选机的接地电极。辊筒直径均为 120mm，工作长度均为 1500mm。它是用无缝钢管制成的，表面镀以硬铬，保证其耐磨、光滑和防锈。上、下两辊筒由 1 台电动机经胶带传动，其转速的高低通过变频或更换皮带轮来变更。

电晕电极采用直径为 0.5mm 普通的镍铬电阻丝；偏向电极（静电极）采用直径为 40mm 的铝管，两者均与辊筒轴线平行，都固定在电极支架上，支架能使电晕电极和偏向电极、辊筒及与它们之间的相对位置进行调节。工作时两极都带高压电，故电极支架要用耐高压瓷瓶支撑于机架上，以便与机架绝缘。所用电源是将普通单相交流电（220V）输入高压静电发生

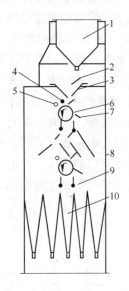

图 12-7 ϕ120mm×1500mm 双辊筒
电选机结构示意图

1—给料装置；2—溜矿板；3—给料斗；
4—电晕电极；5—偏向电极；6—辊筒；
7—毛刷；8—机壳；9—分矿板；
10—产品料斗

器，进行升压、整流和滤波，将正极接地，负极高压直流电（最高电压 22kV）用高压电缆通过绝缘套管送至电晕电极和偏向电极。

刷子采用工业毛毡压板刷，其任务是刷下吸附在辊筒表面的非导电矿粒和粉尘。在高压电极前后及右侧机壳上装有门。门上有观察窗，并装有连锁开关，当门打开时，高压电

源自动切断，以确保操作人员的安全。

　　原矿分选后所得的精、中、尾矿的质量和数量，除通过其他条件调节外，还可通过产品分隔板进行调节。尤其改变三产品的相对数量时，必须使用分隔板。每个辊筒可产出2~3种产物，全机可产出4~5种产品。如图12-7所示，机体下部的5个产品料斗都工作，便可得5个产品；如左侧第一个停用，或右侧第一个关闭，则都可分别获得4个产品。

12.4.2　分选过程

　　该电选机采用电晕电极和偏向电极（静电极）相结合的复合电场。复合电场与接地电极（辊筒）的相对位置，如图12-8所示。

　　工作时，由于电晕电极和偏向电极都通以高压负电，在电晕电极和辊筒之间形成电晕电场；偏向电极与辊筒之间形成静电场。在电晕电极附近的空气，因被电离而产生负离子和电子，在电晕电场的作用下，飞向辊筒，形成电晕电流。

　　加热干燥后的物料，随着转动的辊筒给入电晕电场，在被电离的空气中吸附负电荷而带电，这是被选物料的充电过程。但在充电过程中，导体颗粒得到的负电荷，要比非导体颗粒多。带电荷多的导体颗粒，随后立即将电荷传给辊筒，称为放电过程。导体颗粒充电时电荷多，但放电速度也快。因此，当导体颗粒随着辊筒的转动离开电晕电场区（图12-8中的 AB 区）进入静电场区（图12-8中的 BC 区）时，它的电荷已经所剩无几，甚至完全没有了电荷。然而，非导体颗粒，在经历充电过程时，所获电荷比导体少，但在放电过程中，它的放电速度慢，在离开电晕电场区时，其剩余电荷要比导体矿粒多。

　　图12-9所示为电选机的分选过程。矿粒进入静电场后，不能再得到负电荷，但放电过程仍在继续。同时，带有正电荷的辊筒表面又促使导体矿粒带正电，这样就更加速了导体矿粒的放电过程。最后，导体矿粒所得的负电荷不但全部放完，反而又得到了正电荷，于是受到辊筒的排斥，在电力、重力和离心力综合作用下，其运动轨迹偏离辊筒。与此同时，由于具有负极性的偏向电极的存在，导体矿粒靠近偏向电极的一端，感应产生正电

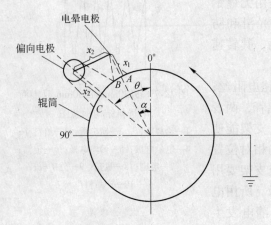

图12-8　电晕电极、偏向电极与
辊筒三者的相对位置

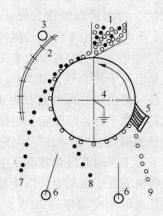

图12-9　筒式电选机分选过程示意图

1—给矿；2—电晕电极；3—静电极；

4—转鼓；5—毛刷；6—分矿板；

7—导体矿；8—半导体矿；9—非导体矿

荷，另一端为负电荷，于是导体矿粒被偏向电极所吸引，致使本已受到辊筒排斥的导体矿粒，更增大了它偏离辊筒的程度，最终落入导体产品区。

非导体矿物进入静电场时，因剩余电荷多，在静电场所受的静电吸引力大于矿粒所受的重力和离心力，于是被吸在辊筒表面上。当它离开静电场时，由于界面吸力作用，它继续被吸附在辊面上，随辊筒的转动，载至辊筒的后方，被毛刷强制刷掉而进入非导体产品区。

半导体矿粒在电选过程中的行为介于导体和非导体之间。它带有较少的剩余电荷，被吸附在辊筒表面，但在随辊筒运动的中途，界面吸力减弱，而重力和离心力的作用居于优势，致使其从辊面落下，进入半导体产品区。

总之，电晕电极的主要作用是使空气电离，产生正、负离子，从而使导体矿粒和非导体矿粒途经电晕电场时，都能吸附上离子而带上电荷。而偏向电极的作用，对于导体矿粒是使其加速放电，同时将导体矿粒更加偏离辊筒的运动轨迹，扩大导体矿粒偏离辊筒的程度，有助于强化分选过程；对于非导体矿粒，使其在静电力吸引下，更紧地贴附于辊筒表面上，就更彻底地与导体矿粒分开。

12.5 电选的应用

12.5.1 黑色金属矿石的电选

图 12-10 所示为是加拿大 Wabush 选厂的铁矿石电选工艺流程。铁矿石先破碎、磨矿和重选（粒度为 -0.6mm），重选精矿干燥后再进一步采用电选精选，得到超纯精矿。

从流程可知，处理能力达 850t/h。经电选后铁精矿品位由 65%提高到 67.5%，精矿中 SiO_2 含量由 5.0%可降低至 2.25%，电选是降低 SiO_2 含量最有效的方法。用电选去掉 50%的 SiO_2 后，可以节约焦炭、能源、劳力和其他辅助原料，还可提高高炉利用系数。当然，原料干燥也需要能源，但从各方面（包括精矿运输等）改进后，成本反而下降 25%。

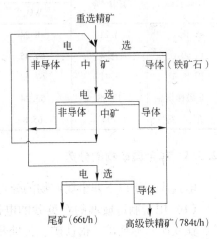

图 12-10 加拿大 Wabush 选厂生产流程

12.5.2 有色金属和稀有金属矿石的电选

某矿产出的黑、白钨粗精矿含 WO_3 67.5%、As 1.05%、S 0.86%，需精选除去 Sn、As、S 杂质，并分离黑、白钨成分。该物料被分级为 -20+40 目，-40+80 目和 -80 目三个粒级，用不同的工艺流程分别处理。其中 -40+80 目粒级经粒浮脱硫、砷后，用电选和强磁选工艺处理，见图 12-11。精选指标列于表 12-1。该表表明，电选除 Sn 效果很好，给料含 Sn 1.86%，精选后白钨产品含 Sn 0.09%，除 Sn 率高达 96.21%，导致黑钨品位的 Sn 含量低至 0.13%。白钨和黑钨产品的 WO_3 含量都有明显提高，分别为 69.45% 和 67.53%，都超过了一级一类产品的标准；锡在非磁性产品中得到了富集，为 12.77%，Sn 回收率高达 96%，可进一步综合回收。

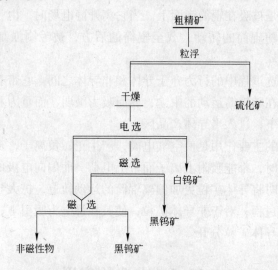

图 12-11 某矿高锡粗钨精矿精选流程

表 12-1 −40+80 目粒级精选结果

产品名称	产率/%	品位（质量分数）/%				WO_3 回收率 /%
		WO_3	Sn	As	S	
硫 化 矿	4.21	38.24	痕	22.43	18.39	2.45
白 钨 矿	78.4	69.45	0.09	0.04	0.03	82.74
黑 钨 矿	3.41	67.53	0.13	0.23	0.18	3.5
非磁性物	13.98	53.24	12.77	0.5	0.32	11.31
给 料	100	65.8	1.86	1.05	0.85	100

12.5.3 非金属矿物的分选

电选应用于以下非金属矿物的分选：

（1）用于制造玻璃的石英砂的电选，可除去导电性的含铁矿物，例如黄铁矿、磁铁矿、钛铁矿、赤铁矿、褐铁矿、云母及含铁石英等。

（2）型砂的电选用于除去长石和云母及微粒部分。石英的熔点为 1700℃，而长石的熔点为 1100~1250℃，因此，型砂中含有长石时会降低其软化温度，容易使生铁或钢铸件形成砂皮。型砂中的微粒部分降低其透气性，用电选可以将微粒部分除去。这种物料的电选结果，可以把石英的含量由 80%~84% 提高到 87%~94%，长石含量由 13%~15% 降低到5%~8%。

（3）煤炭电选用于除去无机硫和降低灰分，提高含碳量。煤的电选，既可采用常规的电选法处理，也可采用接触摩擦电选法。在煤的摩擦电选方面，中国矿业大学在国内率先从理论和实践上做了大量的研究工作，取得了令人满意的研究成果：应用摩擦电选技术可制备出灰分低于2%的低灰精煤，黄铁矿硫脱除率达50%~85%。

电厂粉煤灰电选的目的则是从中回收未燃烧的煤。在我国一些火电厂的飞灰中，碳含量常高达20%以上，从中回收相当一部分未燃烧的煤，将粉煤灰的碳含量降低到4%以下，不仅回收了煤，而且脱碳后的粉煤灰也可成为优质的水泥掺和料。研究发现，在粉煤灰中还含有相当数量的在高温燃烧时所形成的一种直径为5~100μm的铝硅酸盐小球，分选出的小球可作为塑料或环氧树脂的掺和料，既绝缘又具有很高的抗压强度。

思 考 题

12-1 概念：电选、电晕电场。

12-2 矿粒带电有哪几种方法，详细说明每种方法的特点。

12-3 试述电选的基本原理。

12-4 以筒式电选机为例说明电选的分选过程。

13　其他物理选矿方法

本章提要：本章介绍了其他物理选矿方法的特点和分选设备，比如手选、摩擦与弹跳选矿、形状选矿、机械拣选和洗矿等。

13.1　手　　选

手选是使用最早、最简单的选矿方法。手选是根据矿物表面的颜色和光泽不同来分选矿石，密度、形状的差异也有助于手选。矿物的颜色和光泽的差别愈大，则手选的效果愈好。手选时，不管选出精矿还是废石，其粒度愈大，生产率愈高，但过大的矿石，由于太重，不便手选。最适宜的手选粒度为 75~100mm，最大粒度可达 200~300mm。

为了强化手选过程，提高手选效率，一般采用筛分、洗矿、人工照明及某些特殊光线照射等强化措施。在手选前将矿石筛分，筛去其中不适合手选的细粒级别，以减少手选量。刚开采出来的矿石一般都含有矿泥，这些矿泥污染矿石表面，降低各种矿物的颜色和光泽差别，使手选发生困难。因此，在手选前要在筛上加高压喷水实现洗矿和筛分。

采用人工照明强化手选过程经常在恒定和均匀的光线下进行。采用特种光线照射时，可以显著地增加矿物的颜色差别。例如，使用钴蓝光线照射可使方铅矿发出紫色光泽，而闪锌矿发出褐黄色光泽；采用气体放电水银灯发出的浅蓝色光线照射时，可使煤发出蓝青光，有用矿物发出柠檬黄色，而废石发出蓝灰光。此外，采用紫外光阴极射线和 X-光照射时，某些矿物呈现出不同的颜色。

手选可以用于选煤、选黑色金属矿石、稀有金属矿石和非金属矿石以及结晶透明石英和宝石矿物等。手选废石的品位必须低于选矿厂最终尾矿的品位。即使在机械选矿相当发达的今天，由于某些稀有金属、贵金属及非金属矿石的一些特点，仍然采用手选。

13.2　摩擦与弹跳选矿

13.2.1　分选原理

摩擦与弹跳分选是根据固体矿物中各组分摩擦系数和碰撞系数的差异，在斜面上运动或与斜面碰撞弹跳时产生不同的运动速度和弹跳轨迹而实现彼此分离的一种处理方法。

固体物料从斜面顶端给入，并沿着斜面向下运动时，其运动方式因颗粒的形状或密度不同而异，其中纤维状物料或片状物料几乎全靠滑动，球形颗粒有滑动、滚动和弹跳三种运动方式。

当颗粒单体（不受干扰）在斜面上向下运动时，纤维状或片状体的滑动运动加速度较小，运动速度较小，所以它脱离斜面抛出的初速度较小，而球形颗粒由于是滑动、滚动和弹跳相结合的运动，其加速度较大，运动速度较快，因此它脱离斜面抛出的初速度较大。

当物料离开斜面抛出时，又因受空气阻力的影响，抛射轨迹并不严格沿着抛物线前进，其中纤维物料由于形状特殊，受空气阻力影响较大，在空气中减速很快，抛射轨迹表现严重地不对称（抛射开始时接近抛物线，其后接近垂直落下），故抛射不远。球形颗粒受空气阻力影响较小，在空气中运动减速较慢，抛射轨迹表现对称，抛射较远。因此，在固体物料中，纤维状物料与颗粒物料、片状物料，因形状不同，在斜面上运动或弹跳时，产生不同的运动速度和运动轨迹，因而可以彼此分离。

13.2.2　分选设备

摩擦与弹跳设备包括带式筛、斜板运输分选机和反弹滚筒分选机等（见图13-1），分别介绍如下：

（1）带式筛。这是一种倾斜安装且带有振打装置的运输带，其带面由筛网或刻沟的胶带制成。带面安装倾角大于颗粒物料的摩擦角，小于纤维物料的摩擦角。物料从带面的下半部由上方给入，由于带面的振动，颗粒废物在带面上做弹性碰撞，向带的下部弹跳，又因带面的倾角大于颗粒物料的摩擦角，所以颗粒物料还有下滑的运动，最后由带的下端排出。纤维物料与带面为塑性碰撞，不产生弹跳，并且带面倾角小于纤维物料的摩擦角，所以纤维物料不沿带面下滑，而随带面一起向上运动，从带的上端排出。在向上运动过程中，带面的振动使一些细粒灰土透过筛孔从筛下排出，从而使颗粒状物料与纤维状物料分离。

（2）斜板运输分选机。分选过程为物料由给料皮带运输机从斜板运输分选机的下半部的上方给入，其中硬性物料与斜板板面产生弹性碰撞，向板面下部弹跳，从斜板分选机下端排入重的弹性产物收集仓。而轻质等与斜板板面为塑性碰撞，不产生弹跳，因而随斜板运输板向上运动，从斜板上端排入轻的非弹性产物收集仓，从而实现分离。

（3）反弹滚筒分选机。分选系统由抛物皮带运输机、回弹板、分料滚筒和产品收集仓组成。其分选过程是物料由倾斜抛物运输机抛出，与回弹板碰撞，其中一些物料与回弹板、

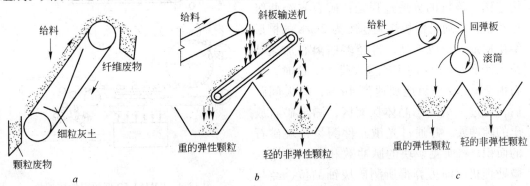

图 13-1　摩擦与弹跳分选设备与分选原理示意图

a—带式筛；b—斜板运输分选机；c—反弹滚筒分选机

分料滚筒产生弹性碰撞，被抛入重的弹性产品收集仓。而其他物料与回弹板为塑性碰撞，不产生弹跳，被分料滚筒抛入轻的非弹性产品收集仓，从而实现分离。

13.3　形状选矿

开采出来的矿石是各种形状的混合物，其中的有用矿物和脉石常呈不同的形状。例如煤粒多呈长方形，而伴生的页岩呈板状；又如石棉呈纤维状，而其伴生的蛇纹石呈扁平形。根据形状的差别，可以在特殊的设备（如筛子）上将它们选分。

某些矿石在破碎之后也产生不同的形状。各种矿物成分的形状差异愈大，选分的效果也愈好。因此，矿石中各种矿物成分在形状上差别很大时，采用形状选矿法是合理的。形状选矿，一般都在筛子上进行，因此，筛孔的形状对分选效果有很大的影响。

形状选矿在分选作业上可能是主要作业，也可能是预先或辅助作业。形状选矿可以在普通筛子（固定的或可动的）及圆筒筛子上进行。固定筛的筛孔形状应根据具体矿石块定，筛孔形状不同可以增加所得产品在质量上的差别，提高分选效果。圆筒筛用于石棉的分类。其筒长为 6~7m，直径为 1.2m。筛孔的尺寸应根据对石棉的品种的要求来选定。

13.4　机械拣选

拣选是利用矿物之间的光性、磁性、电性、放射性等拣选特性的差异，使物料呈单层（行）排队，逐一受到检测器件检测，检测信号通过现代电子技术进行放大处理，然后驱动执行机构，将有用矿物或脉石从主料流中分离出来，从而实现矿物分选的一种方法。

13.4.1　放射性拣选

这种拣选是利用有用成分的天然放射性差异进行的，主要用于拣选铀矿、钍矿等含有天然放射性元素的矿石。图 13-2 为英国索特克斯公司生产的 RM161-50 型放射性拣选机构造图。该机的分选过程是：矿石先经两级振动给矿机通过滑板送到速度为 2m/s 的槽形给矿皮带上排成单列，再经多槽离心加速器给入速度为 4m/s 的主拣选皮带上。这时，矿石由 2m/s 较平稳地加速到 4m/s，拉大间距后，通过一组闪烁晶体探测区，测定矿石放出的脉冲数，并通过光敏元件测量每块矿石的面积，将所测矿块的脉冲数和面积数输入微处理机，即可算得所测矿块铀品位。经与预定的分离品位相比较，高于预定值的为精矿，低的则为废石。微处理机指令喷嘴启动，喷出高压空气，从而把精、尾矿石分开。

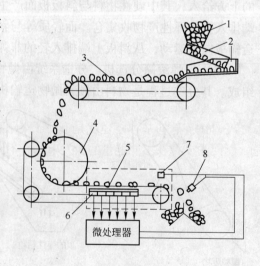

图 13-2　RM161-50 型放射性拣选机

1—矿仓；2—振动给料机；3—槽形给矿皮带；

4—多槽离心加速器；5—铅屏；6—闪烁探头；

7—光敏元件；8—喷嘴

13.4.2　射线吸收拣选

这种拣选是根据有用成分和脉石对某种射线吸收或散射性能的差异而进行拣选的方法。如图 13-3a 所示，由 X 射线管产生的 X 射线穿过皮带上的颗粒队列，颗粒对于 X 射线的吸收程度不同，从而得到不同灰度的图像（图 13-3b）。根据射源的不同有 γ 射线吸收法、X 射线吸收法和中子吸收法。与放射性拣选相比较，射线吸收拣选是用外在的放射线，照射矿石颗粒，穿过不同矿石颗粒后得到的图像不同，而放射性拣选是直接检测矿石颗粒的天然放射性强弱。这两种方法可以采用相同的分离执行机构。放射性吸收拣选可用于拣选煤、铁、黄金和金刚石等许多矿石。

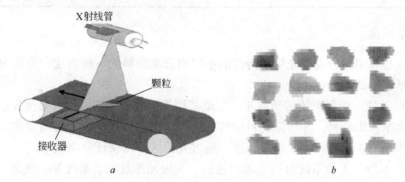

X射线管

颗粒

接收器

a

b

图 13-3　射线吸收拣选原理

a—拣选原理示意图；*b*—不同颗粒的灰度图像

13.4.3　发光性拣选

矿物发光性是指矿物受到外界能量激发时，能够发射可见光的性质。能激发矿物发光的外界能量有紫外线、X 射线和放射性射线照射，或者打击、摩擦、加热等。矿物的发光性有荧光性和磷光性之分：荧光性是当外界能量激发作用停止后，矿物不再发光的性质；磷光性是指矿物在外界能量激发作用停止后，矿物所发出的光仍然能继续保持一段时间的性质。常见的具有发光性的矿物有金刚石、白钨矿、重晶石、萤石等。发光性是鉴定这些矿物的重要特征之一，并用于找矿和光拣选矿上。

发光性拣选的基本原理就是利用矿物在外部能量的激发下发光能力的差异来进行分选。相同的矿物在不同能量的激发下，有不同的发光颜色，而不同的矿物在不同的能量激发下也可能产生颜色相近的光。一些发光矿物在外界能量激发下的发光颜色见表 13-1。X 射线照射金刚石的发光能量与其他射线照射相比，具有选择性，效果好，因此，以 X 射线作为光源研制成的 X 射线发光拣选机被广泛地应用于金刚石的拣选。用不同强度和波长的 X 射线照射时，金刚石的发光强度不同，拣选效果好的常用 X 射线，波长为 0.25~1.25nm。

表 13-1　某些发光矿物的发光颜色

矿　物	阴极射线照射	紫外线照射	X 射线照射
金刚石	蓝绿	黄、浅蓝、黄绿	浅蓝
磷灰石	黄、白、绿、暗红	粉红、紫	黄、浅蓝

矿　物	阴极射线照射	紫外线照射	X 射线照射
重晶石	紫	紫、粉红、黄	绿
蓝晶石	紫红		
绿柱石	浅蓝	紫	黄
萤石	紫、绿	紫	绿
锆英石	黄	黄	绿黄
白钨矿	浅蓝	浅蓝	浅蓝
石英	粉红		

13.4.4　光电拣选

　　光电拣选是利用物质表面光反射特性的不同而分离物料的一种方法。光电分选系统及工作过程包括以下三部分：

　　（1）给料系统。给料系统包括料斗、振动溜槽等。物料入选前，需要预先进行筛分分级，使之成为窄粒级物料，并清除物料中的粉尘，以保证信号清晰，提高分离精度。分选时，使预处理后的物料颗粒排成单行，逐一通过光检区，以保证分离效果。

　　（2）光检系统。光检系统包括光源、透镜、光敏元件及电子系统等。这是光电分选机的"心脏"，因此，要求光检系统工作准确可靠，要维护保养好，经常清洗，减少粉尘污染。

　　（3）分离系统。物料通过光检系统后，其检测所得光电信号经过电子电路放大，与规定位进行比较处理，然后驱动执行机构，一般为高频气阀（频率为 300Hz），将其中一种物质从物料流中吹动使其偏离原来的运动轨迹，从而使不同物质得以分离。

　　图 13-4 所示为光电拣选机结构与分选过程。固体颗粒经预先窄分级后进入料斗，由振动溜槽 4 均匀地逐个落入有高速沟槽的进料皮带 5 上，在皮带上拉开一定距离并排队前进，从皮带首端抛入光检箱受检。当颗粒通过光检测区时，受光源照射，背景板显示颗粒的颜色或色调，当欲选颗粒的颜色与背景颜色不同时，反射光经光电倍增管转换为电信号（此信号随反射光的强度变化），电子电路分析该信号后，产生控制信号驱动高频气阀，喷射出压缩空气，将电子电路分析出的异色颗粒（即欲选颗粒）吹离原来下落轨道，加以收集。而颜色符合要求的颗粒仍按原来的轨道自由下落加以收集，从而实现分离。

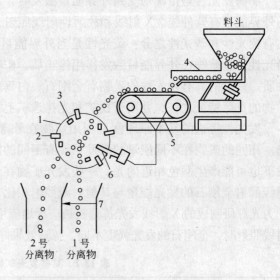

图 13-4　光电拣选机结构及工作原理

1—光检箱；2—光电池；3—标准色板；4—振动溜槽；
5—有高速沟槽的进料皮带；6—压缩空气喷嘴；7—分离板

13.4.5 电磁性拣选

这种拣选是利用入选物料的磁性差异来进行的。它不同于磁选。磁性拣选不是依靠磁吸引力来实现分选，而是通过探测决定于有用矿物品位的磁性大小来控制分离机械，以达到分选目的的。该方法可用于预选富集原生金刚石脉矿床所采矿石和含有磁铁矿的石棉矿石，也可用于拣选锡、铜矿石等。

13.5 洗 矿

洗矿是用水浸泡、冲洗并辅以机械搅动（必要时加入分散剂），借助于矿粒之间或矿粒与水流的摩擦作用，实现矿粒与黏土分散，去除矿石表面胶结的黏土，使矿石表面得到清洁的一种方法。洗矿多用于分选前的准备作业，经过洗矿脱泥后可以减少主选设备的处理量；用于手选或光电选矿，可以提高矿石的识别率。随着原矿质量的下降，洗矿对于物理选矿的重要性越来越突出。

黏土的性质影响矿石的可洗性。黏土是由长石、石灰石、页岩等风化而成，岩石风化留在原地的为原生黏土，采矿后，经过风、水的接触，或在选矿过程中产生的为次生黏土。黏土的成分是含有云母、褐铁矿、绿泥石、石英、方解石和角闪石混合物的天然水成矾土（Al_2O_3）硅酸盐。黏土的粒度微细，主要由小于 $2\mu m$ 的颗粒组成，在微细颗粒中间牢固地保持着水分，因此，黏土包括微细颗粒及其结合水。

洗矿效率与黏土的性质、洗矿时间、水流冲洗力、机械作用强度等因素有关。在其他条件相同时，洗矿效率随时间的增长而增大。对于同一种矿石，增加水压和耗水量，洗矿速度随之增加，提高水温也能加快洗矿速度，加入分散剂可加速分散过程，从而有助于提高洗矿速度。在以机械搅拌作用为主的洗矿机中，搅拌器、桨叶以及其他搅拌器械的运动速度，对洗矿的进程和产物质量也有很大影响。

用于洗矿的设备很多，当原矿含泥量少、黏土黏结性不强时，可以使用加强力喷水的振动筛和螺旋分级机等设备，否则需要使用专用的洗矿设备。

13.5.1 圆筒洗矿筛

如图 13-5 所示，圆筒洗矿筛主要由筛分圆筒、托辊、高压喷水管等组成，筛分圆筒是由冲孔钢板或编织筛网制成，筒内设有高压冲洗水管。借助筛筒旋转促使矿石翻转、互相撞击而得到碎散。小于筛孔的细颗粒和矿泥经过接料漏斗排出，粗粒矿块则由圆筒的尾端卸下。圆筒洗矿筛的碎散能力不强，用于处理泥团多的矿石时，洗矿效率不高。

13.5.2 槽式洗矿机

槽式洗矿机和螺旋分级机结构类似，即在一个半圆形的斜槽内装有两根带搅拌叶片的轴，叶片为不连续的桨叶形，其顶点的连线为一螺旋线。螺旋线的直径为 800mm，螺距 300mm，两轴的旋转方向相反（见图 13-6）。矿浆由槽的下端给入，泥团的胶结体被叶片切割、擦洗，并借助斜槽上端给入的高压水冲洗，将黏土和矿块分离。洗下的黏土物质，从下端的溢流槽排出。粗粒物料则借助叶片推动，从槽上端的排矿口排出。洗矿时间由槽长、螺距和轴的转速共同决定。在一定的设备工作条件下，洗矿效率还与给矿量、给矿浓度和矿石可洗性有关。

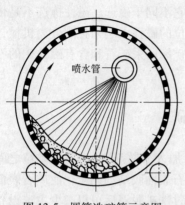

图 13-5　圆筒洗矿筛示意图

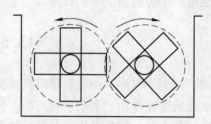

图 13-6　槽式洗矿机桨叶示意图

这种洗矿机具有较强的切割、擦洗能力，对小泥团的碎散能力亦较强，故适合于处理矿石不太致密、矿块粒度中等且含泥较多的难洗性矿石。其优点是生产能力较大，洗矿效率较高；其缺点是入洗的矿块粒度受限制，一般不得大于 50mm。否则螺旋叶片极易被卡断，甚至出现断轴事故。

13.5.3　擦洗机

在金属和非金属矿物的选矿提纯中，擦洗机是用于去除或分离黏土等胶结物和其他表面污染物最常用的一种洗矿设备。图 13-7 为四槽式擦洗机结构示意图。它由 4 个结构相同的单槽擦洗机串联而成，主要包括传动机构、主轴、上叶轮、下叶轮和槽体等，传动机构一般由电动机通过皮带减速传动，或者通过齿轮变速传动。在主轴上安装有方向相反的上、下两个叶轮（见图 13-8），如果主轴做逆时针旋转，则上叶轮将矿浆向下推，而下叶轮将矿浆向上推，同一轴上两叶轮螺旋方向相反。这样，矿粒在两叶轮间产生高速碰撞、摩擦，从而使附在矿粒表面的杂质污染物脱离，露出新鲜表面。

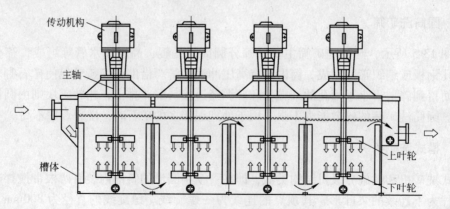

图 13-7　四槽式擦洗机结构示意图

擦洗机的叶轮结构对矿浆的流动、停留时间和擦洗效果影响很大。第一槽主轴的上叶轮推力及搅拌力要大于下叶轮的推力和搅拌力，矿浆就自然从第一槽上部往下部运动，并从第一槽和第二槽间的隔板下部所开的孔流入第二槽底部；在第二槽，主轴的下叶轮推力和搅拌力均大于上叶轮的推力和搅拌力，矿浆就自然从第二槽的下部往上部运动，并从第二槽和第三槽间的隔板上部所开的孔溢流到第三槽中；第三槽的情况同第一槽，第四槽的情况同第二槽，这样保证了矿浆在擦洗槽内有足够的路径，并增加了矿粒相互碰撞摩擦的机会。

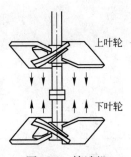

图 13-8　擦洗机
叶轮示意图

从擦洗机的结构和应用可以看出，采用擦洗机擦除污染物的方法很简单，具有选矿过程费用低、生产能力高等优点，所以得到广泛的应用。其缺点是：在矿物颗粒表面凹凸不平，或者胶结物不仅含有氢氧化铁，还含有硅酸盐和某些坚固生成物的情况下，就不能被充分地擦洗掉。有时为了提高擦洗效果，往往还要加入 Ph 调整剂或分散剂，以提高矿浆的黏度和黏土矿物的分散性。有时还可以添加无水纯碱、食盐等药剂作为减硬剂，一般纯碱的用量为 3kg/t，可使被擦洗矿物表面的氧化铁含量大为降低。因此，采用机械擦洗污染物的方法，可在很大程度上代替非常复杂的化学选矿方法。

思 考 题

13-1　试分别说明手选、摩擦与弹跳选矿、形状选矿、机械拣选和洗矿的选矿原理。

13-2　机械拣选包括哪几种方法？

13-3　试说明洗矿的用途，列举几种洗矿设备并介绍其工作原理。

14 重选工艺效果的评定

本章提要: 本章首先介绍了分配率的概念以及分配曲线等内容,然后重点介绍了重选工艺效果的评定,包括:评价指标、应用实例等。

重力选矿是根据不同密度(粒度、形状)的物料在分选介质(空气、水、重液、悬浮液或空气重介)中,因其具有不同的运动状态,按照密度(或粒度)分选为不同的产品。在理想情况下,物料严格按照某一密度(或粒度)分开,对于物料的分选,小于分离密度的物料成为轻产物(精煤),大于分离密度的物料成为重产物(矸石);而对于物料的分级,小于分离粒度的物料成为筛上物(粗粒级),大于分离粒度的物料成为筛下物(细粒级)。但是,实际的分离过程总会偏离理想状态而出现混杂情况,偏离的程度越大反映分离效果越差。选矿(煤)厂生产的目的是尽可能最大限度地回收有用资源,要求分离过程偏离理想状态越小越好,因此如何评定偏离程度具有非常重要的意义。

14.1 分配率的概念

由于受物料本身物理性质的差别、分选设备或分级设备的性能、工艺流程、操作制度和人员的技术水平的影响,在实际的重力分选过程中,大部分低密度矿粒进入轻产物,但少部分必然会误入到重产物中;同样,大部分高密度矿粒进入重产物,但少部分必然会误入到轻产物中。对于实际的分级过程,也有一些大于规定粒度的粗颗粒进入细粒级产物,而一些小于规定粒度的细颗粒又落入粗粒级产物中。特鲁姆普称进入重产物中的精煤为"迷路的精煤",进入轻产物的矸石为"迷路的矸石"。

对于待分选的原矿,某一密度的颗粒到底是进入轻产物还是重产物,取决于该密度与分离密度差值的绝对值。密度恰好等于分离密度的矿粒,它们进入两种产物中的机会是均等的。在数学上,机会的大小用概率表示。矿粒的密度与分离密度差值的绝对值越大,颗粒"误入"的可能性或概率越小,与分离密度越接近的矿粒越容易"误入"。就像重介质选矿,颗粒密度与悬浮液的密度(分离密度)的差值绝对值越大,有效重力也越大,越易上浮或下沉。

从统计学观点看,一个密度为 δ 的矿粒进入某产物中去的概率,等于具有密度为 δ 的矿粒群分配到该产物中的百分数。例如某矿粒经分选进入低密度产物中的概率为 90%,则可认为这种密度的矿粒群经分选过程将有 90%(按质量计)进入低密度产物。显然,另外的 10% 必定是进入了高密度产物中。这种分配的百分数,称为分配率。一般只考虑在重产物中的分配率,若用 ε 表示,显然,该粒群在轻产物中的分配率为 $100-\varepsilon$。也就是说,对任何一种密度的矿粒群，其在重产物中的分配率与在轻产物中的分配率之和为 100%。由此可见，所谓分配率，是指产品中某一成分（密度级或粒度级）的数量与原料中该成分数量的百分比。

从前面的分析可知，对于分选过程，矿粒在产物中的分配率主要与矿粒的密度与分离密度的差值有关，而与原料的密度组成和所要求的分离密度相关性很小；同样，对于分级过程，矿粒在产物中的分配率主要与矿粒的粒度与分离粒度的差值有关，而与原料的粒度组成和所要求的分离粒度关系不大。因此，矿粒在产物中的分配率可以反映分选（或分级）设备的特性与操作制度综合体现的工艺效果。当然，如果原料的密度组成变化非常大，所要求的分选密度又相差甚远，为使分选效果达到最佳，必须重新选用合适的分选方法和设备，即使原有工艺和设备保持不变，操作制度就得有所调整，这样分配率必然会有所改变。

14.2　分　配　曲　线

14.2.1　分配曲线的概念

分配曲线是不同成分（密度级或粒度级）在某一产品中的分配率的图示，是表示物料在分选（或分级）设备中按密度（或粒度）分离效果的特性曲线。分配曲线由荷兰工程师特鲁姆普（K. F. Tromp）于 1937 年首先提出。为避免或减少原料组成变化对分选（或分级）效果的影响，增加效率指标间的可比性，特鲁姆普把原料分为多个质量不同的级别，用各级别原料进入产物中的百分数反映分选效果。由此得出的分配曲线和由分配曲线所确定的效率指标：可能偏差 E_p 值和不完善度 I 值，已成为国际上许多国家评定重力分选作业效果的通用标准。分配曲线又称特鲁姆普曲线、T 曲线、误差曲线、级别回收率曲线等。

分配曲线与其他分选效率的评定方法不同，它不是将分选过程简单地看成是两种纯组分（如高密度与低密度，粗粒与细粒）间的分离，而是将原料又细分为许多质量不同的级别，用各级别进入产物中的概率，即分配率来反映分选结果。这在一定程度上避免受原料组成变化的影响，从而增加了效率指标间的可比性。

14.2.2　分选过程分配率的计算

计算分配率的基础资料为各产物的实际产率及它们的密度组成。现以两产品分选过程为例说明分配率计算方法，三产品分选过程相当于 2 个两产品分选过程的串联，分配率的计算方法与此相同。

（1）将原煤进行浮沉试验，分析其密度组成，得到表 14-1 的第 3 栏。

（2）在某一分选密度下将原煤分成轻产物（精煤）和重产物（矸石），并得出每种产物的产率 γ_C（第 5 栏的合计）和 γ_j（第 7 栏的合计）。

（3）分别将精煤和矸石进行浮沉试验，得到各密度级占本级的产率，即表 14-1 的第 4、6 栏。

（4）将占本级的产率换算为占入料的产率，计算方法为：

$$(5) = (4) \times \frac{\gamma_G}{100} \tag{14-1}$$

$$(7) = (6) \times \frac{\gamma_j}{100} \tag{14-2}$$

（5）求计算原煤的密度组成。将精煤和矸石中各密度级占入料的百分数两两相加，即第 5 栏的数据与第 7 栏的同密度级数据相加，得到第 8 栏的各数据。

（6）计算分配率。计算分配率时以计算原煤为准。原料在分选过程中可能发生解离和泥化，取样分析也会有误差，因此不采用初始原煤数据，而采用由选后产品综合得出的计算原煤。

根据分配率定义，按下式计算各密度级的重产品分配率（ε_1）及轻产品分配率（ε_2）。

$$\varepsilon_1 = \frac{(5)}{(8)} \times 100\% \tag{14-3}$$

$$\varepsilon_2 = \frac{(7)}{(8)} \times 100\% \quad 或 \quad \varepsilon_2 = 100 - \varepsilon_1 \tag{14-4}$$

（7）平均密度。第 2 栏的平均密度为密度区间的算术平均值。在缺乏资料时，-1.3g/cm^3 密度级的平均密度可近似地取 1.25g/cm^3；$+1.8\text{g/cm}^3$ 密度级的平均密度由矸石的组成和灰分而定，一般可取 $2.20 \sim 2.30\text{g/cm}^3$。

表 14-1　分选过程分配率计算表

密度级别 /g·cm⁻³	平均密度① /g·cm⁻³	入料密度组成 /%	重产物密度组成		轻产物密度组成		计算原煤密度组成 /%	分配率 ε_1 /%	分配率 ε_2 /%
			占本级 /%	占入料 /%	占本级 /%	占入料 /%			
(1)	(2)	(3)	(4)	(5)	(6)	(7)	(8)	(9)	(10)
−1.30	1.25	0.32	0.00	0.00	0.20	0.16	0.16	0.00	100.00
1.30~1.40	1.35	67.47	9.41	1.80	85.30	68.95	70.75	2.55	97.45
1.40~1.50	1.45	12.06	11.49	2.20	11.18	9.04	11.24	19.60	80.40
1.50~1.60	1.55	4.49	13.27	2.54	2.32	1.88	4.42	57.47	42.53
1.60~1.70	1.65	2.36	10.93	2.10	0.58	0.47	2.57	81.72	18.28
1.70~1.80	1.75	2.59	9.61	1.84	0.22	0.18	2.02	91.09	8.91
+1.80	2.20	10.71	45.29	8.68	0.20	0.16	8.84	98.19	1.81
合计		100.00	100.00	19.17	100.00	80.83	100.00		

①密度区间的算术平均值。

14.2.3　分选过程分配曲线的绘制

绘制分配曲线采用直角坐标系，左边纵坐标为重产物分配率，下面原点为 0，上面终点为 100，以 2mm 长度代表 1%；横坐标为密度，密度范围视需要而定，以 2mm 长度代表 0.01%，总长度取 200mm。

分配曲线是根据表 14-1 第 9 栏分配率 ε_1 和第 2 栏平均密度值在直角坐标图上绘制的。如图 14-1 所示，横坐标为平均密度，由左向右增值，纵坐标为分配率，由下向上增值。平均密度近似地取各密度级的中点。对于 $-1.3g/cm^3$ 和 $+1.8g/cm^3$ 密度级的平均密度最好是实测，或者从选煤厂的密度-灰分曲线查得。在缺乏资料时，$-1.3g/cm^3$ 密度级可近似地在 $1.25\sim1.27g/cm^3$ 中选择，而 $+1.8g/cm^3$ 密度级，可在 $2.2\sim2.5g/cm^3$ 中选择。因为原煤性质不同，其值差异也大。取表中第 2 栏平均密度与相应分配率值各对应数据打出点子，分别连接各点得光滑曲线，即为分配曲线。该曲线表明，矿粒密度越高，进入重产物中的机会越多。对于低密度物也类似。

图 14-1 中的两条曲线分别表示重产物的分配曲线和轻产物的分配曲线。由于 $\varepsilon_1+\varepsilon_2=100\%$，故两条曲线完全对称，而且必然在分配率为 50% 处相交。我国习惯上仅用重产物的分配曲线。该曲线表明，密度越高，进入重产物中的机会越多，ε_1 也越大，因此重产物分配曲线为一条单调上升的曲线。

在分配率 50% 处的密度为该物料的实际分选密度，也称分配密度，用 δ_p 表示。它的统计意义在于，密度为 δ_p 的物料进入轻产物和重产物中的可能性（概率）各为 50%。

在完全按密度分选的理想条件下，所有密度大于和小于 δ_p 的物料均应百分之百地分别进入重产物和轻产物中。这时分配曲线将是一条折线 ABOCD。而实际生产中是不可能达到如此完美程度的，任何分选均有错配物产生，均存在分选误差。实际的分配曲线将偏离这条折线，偏离的程度愈大，曲线上升得愈平缓，表明分选效果愈差。曲线形状愈陡，表明分选效果愈好。于是，可以通过分配曲线的形状来大致判别分选效果的好坏。

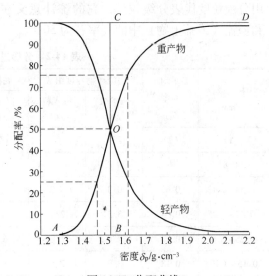

图 14-1 分配曲线

为使分配曲线能更真实反映分选效果，最好多做几个密度级的实验，特别是邻近实际分选密度的密度级。一般应使分配曲线在分选密度的两侧都能有 2~3 个点，使曲线的走向比较明晰，得出的指标也比较准确。

对于出三产品的跳汰（或重介旋流器）而言，应该分别绘制矸石段和中煤段的分配曲线。在矸石段，重产物是矸石，轻产物是中煤加精煤的中间产物。在中煤段，重产物是中煤，轻产物是精煤。有时根据需要也可以把矸石和中煤合在一起看作重产物，而精煤看作轻产物，这样绘出的分配曲线可以称为整机的分配曲线。

值得注意的是，可选性曲线上的分选密度与分配曲线的分选密度是不同的。前者为理论分选密度，而后者为选煤过程的实际分选密度。

14.2.4　分级过程分配曲线的绘制

　　对于分级过程，同样符合统计规律。因此，也可以用分配曲线表示分级过程的优劣。分级过程分配率的计算与分配曲线的绘制与分选过程类似。表 14-2 所示为分级过程的产物粒度组成及计算所得的分配率。溢流产物的产率 63.9% 和底流产物的产率 36.1% 是由样品的质量换算得出的。粒度组成可以根据物料的粒度范围通过筛分试验、水力分析和各种自动粒度分析仪测定。表 14-2 中第 4、6、7、8、9 各栏的数据是根据第 3、5 两栏数据计算所得的，数据处理方法与表 14-1 相似。图 14-2 的分配曲线根据表中的数据绘制，图中的曲线 1 根据第 1 栏或第 2 栏与第 8 栏数据绘制，曲线 2 根据第 1 栏或第 2 栏与第 9 栏数据绘制。从图中可查到分配率为 50% 处的相对粒度，称为分配粒度（$d_p = 0.235$mm）。可用分配粒度代表分级粒度，它的统计意义在于，粒度为 d_p 的物料进入底流（或筛下物）和溢流（或筛上物）中的概率各为 50%。

表 14-2　分级过程分配率计算表

粒度级 /mm	平均粒度 /mm	溢流产物粒度组成		底流产物粒度组成		计算入料粒度组成 /%	溢流分配率 ε_1 /%	底流分配率 ε_2 /%
		占本级 /%	占入料 /%	占本级 /%	占入料 /%			
（1）	（2）	（3）	（4）	（5）	（6）	（7）	（8）	（9）
>0.84	—	0.0	0.0	11.0	3.9	3.9	0.0	100.0
0.84~0.42	0.63	0.3	0.2	42.3	15.3	15.5	12.9	87.1
0.42~0.25	0.34	3.5	2.2	21.9	7.9	10.1	21.8	78.2
0.25~0.15	0.20	7.8	5.0	6.8	2.5	7.5	66.7	33.3
0.15~0.105	0.13	3.9	2.5	1.4	0.5	3.0	83.3	16.7
0.105~0.075	0.09	4.0	2.5	1.2	0.4	2.9	86.2	13.8
<0.075	—	80.5	51.5	15.4	5.6	57.1	90.2	9.8
合　计		100.0	63.9	100.0	36.1	100.0		

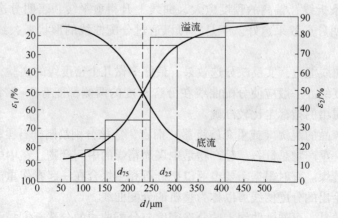

图 14-2　分级过程粒度分配曲线

14.2.5 分配曲线的特征参数

物料经重力分选过程或分级过程，获得了按密度分选或按粒度分级的结果，这个结果的好坏，从分配曲线的图形得到最直观和最详尽的描述。但是分配曲线的形态是多种多样的，为了便于对比和分析，因此将分配曲线归纳成几个特性参数。表征分配曲线的特征参数很多，这些参数各有优缺点，但是在国际标准和我国标准中，都普遍采用可能偏差和不完善度作为评定重力分选误差的指标，实际上可能偏差和不完善度也有不足之处。

14.2.5.1 可能偏差

可能偏差 E_p 是从数学中的可能误差（或然误差）引用来的。可能误差是指有一半的概率（即有 50% 的机会）可能发生，有一半的概率不可能发生的误差。如果分选密度为 δ_p，则可能误差相当于分配率为 25%（或 75%）处的密度值 δ_{25}（或 δ_{75}）与 δ_p 之间的差值。因为从累积概率曲线的意义上看，误差超过 δ_{25} 及 δ_{75} 的概率都各占 25%，故在 $\delta_{75} \sim \delta_{25}$ 之间出现的概率正好为 50%。若为完全的正态分布，则分配曲线在分配率为 50% 左右是对称的，即 $\delta_{75} - \delta_p = \delta_p - \delta_{25}$，但实际上往往不对称，故常取

$$E_p = \frac{\delta_{75} - \delta_{25}}{2} \tag{14-5}$$

对于一个重力分选过程或者说对于一台重力分选设备，其分选效果的好坏，可用 E_p 值作为评定指标。这是基于分配曲线符合式（14-6）的正态分布规律，从式（14-6）可以看出，除曲线的位置取决于分选密度 δ_p 外，曲线形状则完全由标准误差 σ 来决定。但是，从统计学可知，E_p 和 σ 之间有固定关系：$E_p = 0.6745\sigma$（从概率积分表可以查出），因此可能偏差 E_p 也可以用来表征分配曲线的形状特点。

$$P = \frac{1}{\sigma\sqrt{2\pi}} \int_{-\infty}^{\delta} e^{-\frac{(\delta - \delta_p)^2}{2\sigma^2}} \, \mathrm{d}\delta \tag{14-6}$$

式中　P——密度为 δ 的矿粒进入重产物中的概率；

σ——任一随机变量 δ 偏离分布中心 δ_p 的方根差，即标准误差，它反映曲线形状。

从式（14-5）可以看出，可能偏差 E_p 仅考虑 $\delta_{75} - \delta_{25}$ 的差值，如果 E_p 值相同，但在密度 δ 大于 δ_{75} 及密度 δ 小于 δ_{25} 以外的区域，两者偏离正态的程度不同，实际上这两个分选过程的分选效果有明显的差别，所以用 E_p 作为评定指标也有些不妥。

14.2.5.2 不完善度

别留戈认为分配曲线是符合 $\lg(\delta - 1)$ 分布的正态累积概率曲线。在这种情况下，可能偏差仍应是指概率为 75% 或 25% 时对应的随机变量与分布中心之间的差值，在此条件下的可能偏差用 E_g 表示为：

$$E_g = \frac{\lg(\delta_{75} - 1) - \lg(\delta_{25} - 1)}{2} = \frac{1}{2}\lg\frac{\delta_{75} - 1}{\delta_{25} - 1} \tag{14-7}$$

因为 $\delta_{75} = \delta_p + E_p$，$\delta_{25} = \delta_p - E_p$，则式（14-7）为

$$E_g = \frac{1}{2}\lg\frac{\delta_p - 1 + E_p}{\delta_p - 1 - E_p} = \frac{1}{2}\lg\frac{1 + \dfrac{E_p}{\delta_p - 1}}{1 - \dfrac{E_p}{\delta_p - 1}} \tag{14-8}$$

从式（14-8）可知，反映整个分配曲线形状的特征参数 E_g 实际上不再是原来意义上的 E_p 值，而是由 $E_p/(\delta_p-1)$ 的比值来决定，只要 $E_p/(\delta_p-1)$ 比值一定，则 E_g 就是固定的，曲线的形状就完全能确定下来。因此，有些学者建议该比值用 I 值表示，并称为不完善度。

$$I = \frac{E_p}{\delta_p - 1} \qquad\qquad (14\text{-}9)$$

对于风力选煤设备，由于以空气作为分选介质，而空气的密度很小（1.23kg/m^3），它与分选密度相比可以忽略不计，故此时不完善度 I 值为：

$$I = \frac{E_p}{\delta_p} \qquad\qquad (14\text{-}10)$$

14.3　重选工艺效果的评定

由于重选设备分选或分级效果的好坏对整个选煤厂的技术经济指标影响很大，历来为选矿工作者所关注。为了便于使用和进行国际交往，全国煤炭标准化技术委员会选煤分会参照国际标准化组织 ISO 923，制定了《煤用重选设备工艺性能评定方法》的标准。目前的最新标准是 GB/T 15715—2005。对于煤炭的重介质、水介质和气体介质的各种重选设备工艺性能的评定，采用可能偏差或不完善度、数量效率和错配物总量三种指标。另外，对于分级过程，还常用分级效率（即汉考克分离效率公式），具体详见第 4 章和第 5 章相关内容。

14.3.1　评价指标

14.3.1.1　可能偏差和不完善度

可能偏差和不完善度是国际评定重力分选作业效率的通用标准，已为许多国家所采用。可能偏差作为评价重介质分选设备工艺效果的指标，而不完善度用于评价跳汰机等水介质分选设备工艺效果指标。它们的计算公式分别为

$$E_p = \frac{\delta_{75} - \delta_{25}}{2} \qquad\qquad (14\text{-}11)$$

$$I = \frac{\delta_{75} - \delta_{25}}{2(\delta_{50} - 1)} \qquad\qquad (14\text{-}12)$$

式中　E_p——可能偏差，取小数点后三位，单位与密度单位相同，g/cm^3；

　　　I——不完善度，取小数点后三位，无单位；

　　　δ_{75}——重产品分配曲线上对应于分配率为 75% 的密度，g/cm^3；

　　　δ_{25}——重产品分配曲线上对应于分配率为 25% 的密度，g/cm^3；

　　　δ_{50}——重产品分配曲线上对应于分配率为 50% 的密度，也称为实际分选密度，g/cm^3。

当将式（14-11）和式（14-12）中的密度 δ 换为粒度 d 时，可得到评价分级作业效果的指标。

14.3.1.2 数量效率

数量效率是一种相对效率指标。它是指灰分相同时，精煤实际产率和理论产率的比值。它是生产、技术管理中的一个重要指标。其计算公式为：

$$\eta = \frac{\gamma_p}{\gamma_t} \times 100\% \tag{14-13}$$

式中　η——数量效率，%；

　　　γ_p——实际精煤产率，%；

　　　γ_t——理论精煤产率，%，其值可从计算入料的可选性曲线上得到。

计算数量效率必须首先绘制原煤可选性曲线，因此试验和计算工作量均较大，不能及时指导生产。数量效率反映了分选设备的分选精度，分选精度越高，实际产率越接近理论产率，因此数量效率也就越高。但是数量效率还受原煤可选性的影响，可选性越差，邻近密度物含量越高，对精煤的污染也就越严重，因此对不同可选性的煤种数量效率的可比性较差。用数量效率只能对同一煤种不同分选工厂（矿）分选效果进行比较。

分选介质的密度与理论分选密度的差越小，分选精度越高，分选的效率也越高。对相同的原煤，采用重介质分选的数量效率往往要高于用水介质或空气介质的选煤方法。特别是当可选性较差、分选密度较低时，重介质分选的优越性更为显著。一般重介选的数量效率都在90%以上。

14.3.1.3 质量效率和回收率

对于其他矿物分选的效率指标常用质量效率 η_a 和数量效率 ε 来评价。

质量效率 η_a 是用有价成分的实际精矿品位 β 和理论最高品位 β_{max} 分别与原矿品位 α 的差值之比，即

$$\eta_a = \frac{\beta - \alpha}{\beta_{max} - \alpha} \times 100\% \tag{14-14}$$

数量效率是指有价矿物的回收率 ε，计算公式如下：

$$\varepsilon = \frac{\beta(\alpha - \theta)}{\alpha(\beta - \theta)} \times 100\% \tag{14-15}$$

式中，α、β、θ 分别表示原矿、精矿、尾矿的品位（对分选过程），或者表示原矿、溢流、沉砂（底流）中小于规定粒度的含量（对分级过程）。

14.3.1.4 总错配物含量

物料分选或分级时，混入各产品中非规定成分的物料称为错配物。总错配物含量等于各产品中不该混入的物料百分数之和，按下式计算：

$$M_0 = M_l + M_h \tag{14-16}$$

式中　M_0——总错配物含量（占入料），%；

　　　M_l——密度小于分选密度的物料在重产品中的错配量（占入料），%；

　　　M_h——密度大于分选密度的物料在轻产品中的错配量（占入料），%。

一般情况下，计算总错配物含量的分选密度采用分配密度（δ_p）或等误密度（δ_e）。等误密度指在两重选产品中，错配物相等时的密度。

总错配物含量能较为明确地表达出物料分选的结果及设备的潜力，试验与计算的工作

量也较小。在日常检查中可用占产品的百分数来表达，即污染指标或快速浮沉指标，分选密度采用接近理论分选密度的数值，密度级差取 0.05g/cm³。

理论分选密度：即相应于分选过程中获得的实际灰分的产品，从可选性曲线的密度曲线上查得的相应密度。若理论分选密度用 δ_t 表示。则

$$\delta_e = \delta_t - 0.05 \qquad (14\text{-}17)$$

在原煤可选性变化不大的情况下，只要注意分选密度的一致性，就可以把日常检查、月综合、年度检查等结果联系对比加以分析，具有对比性。故用总错配物含量指标来指导生产比用数量效率更方便。

14.3.2 应用实例

原煤通过某分选设备后得到轻产物（精煤）和重产物（矸石）两种产品，分别对原煤、精煤和矸石做浮沉试验，结果如表 14-1 的第 3、4、6 栏所示。

按照前述的分配率计算方法和绘制方法，得到表 14-1 的其余栏和图 14-1。

由图 14-1 查得 $\delta_{25} = 1.47g/cm^3$、$\delta_{50} = 1.53g/cm^3$、$\delta_{75} = 1.62g/cm^3$，因此，$\delta_p = 1.53g/cm^3$。

（1）可能偏差：

$$E_p = \frac{\delta_{75} - \delta_{25}}{2} = \frac{1.62 - 1.47}{2} = 0.075$$

（2）不完善度：

$$I = \frac{\delta_{75} - \delta_{25}}{2(\delta_{50} - 1)} = \frac{1.62 - 1.47}{2(1.53 - 1)} = 0.142$$

（3）总错配物含量：

第一步：计算各密度级的错配物数量，见表 14-3。

第二步：绘制错配物曲线。

根据表 14-3 中的第 2、5 栏和第 2、6 栏数据绘制错配物曲线，污染曲线和损失曲线见图 14-3。

表 14-3 错配物数量计算表

密度级别 /g·cm⁻³	密度 /g·cm⁻³	数量占入料		错配物数量		
		精煤 /%	矸石 /%	精煤中的沉物 /%	矸石中的浮物 /%	合计 /%
		表 14-1 (7)	表 14-1 (5)	↑∑ (3)	↓∑ (4)	(5) + (6)
(1)	(2)	(3)	(4)	(5)	(6)	(7)
-1.30		0.16	0.00	80.84	0	80.84
1.30~1.40	1.3	68.95	1.80	80.68	1.8	82.48
1.40~1.50	1.4	9.04	2.20	11.73	4	15.73
1.50~1.60	1.5	1.88	2.54	2.69	6.54	9.23
1.60~1.70	1.6	0.47	2.10	0.81	8.64	9.45
1.70~1.80	1.7	0.18	1.84	0.34	10.48	10.82
+1.80	1.8	0.16	8.68	0.16	19.16	19.32

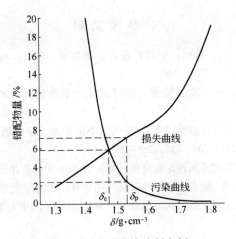

图 14-3　分配曲线绘制实例

从图 14-3 可以查出错配物指标为：

分选密度 $\delta_p = 1.53\text{g/cm}^3$ 时，轻产品的错配量 $M_h = 2.5\%$，重产品中的错配量 $M_l = 7.2\%$；总错配物含量 $M_0 = M_h + M_l = 9.7\%$。

等误密度 $\delta_e = 1.47\text{g/cm}^3$ 时，轻产品的错配量 $M_h = 5.8\%$，重产品中的错配量 $M_l = 5.8\%$；总错配物含量 $M_0 = M_h + M_l = 11.6\%$。

思 考 题

14-1 概念：分配率、分配曲线、可能偏差、不完善度、数量效率、质量效率、错配物、总错配物含量、分配密度、等误密度、分配粒度、等误粒度、理论分选密度。

14-2 如何绘制分选过程分配曲线和分级过程分配曲线？

14-3 重选设备分选或分级过程有哪些评价指标？

参 考 文 献

[1] 谢广元主编. 选矿学 [M]. 徐州：中国矿业大学出版社，2001：105～107；149～154；182；185～186；202～203；237；239；243；249.

[2] 李贤国等. 跳汰选煤技术 [M]. 徐州：中国矿业大学出版社，2006：22～26；34～36；57～72；85～88.

[3] 欧泽深，张文军. 重介质选煤技术 [M]. 徐州：中国矿业大学出版社，2006：1～5；9～12；140～150；183；269；274～275；281～282；286～287.

[4] 陈甘棠，王樟茂. 流态化技术的理论和应用 [M]. 北京：中国石化出版社，1996：1.

[5] 吴占松，马润田，汪展文. 流态化技术基础及应用 [M]. 北京：化学工业出版社，2006：1-2.

[6] 金涌，祝京旭，汪展文，等. 流态化工程原理 [M]. 北京：清华大学出版社，2001：1～2；17～18；20～21；24.

[7] 骆振福，赵跃民. 流态化分选理论 [M]. 徐州：中国矿业大学出版社，2002：36～41.

[8] 张鸿起，刘顺，王振生. 重力选矿 [M]. 北京：煤炭工业出版社，1987：3～4；7；10～12；38～46.

[9] 张家骏，霍旭红. 物理选矿 [M]. 北京：煤炭工业出版社，1992：90～114.

[10] 郭秉文，肖云. 矿物原料选矿及深加工 [M]. 北京：地质出版社，1998：5～6.

[11] 蒋朝澜. 磁选理论及工艺 [M]. 北京：冶金工业出版社，1994：4～15.

[12] 孙仲元. 磁选理论 [M]. 长沙：中南大学出版社，2007：18～25.

[13] 刘树贻. 磁电选矿学 [M]. 长沙：中南工业大学出版社，1994：3～66；263～310.

[14] 王常任. 磁电选矿 [M]. 北京：冶金工业出版社，1986：1～66；253～278.

[15] 徐志明. 破碎与磨矿 [M]. 北京：冶金工业出版社，1982：121～153.

[16] 段希祥. 碎矿与磨矿 [M]. 北京：冶金工业出版社，2006：124～127；186～197.

[17] 杨康，娄德安，李小乐. SKT跳汰选煤技术发展现状与展望 [J]. 煤炭科学技术，2008，36（5）：1～4.

[18] 梁金钢，赵环帅，何建新. 国内外选煤技术与装备现状及发展趋势 [J]. 选煤技术，2008，（1）：60～64.

[19] 郭淑芬，赵国浩，段金鑫. 基于选煤技术的国内外煤炭洗选业发展对比研究 [J]. 煤炭经济研究，2010，30（1）：11-13.

[20] 杨林青，胡方坤. 我国选煤技术的现状及发展 [J]. 煤炭技术，2010，29（5）：109～112.

[21] 武乐鹏，杨立忠. 我国重介质选煤技术的发展综述 [J]. 山西煤炭，2010，30（4）：74～75.

[22] 吴式瑜，叶大武，马剑. 中国选煤的发展 [J]. 煤炭加工与综合利用，2006，（5）：9～12.

[23] 赵树彦. 中国选煤的发展和三产品重介质旋流器选煤技术 [J]. 洁净煤技术，2008，14（3）：12～14.

[24] 吴式瑜. 中国选煤发展三十年 [J]. 煤炭加工与综合利用，2009，（1）：1～4.

[25] 黄亚飞. 浅槽刮板重介质分选机的应用分析 [C]. 2010年全国选煤学术交流会论文集. 2010：77～80.

[26] 曹延峰. TSS煤泥分选机分选原理、结构及应用实例 [J]. 矿冶工程，2010，30（5）：59～61.

[27] 卢瑜，王迪业. XGR系列干扰床分选机的研制与应用 [J]. 选煤技术，2009，（3）：22～25.

[28] 杨正轲，贺青. 干扰床煤泥分选机在南屯煤矿选煤厂的应用 [J]. 设备管理与维修，2009，（2）：18～21.

[29] 张亚荣. 关于重介粗煤泥分选设备的分析及探讨 [J]. 煤，2007，16（11）：54～55.

[30] 郭建斌，张春林. 煤泥分选机的综合评述 [J]. 煤炭加工与综合利用，2010，（6）：9～13.

[31] 卫中宽. TBS引领选煤工艺的跨越式发展 [J]. 煤，2007，16（12）：23～25.

[32] 陈宣辰，谢广元，徐宏祥. 粗煤泥精选工艺及其设备比较 [J]. 洁净煤技术，2009, 15 (3)：27~31.

[33] 刘魁景. 粗煤泥液固流态化分选技术的现状及分析 [J]. 中国煤炭，2008, 34 (9)：83~85.

[34] 李海涛. 浅析 CSS 粗煤泥分选机 [J]. 河北煤炭，2010, (2)：37~38.

[35] 谢国龙，俞和胜，杨颐. 浅析粗煤泥分选设备的工作机理及其应用 [J]. 矿山机械，2008, 36 (7)：80~84.

[36] 李延锋. 液固流化床粗煤泥分选机理与应用研究 [D]. 徐州：中国矿业大学，2008：10~15; 17~18.

[37] 于尔铁. 动力煤洗选的发展与工艺选择 [J]. 中国煤炭，2006, 32 (1)：50~53.

[38] 于尔铁. 动筛跳汰机在我国的应用现状与展望 [J]. 煤质技术，2006, (4)：1~6.

[39] 高丰. 粗煤泥分选方法探讨. 选煤技术 [J]，2006, (3)：40~43.

[40] 王建军，焦红光，谌伦建. 细粒煤液固流化床分选技术的发展与应用 [J]. 煤炭技术，2007, (4)：81~83.

[41] 工方东，魏光耀. 螺旋分选机在选煤厂中的应用 [J]. 煤炭加工与综合利用，2006, (2)：15~17.

[42] 张鸿波，边炳鑫，赵寒雪. 螺旋分选机结构参数对分选效果的影响 [J]. 煤矿机械，2002, (8)：24~25.

[43] 孙永新. 螺旋分选机在王坡选煤厂的应用 [J]. 煤炭加工与综合利用，2007, (3)：37~39.

[44] 沈丽娟. 螺旋分选机结构参数对选煤的影响 [J]. 煤炭学报，1996, 21 (1)：73~78.

[45] 陈子彤，刘文礼，赵宏霞，等. 干扰床分选机工作原理及分选理论基础研究 [J]. 煤炭工程，2006, (4)：64~66.

[46] 刘文礼，陈子彤，位革老，等. 干扰床分选机分选粗煤泥的规律研究 [J]. 选煤技术，2007, (4)：11~14.

[47] 陈子彤，刘文礼，赵宏霞，等. 干扰床分选机分选粗煤泥的试验研究 [J]. 煤炭工程，2006, (5)：69~70.

[48] 赵宏霞，杜高仕，李敏，等. 干扰床分选技术的研究 [J]. 煤炭加工与综合利用，2005, (2)：16~18.

[49] 舒豪，曹瑞峰，董彩虹. 跳汰机排料自动化与跳汰机的发展方向探索 [J]. 煤炭工程，2007, (2)：102~104.

[50] 艾庆华. X 系列筛下空气室跳汰机新技术 [J]. 中州煤炭，2007, (6)：22~24.

[51] 杨小平，涂必训，张增臣，等. 跳汰机控制系统的设计 [J]. 煤炭工程，2001, (7)：24~26.

[52] 杨小平，李贤国. 跳汰机排料的单片机控制系统 [J]. 淮南矿业学院学报，1996, 16 (1)：20~25.

[53] 杨小平，冯绍灌，叶庆春，等. 程序控制复振周期跳汰的研究 [J]. 煤炭学报，2000, 25 (S0)：169~173.

[54] 刘宏. 动筛跳汰机的应用与发展 [J]. 中国煤炭，2003, 29 (12)：46~48.

[55] 赵谋. 动筛跳汰机及其应用 [J]. 煤炭工程，2006, (2)：13~15.

[56] 阎钦运，符福存，边秀锦. 动筛跳汰机及其应用推广前景 [J]. 煤炭加工与综合利用，2004, (2)：27~29.

[57] 卢瑜. 动筛跳汰机应用前景探讨 [J]. 山西焦煤科技，2008, (12)：67~68.

[58] 刘国杰. 动筛跳汰机在选煤厂的应用 [J]. 选煤技术，2008, (3)：45~46.

[59] 曹树祥，郭杰民，邢成国. 机械动筛跳汰机的研究与应用 [J]. 煤炭加工与综合利用，2003, (1)：13~15.

[60] 杜建军，张志刚，王建奎. 动筛跳汰机技术创新的探索与实践 [J]. 煤炭加工与综合利用，2008, (2)：16~18.

[61] 熊弄云. 动筛跳汰机在我国的发展与应用 [J]. 山西焦煤科技, 2005, (8): 32~34.

[62] 庞树栋, 李梦昆. 动筛跳汰排矸代替其他排矸方式的设计实践 [J]. 选煤技术, 2002, (5): 36~37.

[63] 陶有俊. 动筛跳汰选矸工艺的应用前景 [J]. 选煤技术, 2003, (1): 9~10.

[64] 焦红光, 惠兵, 窦阿涛, 等. 关于毛煤井下动筛排矸工艺的探讨 [J]. 选煤技术, 2009, (4): 61~63.

[65] 单勇, 陶全, 杨丽. 机械动筛跳汰机自动排矸技术改造 [J]. 煤质技术, 2007, (6): 70~71.

[66] 龙寅. 矿井地面机械化排矸方式的选择和体会 [J]. 煤炭工程, 2008, (12): 16~17.

[67] 刘庆伟. 浅谈动筛跳汰机的原理与使用 [J]. 科技情报开发与经济, 2005, 15 (24): 257~258.

[68] 于尔铁. 我国动筛跳汰机的开发与应用 [J]. 煤炭加工与综合利用, 1997, (2): 1~4.

[69] 陈建中, 齐连锁, 董振华, 等. TD16/3.2 动筛跳汰机的研制与应用 [J]. 选煤技术, 1997, (5): 3~6.

[70] 罗文, 肖洪波. TDY20/4 型液压动筛跳汰机的应用与改进 [J]. 矿山机械, 2008, 36 (5): 105~106.

[71] 单连涛, 娄德安. TD 系列动筛跳汰机的特点与发展 [J]. 煤炭加工与综合利用, 2003, (1): 17~18.

[72] 曹树祥. 用于块煤选矸的机械动筛跳汰机 [J]. 煤炭加工与综合利用, 1996, (5): 16~17.

[73] 曹树祥. GDT14/2.5 型机械动筛跳汰机的研究与应用 [J]. 东北煤炭技术, 1996, (2): 27~29.

[74] 陈清如, 杨玉芬. 干法选煤的现状和发展 [J]. 中国煤炭, 1997, 23 (4): 19~23.

[75] 杨玉芬, 陈增强, 杨毅. 空气重介流化床与风力摇床选煤技术的对比分析 [J]. 煤炭加工与综合利用, 1995, (1): 24~26.

[76] 杨云松, 卢连永, 沈丽娟, 等. FGX-1 型复合式干法分选机 [J]. 选煤技术, 1994, (2): 3~7.

[77] 米万隆, 鄢长有. FGX-3 型复合式干法选煤机的应用研究 [J]. 选煤技术, 2002, (3): 18~21.

[78] 沈丽娟. FGX 系列复合式干选机选煤的研究 [J]. 选煤技术, 2001, (6): 1~7.

[79] 李宗杰. FX-12 型风选机及其应用 [J]. 煤矿机械, 1999, (2): 27~29.

[80] 纵丽英. FX 型和 FGX 型干法分选机在我国的应用 [J]. 科技情报开发与经济, 2005, 15 (14): 121~123.

[81] 沈丽娟, 陈建中. 复合式干法分选机中床层物料的运动分析 [J]. 中国矿业大学学报, 2005, 34 (4): 447~451.

[82] 卢连永, 杨云松, 徐永生, 等. 复合式干法选煤与传统风力选煤的对比 [J]. 煤炭加工与综合利用, 1999, (2): 3~6.

[83] 刘国杰, 江雪梅. 干法选煤厂的设计 [J]. 选煤技术, 2007, (3): 65~67.

[84] 刘晓东. 干选机排料自动控制的研究 [J]. 选煤技术, 2003, (2): 56~58.

[85] 吴万昌, 赵跃民, 左伟, 等. 煤炭工程 [J], 2009, (6): 24~26.

[86] 张万里. 露天矿杂煤干式分选可行性分析 [J]. 矿业工程, 2008, 6 (1): 34~35.

[87] 李泽普. 关于风力选煤几个问题的思考 [J]. 选煤技术, 2006, (2): 42~43.

[88] 刘向东, 徐延枫. 螺旋分选机分选工艺在中国的实践与应用 [J]. 煤炭加工与综合利用, 2010, (1): 4~6.

[89] 韩振江. 汽缸的使用与维护 [J]. 煤矿机械, 2010, 31 (5): 197~198.

[90] 周勤举, 王行模, 冉隆振. 螺旋分选机研究 [J]. 昆明工学院学报, 1994, 19 (3): 21~28.

[91] 严峰, 谢锡纯. 螺旋滚筒分选机选煤的方法和原理 [J]. 煤炭加工与综合利用, 1994, (4): 23~26.

[92] 刘佩霞, 张维正, 刘梦林. 螺旋滚筒选煤机的研制及应用 [J]. 煤矿机械, 1998, (5): 39~40.

[93] 陈小国，王羽玲，谢翠平. 螺旋滚筒选煤机分选机理浅析 [J]. 中国煤炭，2004, 30 (1): 44~45.

[94] 谢锡纯，严峰. 自生介质分选过程的研究和实践 [J]. 煤炭科学技术，1994, 22 (8): 12~15.

[95] 蒋志伟. 自生介质螺旋滚筒选煤 [J]. 选煤技术，2000, (1): 34~36.

[96] 杨国枢. 自生介质螺旋滚筒选煤厂设计经验谈 [J]. 山西煤炭管理干部学院学报，2003, (1): 50~52.

[97] 廉凯. 浅谈重介浅槽选煤工艺及应注意问题 [J]. 煤，2008, (4): 31~32.

[98] 段明海. 浅析模块重介浅槽选煤系统的应用 [J]. 露天采矿技术，2006, (4): 32~33.

[99] 王正书，彭攘，李雪勤. 重介分选槽的使用及存在问题 [J]. 露天采煤技术，2000, (3): 33~35.

[100] 梁占荣. 重介质浅槽分选机链条的国产化改造浅谈 [J]. 科技资讯，2006, (25): 33~34.

[101] 郭建平. W22F54 型彼得斯刮板分选机技术改造 [J]. 选煤技术，2009, (5): 48~50.

[102] 李世林. 重介浅槽洗选生产中的注意事项 [J]. 煤质技术，2005, (5): 13~15.

[103] 朴金哲，封增国，李宏. 斜槽分选机在大陆矿选煤厂的应用 [J]. 选煤技术，2002, (4): 19~20.

[104] 许留印，孙普选，徐斌，等. 斜槽入选高灰块煤工艺技术的研究 [J]. 煤炭科学技术，2008, 31 (8): 58~60.

[105] 李宗杰. FX-12 型风选机及其应用 [J]. 选煤技术，1998, (2): 27~29.

[106] 沈丽娟. 自生介质在复合式干选机中的作用 [J]. 选煤技术，1998, (2): 45~48.

[107] 吕玉庭，吴鹏，孙玉堂. 离心跳汰机的技术现状与设备研究 [J]. 矿产保护与利用，2010, (5): 37~39.

[108] 中国国家标准化管理委员会. GB/T 478—2008 煤炭浮沉试验方法 [S] 北京：中国标准出版社，2008.

[109] 中国国家标准化管理委员会. GB/T 477—2008 煤炭筛分试验方法 [S]. 北京：中国标准出版社，2008.

[110] 中国国家标准化管理委员会. GB/T 6949—2010 煤的视相对密度测定方法 [S]. 北京：中国标准出版社，2010.

[111] 中国国家标准化管理委员会. GB/T 217—2008 煤的真相对密度测定方法 [S]. 北京：中国标准出版社，2008.

[112] 中国国家标准化管理委员会. GB/T 15715—2005 煤用重选设备工艺性能评定方法 [S]. 北京：中国标准出版社，2005.

[113] 全国煤炭标准化技术委员会. MT/T 808—1999 选煤厂技术检查 [S]. 北京：中国煤炭工业出版社，1999.

冶金工业出版社部分图书推荐

书　名	作　者	定价（元）
现代金属矿床开采科学技术	古德生　等著	260.00
金属及矿产品深加工	戴永年　等著	118.00
矿产资源开发利用与规划（本科教材）	邢立亭　等编	40.00
固体物料分选学（第2版）（本科教材）	魏德洲　主编	59.00
地质学（第4版）（国规教材）	徐九华　主编	40.00
采矿学（第2版）（国规教材）	王　青　等编	58.00
矿山安全工程（国规教材）	陈宝智　主编	30.00
矿山环境工程（第2版）（国规教材）	蒋仲安　主编	39.00
碎矿与磨矿（第3版）（本科教材）	段希祥　主编	35.00
磁电选矿（第2版）（本科教材）	袁致涛　主编	39.00
冶金企业环境保护（本科教材）	马红周　主编	23.00
矿山地质（高职高专教材）	刘兴科　主编	39.00
矿山企业管理（高职高专教材）	戚文革　等编	28.00
井巷设计与施工（高职高专教材）	李长权　等编	32.00
矿山提升与运输（高职高专教材）	陈国山　主编	39.00
采掘机械（高职高专教材）	苑忠国　主编	38.00
选矿概论（高职高专教材）	于春梅　等编	20.00
选矿原理与工艺（高职高专教材）	于春梅　等编	28.00
矿石可选性试验（高职高专教材）	于春梅　主编	30.00
选矿厂辅助设备与设施（高职高专教材）	周小四　主编	28.00
金属矿山环境保护与安全（高职高专教材）	孙文武　主编	35.00
碎矿与磨矿技术（职业技能培训教材）	杨家文　主编	35.00
重力选矿技术（职业技能培训教材）	周小四　主编	40.00
磁电选矿技术（职业技能培训教材）	陈　斌　主编	29.00
浮游选矿技术（职业技能培训教材）	王　资　主编	36.00
生物技术在矿物加工中的应用	魏德洲　主编	22.00
选矿厂工艺设备安装与维修	孙长泉　著	62.00
化学选矿（第2版）	黄礼煌　著	89.00
选矿知识600问	牛福生　编	38.00